Schriftenreihe: Didaktik der Mathematik
Universität für Bildungswissenschaften, Klagenfurt

Band 1

ANWENDUNGSORIENTIERTE MATHEMATIK
IN DER SEKUNDARSTUFE II

SCHRIFTENREIHE DIDAKTIK DER MATHEMATIK
Universität für Bildungswissenschaften in Klagenfurt
Band 1

Anwendungsorientierte Mathematik in der Sekundarstufe II

VORTRÄGE DES
1. KÄRNTNER SYMPOSIONS FÜR
„DIDAKTIK DER MATHEMATIK"
v. 28.9. – 1.10. 1976 in Klagenfurt

W. Dörfler
R. Fischer

Verlag Johannes Heyn, Klagenfurt

© Copyright und Druck by Verlag Johannes Heyn
Klagenfurt, 1976
ISBN 3 85366 212 9

Vorwort

Dieser 1. Band einer Schriftenreihe zur Didaktik der Mathematik der Universität für Bildungswissenschaften soll nun auch öffentlich dokumentieren, daß der bildungswissenschaftliche Auftrag dieser Universität im Bereich der Mathematik ernst genommen wird: als Verpflichtung, Fachdidaktik als Wissenschaft zu fördern. Dabei fassen wir Mathematikdidaktik bewußt in sehr weitem Sinn auf: Von der Entwicklung konkreter Lehrgänge über die Erforschung psychologischer Grundlagen, die Methodik, fachbezogene Curriculumforschung bis hin zur Reflexion der Grundlagen der Mathematik aus wissenschaftstheoretischer, pädagogischer und soziologischer Perspektive — wie sie im vorliegenden Band etwa in den Beiträgen von H. G. Steiner und P. Heintel zum Ausdruck kommt — ist grundsätzlich alles eingeschlossen. „Grundsätzlich" soll hier heißen, daß wir uns nicht anmaßen, alles dies leisten zu können, nur, daß Offenheit für diese Fragen gegeben ist. „Grundsätzliche Beschränkung" auf Teilbereiche würde nämlich genau jene Fehlentwicklungen bewirken — und zwar technokratische Pervertierung der Wirklichkeit oder Realitätsverlust —, die in der Mathematik bereits eingetreten sind und neben anderen Ursachen die Didaktik als selbständigen Bereich auf den Plan gerufen haben. Didaktisches Bemühen in diesem Sinn hat es bei den Mathematikern natürlich immer gegeben, die stärkere Akzentuierung heute läßt sich allerdings durch die Differenzierung aller Wissenschaften, durch die Bildungsexplosion in der demokratischen Gesellschaft und eben durch die stattgehabte Abkapselung der Mathematik von anderen Wissenschaften und Bereichen des menschlichen Lebens rechtfertigen. Die Verselbständigung der Mathematik wurde in der modernen mathematischen Grundlagenforschung mit ihren Begründungsversuchen in unerschütterlicher Konsequenz bis zur Sinnaufgabe durchexerziert. Den Bezug zum Menschen in der Gesellschaft mit wissenschaftlichem Anspruch wieder herzustellen erscheint nötig: Dies ist eine Aufgabe der Mathematikdidaktik.

Der bereits angesprochene Realitätsverlust von Mathematik war, auf den Unterricht bezogen, mit ein Anlaß für die Wahl des Themas „Anwendungsorientierte Mathematik in der Sekundarstufe II" für das 1. Kärntner Symposium über Didaktik der Mathematik. Dies nicht aus falschem Utilitarismus — wenngleich Nützlichkeit von vornherein nichts Schlechtes ist — sondern, weil wir meinen, daß Anwendung ein wesentlicher Aspekt des Gesamtphänomens Mathematik ist und weil dadurch gewisse allgemeinere Lernziele erreichbar scheinen, etwa Flexibilität im Umgang mit Begriffen, was ja durch ein starres Begriffssystem wie jenes der Mathematik eher gehemmt wird. Mehr zum Thema der Tagung hat W. Dörfler in seiner im folgenden abgedruckten Begrüßungsadresse gesagt.

Der vorliegende Band enthält fast alle Beiträge zum Symposium, welche in Form von Haupt- oder Kurzvorträgen geleistet wurden, sowie zusätzlich zwei Aufsätze von L. Rade und H. Stetter, die wir als zum Thema gehörig gerne mit aufgenommen haben. Die Schwerpunkte der Tagung wurden zum Teil durch die Hauptvorträge gesetzt, wobei bereits der Eröffnungsvortrag von P. Heintel viel Beachtung und Diskussion fand. Thematisch eher an Fachinhalten orientiert wären die Vorträge über Lineare Optimierung (R.E. Burkart), Stochastik (A. Engel), Numerik (H. Wacker) und Informatik (J. Eickel) zu nennen. Kurzvorträge nahmen auf diese Themen Bezug, besonders viele auf das Thema Informatik. Deutlich kam vor allem bei diesem Thema und bei der Numerik die Praxis- und Problemorientierung zum Ausdruck — nach meiner Auffassung eine Folge der Jugendlichkeit dieser Wissenschaftszweige. Mehr auf methodische Fragen gingen die Vorträge über genetischen Unterricht (am Beispiel linearer Codes, E. Wittmann) und mathematisierenden Unterricht (H. G. Steiner) ein. Insgesamt reichte die Spannweite der Referate vom Vorstellen von für den S-II-Unterricht neuen mathematischen Inhalten über die Behandlung curricularer und ·methodischer Fragen bis zur Methodologie angewandter Mathematik und schließlich Reflexion über Fachdidaktik selbst. Dabei gab es auch konkrete Unterrichtsvorschläge und zum Abschluß einen leidenschaftlichen Aufruf von W. Kranzer, Mathematik durch mehr Querverbindungen zu einem motivierenden und faszinierenden Unterrichtsgegenstand zu machen.

Dieser weite Bogen ließ auch ein Problem, das ich für ein zentrales für die Entwicklung der Didaktik halte, deutlich hervortreten: die Aporie von Theorie und Praxis. Man begegnete ihr in den verschiedensten Ausformungen, etwa: die reine Mathematik baut schöne Theorien (Theorie) — in den Anwendungen treten andere Probleme auf (Praxis); schöne Unterrichtsvorschläge (Theorie) — Realisierung im Unterricht (Praxis); Entwicklung von methodischen Prinzipien (Theorie) — Ausarbeitung konkreter Unterrichtsvorschläge (Praxis); Reflexion über Didaktik (Theorie) — Betreiben von Didaktik (Praxis).

Leider gibt es immer wieder Verständnislosigkeit für den jeweils anderen Standpunkt. Der Praktiker mißtraut der Theorie: er hält sie für irrelevant (und den Theoretiker für faul). Der Theoretiker mißtraut der Praxis: er hält sie für trivial, utilitaristisch und blind (und den Praktiker für dumm). Die Didaktiker werden ein offeneres Verhältnis anstreben müssen. Der Theoretiker der Didaktik sollte einsehen, daß es um den Menschen und seine Bestimmung geht — etwas eminent Praktisches. Und, daß Praxis oft schwer vermittelbar ist und erlebt werden muß. Der Praktiker der Didaktik sollte sich jener Bereiche bewußt werden, wo er Theoretiker ist (etwa in der Fachwissenschaft), und damit Verständnis für Theorie gewinnen. Es gibt bekanntlich nichts Praktischeres als eine gute Theorie. Den ,,Theoretiker'' und den ,,Praktiker'' der Didaktik gibt es absolut gesehen natürlich nicht.

Ich hoffe, man verzeiht mir diese etwas belehrend klingenden Worte.

Zum Abschluß möchte ich im Namen beider Herausgeber allen Autoren dieses Bandes für ihre Beiträge danken und ihm gute Aufnahme bei vielen Lesern wünschen.

R. Fischer

Begrüßungsansprache

Anwendungsorientierte Mathematik, Motive und Ziele

Mit dieser Tagung werden im wesentlichen zwei Ziele verfolgt. Das erste ist ein mehr innerösterreichisches und besteht darin, für alle diejenigen, die sich in unserem Lande mit Fragen des Mathematikunterrichts befassen, eine Kommunikationsmöglichkeit zum Austausch ihrer Probleme, Erfahrungen und Resultate zu geben, sowie Kontakte mit den Fachdidaktikern des Auslandes zu ermöglichen. Ferner zeigt ein einfacher Vergleich etwa mit der Bundesrepublik, daß in Österreich die Didaktik der Mathematik einen organisatorischen und institutionellen Nachholbedarf hat. Die Diskussion im Rahmen der Tagung soll Wege zur Schließung dieser Lücke aufzeigen. Das zweite Ziel besteht in der Verstärkung der Bemühungen um die Didaktik der Anwendungen der Mathematik, die derzeit noch nicht in dem Maße ausgebaut ist wie die der sogenannten reinen Mathematik.

Im folgenden sollen zu diesem zweiten Ziel in kurzen Worten einige Bemerkungen zum Thema „Anwendungsorientierte Mathematik" und zur Motivation gemacht werden, die zur Wahl dieses Themas für unsere Tagung geführt hat. Dabei haben diese Bemerkungen durchaus subjektiven und daher auch nur inoffiziellen Charakter.

In der derzeitigen Situation des Mathematikunterrichts auf allen Stufen fällt ein bedenkenswerter Widerspruch auf. Unter allen Fachdidaktiken hat bestimmt die Didaktik der Mathematik die breiteste und wissenschaftlich niveauvollste Entwicklungsstufe erreicht und in Theorie und Praxis viele wertvolle Vorschläge für den Mathematikunterricht erbracht. Auch über die Ziele hat man einen gewissen Konsensus erreicht: Mathematik als rationale Methode zur Bewältigung von Lebenssituationen und als wesentliches Hilfsmittel zur Entwicklung kognitiver Strategien. Diesen Bemühungen und diesem hohen — wenn auch berechtigten und begründbaren — Anspruch steht noch immer die Schülerfrage „Wozu brauche ich das?". Ja, noch mehr, die Frustration der Schüler durch den Mathematikunterricht, Mathematik als das bestgehaßte Fach und als notwendiges Übel, hat sich an dieser für den Mathematiker deprimierenden Lage in unseren Schulen wirklich generell etwas geändert? Ich glaube kaum! Eine wesentliche Ursache liegt sicher darin, daß die Erkenntnisse der Fachdidaktik noch keineswegs im erforderlichen Ausmaße den Unterricht selbst, die Lehrpläne, die Lehrerausbildung und die Lehrerfortbildung verändert haben. Diese Umsetzung der Resultate fachdidaktischer Forschung in die Praxis ist sicherlich eine wichtige Aufgabe, ohne deren Lösung alle unsere Bemühungen verpuffen müssen.

Worin liegt hier nun der Bezug zu dieser Tagung? Ich habe vorhin den Anspruch der Mathematik genannt, die rationale Methode in formalisierter Form schlechthin zu sein, mit der der Mensch die Probleme der Realitätsbewältigung lösen kann. Ich glaube, daß wir diese grundlegende und bedeutendste Charakteristik der Mathematik bisher auf keiner Stufe des Mathematikunterrichts — vielleicht gerade auf der Universität am allerwenigsten — dem Schüler wirklich vermittelt haben, und daß dieser Mangel wesentlich zur oben geschilderten unbefriedigenden Situation im Mathematikunterricht beiträgt. Dabei wurde das Mittel zur Erreichung dieses Zieles von der Mathematikdidaktik bereits deutlich herausgestellt: der mathematisierende Unterricht. Darunter will ich einen Unterricht verstehen, durch den der Schüler befähigt wird, vorgegebene reale Probleme auf dem Wege von Abstraktion, Formalisierung und Modellbildung, eben durch Mathematisierung zu lösen. Dieses spezifische Problemlöseverhalten muß im Unterricht geübt werden, der Schüler muß die dafür notwendigen intellektuellen Fertigkeiten und kognitiven Strategien erwerben können. Eine solche Forderung muß schließlich ganz gewichtigen Einfluß auf die Konstruktion des Curriculum haben und hier vor allem auf die Wahl der Inhalte, an Hand derer das Mathematisieren vermittelt werden soll. Eine Aufgabe dieser Tagung sollte es sein, dahingehende Vorschläge zu erarbeiten.

Welche allgemeinen Gesichtspunkte bei der Auswahl diesbezüglicher Inhalte kann man anführen? Ein wesentlicher Aspekt ist sicher der folgende. Die Mathematisierung muß an Problemen durchgeführt werden, die den Schüler in seiner Lebenssituation möglichst unmittelbar betreffen, wo vielleicht sogar für ihn ein echter Problemdruck besteht. Das bedeutet nicht nur Lebensnähe schlechthin, sondern Nähe zum Leben des Schülers selbst. Nur so kann auch bei durchschnittlichen Schülern die notwendige Motivation erzeugt werden, sich mit dem Problem und seiner Lösung intensiv auseinanderzusetzen, dadurch auch eine entsprechende Befriedigung zu erfahren und die Wirksamkeit dieses Verfahrens am eigenen Leibe zu erleben. Daraus ergibt sich die Aufgabe, die Lebenssituationen des Schülers zu untersuchen nach geeigneten Problemen und umgekehrt auch mathematische Teilgebiete auf diese Anwendbarkeit hin durchzusehen. Wahrscheinlich wird ein Schwerpunkt bei soziologischen und sozialpsychologischen Problemen und entsprechenden Methoden liegen. Das ist durchaus vorteilhaft, weil die hier verwendeten mathematischen Methoden (finite Mathematik, Statistik) relativ leicht zugänglich sind auf Grund ihrer größeren Anschaulichkeit. Folgt man dieser Linie, so kann man auch erwarten, daß der Schüler selbst mathematisierbare Probleme auffindet.

Ein weiterer Punkt, der bei der Auswahl der Inhalte zu berücksichtigen sein wird, ist der folgende. Im Rahmen der Mathematisierung kommt dem Bogen Realität — Abstraktion — mathematisches Modell — Interpretation — Realität eine besondere Bedeutung zu. Daher sollten die Inhalte so gewählt werden, daß alle Schritte dieses Bogens deutlich werden und nicht nur einzelne Abschnitte. Ferner muß dieser Bogen und die Bedeutung jedes seiner Abschnitte dem Schüler auch auf einem etwas verallgemeinerten Niveau vermittelt und bewußt gemacht werden. Überhaupt scheint es mir wichtig zu sein, nicht auf einen Transfer zu hoffen, sondern im Unterricht ganz deutlich auszusprechen, welche Ziele allgemeiner Art mit dem mathematisierenden Unterricht angestrebt werden. Der Schüler muß die Kraft der Mathematik bei der Lösung von Problemen ganz bewußt erfahren und nicht nur gefühlsmäßig erahnen.

Es ist jetzt weder die Zeit noch der Ort, auf die vielfältigen Probleme, die mit der Realisierung solcher programmatischer Forderungen zusammenhängen, einzugehen. Ich bin mir aber voll bewußt, daß ein solcher Unterricht nicht unabhängig von Unterrichtsform, Schulorganisation, Gesamtcurriculum und insbesondere auch Lehrerausbildung gesehen werden kann. Vordringlich scheint mir hier die hochschuldidaktische Anpassung des Universitätsstudiums zu sein, wobei wiederum der Schulmathematik eine wichtige Rolle zukommen wird. Für die Fachdidaktik ergibt sich die Forderung nach Intensivierung der Arbeit auf dem Gebiet der Didaktik des mathematisierenden Unterrichts, was mit ein Motiv für diese Tagung darstellt. Zu erwähnen ist hier auch der in nächster Zukunft sicher stark zunehmende Einsatz von Rechnern aller Art, wodurch teilweise erst die erhobenen Forderungen realisierbar werden.

Vielleicht wird man mir jetzt eine einseitige Orientierung auf die Anwendbarkeit der Mathematik vorwerfen. Mir ist jedoch vollkommen bewußt, daß Mathematik per se eine Bedeutung hat als geistig-intellektuelle Schöpfung des Menschen. Natürlich ist es erstrebenswert, den Schüler mit den inneren Schönheiten, der Ästhetik und der logisch-formalen Geschlossenheit mathematischer Theorien vertraut zu machen. Auch sei hier ausdrücklich betont, daß ein einseitiger Unterricht jeder Art, also auch der mathematisierende, Lücken hinterläßt und es daher durchaus wichtig und sinnvoll ist, auch die manchmal verdammte „fertige" Mathematik zu vermitteln. Man muß aber den Schüler motivieren, sich mit Mathematik zu beschäftigen, denn die Erkenntnis der inneren Werte der Mathematik eröffnet sich nicht von selbst, sondern erfordert einige Anstrengung. Ich bin nun der Meinung, daß sinnvolle Mathematisierungen im Unterricht auch diese Motivation hervorbringen werden. Ich hoffe, daß auf diesem Wege die zumindest sehr zwiespältige Haltung der Mathematik gegenüber, wie man sie gegenüber anderen Fächern nicht in vergleichbarer Form findet, zu einer echt positiven Haltung umgewandelt werden kann, die auf der Erkenntnis sowohl der problemlösenden Kraft wie auch der ästhetischen Schönheit der Mathematik beruht.

W. Dörfler

Folgende Institutionen haben die Durchführung der Tagung durch ihre Unterstützung ermöglicht:

Bundesministerium für Wissenschaft und Forschung
Bundesministerium für Unterricht und Kunst
Land Kärnten
Stadt Klagenfurt
IBM Österreich
Österreichische Philips Industrie GesmbH

P. Heintel

ZUR SITUATION DER FACHDIDAKTIK*

Die letzten Jahre haben den Vertretern der didaktischen Fragestellungen in den einzelnen Wissenschafts- und Lehrfächern
und außerhalb derselben in den pädagogischen Wissenschaften
immer mehr Bedeutung verliehen. Blickten früher noch die meisten Fachwissenschaftler mit einer gewissen Verachtung auf
jene Kollegen, die sich um die besondere Vermittlungsproble-
matik ihres Faches kümmerten - sie hielten sie gleichsam für
ebenso minder qualifiziert wie jene Dummen, denen sie ihr
Wissen unbedingt beibringen mußten - so ist dieser elitäre
Stolz derzeit schon vielfach mit Unsicherheit und schlech-
tem Gewissen verbunden, zumal bedeutende Fachwissenschaftler
selbst ihren Kollegen in den Rücken gefallen sind. Hatte man
gemäß allgemeiner Arbeitsteilung der Wissenschaften früher
für diese didaktischen Probleme noch die Pädagogen, vielleicht auch noch die Psychologen verantwortlich machen können und in einen eigenen weit entfernten Bereich abgeschoben,
was man selbst nicht beginnen wollte, tritt gegenwärtig mit
Vehemenz die Gegenbewegung auf: man begreift, daß die didaktischen Probleme und Fragestellungen arg mit dem spezifischen Wissens- und Fachcharakter verwoben sind, von den
Inhalten nicht gefahrlos zu trennen und daher nur im Fach
selbst anzusiedeln sind. Nun kommen die Pädagogen in Schwierigkeiten plausibel zu machen, daß sie eigentlich spezifi-
scher für Didaktik verantwortlich wären als alle anderen.

----

*   Dies ist das erste Kapitel eines Aufsatzes mit dem
    Titel "Das Problem der Fachdidaktik aus philosophisch-
    wissenschaftstheoretischer Sicht", der eine Ausarbeitung
    des Eröffnungsvortrages von P. Heintel darstellt.

Um aus dem Dilemma herauszukommen wählt man bekannte Wege: man trifft terminologische Unterscheidungen, weist dem einen die "allgemeine Didaktik" zu, dem anderen die "spezielle Fachdidaktik", schafft neue Wissenschaftsgebiete von der Didaktik des Kindergartens, bis zur Hochschul- und Erwachsenendidaktik und bleibt in der einzelnen Fachdidaktik so fachspeziell, daß ein Wissenschaftler eines anderen Gebietes ohnehin dazu keinen Zugang hat; seltener kommt es zur interdisziplinären Zusammenarbeit, zu gemeinsam im Team durchgeführten Projekten, die über bloße Akkumulation und Summierungen hinausgehen und tatsächlich wissenschaftsintegrativ in Theorie und Praxis zur Wirkung kommen. Langsam beginnt es sich aber herumzusprechen, daß interdisziplinäre Zusammenarbeit nicht bloß eine Frage des guten Willens und der Wissenschaftskenntnis ist, sondern vor allem praktisch psychologische und wissenschaftsinstitutionelle, organisatorische Probleme auf den Plan ruft, vor deren Schwierigkeit wir zurückschrecken und uns wiederum in das sichere Haus unserer Einzelwissenschaft zurückziehen: wir müssen bemerken, daß wir verschiedene Sprachen sprechen, daß uns unsere Wissenschaften Denkstil und Haltung geprägt bzw. beeinflußt haben, daß wir überhaupt uns schwer tun im Team zu arbeiten, daß niemand gern den über die Grenzen seines Faches hinausgehenden Vorurteilskatalog ablegen will - er müßte sonst Selbstschutz und Sicherheit aufgeben - ja, daß wir uns schon schwer tun uns gegenseitig zuzuhören und m i t einander zu reden. Schule und Hochschule haben uns kaum gelehrt, über eng abstrakte Fachgrenzen hinauszublicken - die gegenwärtige berufsbezogene Ausbildung und ihre bis ins Detail gesetzlich geregelte Form unterstützen diese Isolation - man hat uns aber im allgemeinen noch weniger beigebracht m i t einander zu diskutieren, Probleme zu lösen, ein Gespräch zu führen. Die didaktische Problemstellung verlangt aber zu ihrer Erfassung und Lösung gerade

diese Voraussetzungen; ihre Themenbereiche beziehen sich
auf viele, oft anscheinend sehr disparat auseinanderliegen-
de Bereiche: auf Wissen, Fach und Stoff, auf Alter, soziale Umgebung und lebensgeschichtliche Voraussetzung der
Schüler, auf entsprechende Lehr- und Lernformen, auf Bil-
dungsorganisationen und -Institutionen und deren Zielsetzungen usw. Diese Bereiche analytisch auseinanderzulegen
und eigenen Wissenschaften zuzuweisen halte ich für einen
nicht zielführenden Weg; didaktische Probleme lösen heißt
diese Bereiche sich durchdringen lassen und Möglichkeiten
entwickeln diese Durchdringung zu organisieren und sich
dabei die Bereiche und ihre Bedeutung bewußt zu machen.
Didaktik muß daher jeweilig Fachgrenzen theoretisch u n d
praktisch überschreiten und ist daher zunächst nichts anderes als der Name für eine Zuordnung vieler bisheriger
"Fächer" und Reflexionen zu einem Problem; dies lautet:
wie ist Wissens- und Fähigkeitsvermittlung theoretisch und
praktisch so möglich, daß eine individuelle und kollektive
Identifizierung mit ihnen möglich ist, d.h. in ihnen zugleich erzogen und gebildet wird. Früher konnte in Bildung und Erziehung noch auf ein gesichertes Normensystem
und eigene Fächer zurückgegriffen werden; die Sicherheit
auf diesem Gebiet ist uns abhanden gekommen und nicht einmal die Betragensnote hat mehr disqualifizierende Bedeutung, wenn sie nicht überhaupt schon abgeschafft ist. Also muß der Wissens- und Fähigkeitsvermittlung aufgebürdet
werden, was früher eigenen Bereichen zugewiesen war (typisch eben die Sonntagsschule der Religionsgemeinschaften).
Diese von Aufklärung und Rationalität her durchaus be-
grüßenswerte Entwicklung schlägt in Zufall, Verantwor-
tungslosigkeit bzw. wissenschaftlichen Aberglauben um,
wo die alte Wissensvermittlung beibehalten wird und sich
Fächer um Bildung und Erziehung entweder nicht kümmern,
oder nicht zusammenarbeiten wollen.

Bildung und Erziehung erfolgt dann indirekt, in einem bewußtlosen Nebenbei, fixiert sich darin und erzeugt im
Irrationalen festgesetzte Menschen, die auch späterhin
schwer zu ihrem Selbst b e w ß t s e i n finden. Die
gegenwärtigen didaktischen Fragestellungen formulieren
nun diese Gesamtproblematik in allen Verästelungen und
sind deshalb kaum mehr als Luxus zurückzuweisen. Die Einladung zu diesem Vortrag auf einem Symposium für Didaktik
der Mathematik sehe ich als Indiz für die Wünsche meiner
Kollegen, den beschränkten Fachcharakter gegenseitig aufzuheben; ich könnte mich nun in ihre Gunst hineinschwindeln und sagen, daß ich auch eine geraume Zeit und durchaus mit Freude und Erfolg Mathematik studiert, daß ich
Freudenthal, Griesel, Wittmann, Steiner u.a. studiert
habe und mich über ihre Initiativen freue und mich mit
Vielem identifizieren kann. Es wäre diese Rückversicherung
aber auch nur ein Zeichen von Angst vor Konfrontation und
Ablehnung und   ein typisches Zeichen für die Unsicherheit eines beginnenden interdisziplinären Gesprächs; in
diesem Sinn bitte ich Sie meine Thesen und meinen Problemkatalog als einen Diskussionsvorschlag aufzufassen
in einem der wichtigsten Probleme der Gegenwart gemeinsam in Verständigung zu kommen.

Die oben beschriebene unsichere und uneinheitliche Situation begünstigt drei Tendenzen innerhalb der Didaktik, die
jeweils einen Ausweg aus dem Dilemma repräsentieren:

1. Die didaktische Fragestellung wird bloß stoff- und
fachimmanent etabliert: man geht davon aus, daß es bereits einen bestimmten autorisierten Stoffkanon gibt, der
nun bloß mehr didaktisch "aufbereitet" werden soll. Wissensinhalte, Ergebnisse, Traditionen, Methoden, kurz alles

was man heute unter einem einzelnen Fach versteht, werden
als gegeben vorausgesetzt und außer Streit gestellt; die
didaktische Fragestellung kommt gleichsam als äußerliche
hinzu und findet schon abgesichert und unverrückbar Vor-
handenes. Es geht eben nur mehr darum, wie letzteres in
sich aufgegliedert, anschaulich gemacht, in Sprache gebracht usw. wird. Auch wenn man sich hier sehr viele Mühe
macht, bleibt doch der autorisierte Resultat- und Ergeb-
nischarakter dieser Wissensinhalte bestehen und man kann
bloß mehr fragen, ob es gelungen ist, ihn didaktisch "auf-
zubereiten". In dieser ersten Position bleiben methodolo-
gisch und inhaltlich drei Problemkreise unbearbeitet:

a) Kann es nicht einen konstitutiven Zusammenhang zwischen
didaktischer Fragestellung und Wissensinhalten geben?
Ist nicht vielleicht umgekehrt die didaktische Situation
dem Wissensinhalt vorausgesetzt? (Alle Wissensresultate
sind ja immer auch schon Ergebnisse von bestimmten individuellen und kollektiven Lernsituationen und als solche
in ihrem Entstehen allemal didaktischen Situationen analog?) Ist es nicht vielleicht gerade f ü r die Vermittlung von Stoff und Fach zur Identifizierbarkeit des Wissens mit sich selbst wichtig eben diese didaktische Ent-
stehungsgeschichte mit den Schülern zu rekonstruieren, um
zu zeigen, daß Wissensergebnisse Resultat vorgängier Lernprozesse sind, mit allem Mühsal und Irrtum behaftet? Verleitet nicht das Außer-Streit-Stellen und Voraussetzen von
Stoff zu bloß mechanischer und äußerlicher Aneignung und
zur Weitergabe autoritärer Lehrstile, die Fragen an Axiome
und Traditionen nicht mehr zulassen? Wird nicht auch dadurch jene einseitige Fachbezogenheit gefördert, die nur
mehr aus ihrem Systemzusammenhang urteilen kann? Fach-
und stoffimmanente Didaktik - viel an Fachdidaktik wird
heute so verstanden, weshalb man oft die Meinung hört, der

beste Fachmann sei auch der beste Didaktiker, was eben in diesem Fall nur stimmen kann, wenn er seine Fachwissenschaft in Prozesse einer Rekonstruktion von Lernprozessen zu über-setzen imstande ist, was Kenntnis über sein einzelnes Fach hinaus, zumindest aber das der Wissenschaftsgeschichte er-fordert - verkürzen somit die didaktische Problemstellung und ordnen sie im Grunde bereits, bewußt oder unbewußt, getroffenen didaktischen Vorentscheidungen unter; denn: einen Wissenskanon bereits vorauszusetzen und aus dem Ho-rizont der Befragbarkeit zu stellen, heißt einen wichtigen Bereich didaktischer Möglichkeiten ausschließen.

b) Die didaktische Fragestellung bleibt dem Stoff und Fach äußerlich angehaftet. Man weiß nicht so recht, welchen inneren Zusammenhang es zwischen Wissensinhalten und di-daktischen Forderungen gibt. Die Universitäten haben sich am längsten gegen dieses Problem wehren können, weil sie lange - und bis heute gibt es noch Meinungen dieser Art - der Meinung waren, ohnehin alles Wichtige an Wissensin-halten und Methoden im Laufe eines Studiums vermitteln zu können und zu müssen. Daher konnte der Schein entstehen, daß bei Erreichen des Zieles Inhalt und Didaktik gleich-sam Hand in Hand gingen. Nachdem aber einerseits an den Hochschulen dieser "polyhistorische" fachbezogene Ansatz immer mehr zur Illusion wurde (die Studiendauer nicht ad infinitum verlängert werden konnte), man andererseits die Lehrer mittlerer und höherer Schulen ernst zu nehmen be-gann - sie hatten immer schon das Problem sachadäquater Selektion zu lösen und quälten sich genug damit herum - mußte man auch die Fragen aufwerfen, ob es nicht einen inneren Zusammenhang zwischen Fach und Didaktik geben könnte. Diese Fragen müssen erst beantwortet werden, soll nicht Stoffauswahl, "der Mut zur Lücke" u.a. zur Willkür degradiert werden; setzt man aber Stoffkanon und be-

stimmtes Wissen bereits voraus, so können die erwähnten
Fragen im Grunde gar nicht mehr gestellt werden. Zu untersuchen ist daher, ob es nicht doch einen gegenseitig sich
bedingenden Zusammenhang zwischen Wissen, Stoff einerseits
und didaktischen Möglichkeiten andererseits gibt.

c) Äußerlich bleibende Didaktik läuft Gefahr, auf technischer Rationalität beschränkt zu werden; es geht sozusagen nur mehr darum, den Nürnberger Trichter zu modernisie-
ren und mit unterrichtstechnologischen Verzierungen und
psychologischen Arabesken zu versehen - wohl damit er sich
liebenswerter ausnimmt. Betont muß werden, daß hier nichts
gegen den Einsatz von technischen Mitteln im Unterricht
gesagt werden soll; sie haben sicher ihren Platz. Wenn
aber im Sinne unserer Problemstellung Didaktik nur äußerliche zum Fach hinzukommt, so wird auch alle Vermittlungs-
technik äußerlich angeklebt; es ist sozusagen nicht mehr
vernünftig ableitbar, wann, wenn und wo Technik oder
Psychologie verwendet werden.
Im Gegenteil: die Scheinverobjektivierung durch Technik
und Psychologie (auch bestimmte programmierte Unterrichts-
formen zähle ich hier dazu) verstärkt die Unbefragbarkeit
des vorausgesetzten Stoffes und trifft somit dazu die didaktischen Möglichkeiten zu verkürzen. Hier geht die erste
Position bereits in die zweite über:

2. Die didaktische Fragestellung wird vom Fach getrennt
und auf die Lehre allgemeiner Vermittlungstechniken reduziert. Hiezu gehören alle Formen allgemeiner Didaktik,
die sich darauf beschränken Modelle, Techniken, formal-
curriculare Anweisungen zu konstruieren, die dann erst
auf den gegebenen Stoff angewendet werden sollen. Es geht
ganz schlicht um die Frage: wie bringe ich am besten gegebene Inhalte an den Mann?

Wir finden hier die andere Seite der vorhin erwähnten Position; auch sie ist gezwungen Fach und Stoff als gegeben vorauszusetzen und fällt somit ebenso unter die drei genannten ungelösten Problemkreise, nur entwickelt sie aus eigenem Selbstbewußtsein ein eigenes Fach, dem sie nun versucht das jeweilige Vermittlungsangebot unterzuordnen. Dagegen wehren sich natürlich alle Fachwissenschaftler im engeren Sinn, weil sie Äußerlichkeit und Zwangsabsicht schnell bemerken. Neben dem vorhin genannten Problem sind hier noch folgende als ungelöst zu erwähnen:

a) Die Trennung von Stoff und Inhalt macht die Modelle und Techniken formal beliebig und zum Teil willkürlich; sie versuchen sich gleichsam nur in sich selbst zu entwickeln und zu korrigieren, was zu einem System von Metawissenschaft und Metatechnik führt, die mit all ihresgleichen das Schicksal teilt, den Zusammenhang zum konkreten Inhalt zu verlieren. Sie stellen dann auch immer wieder den Anspruch allgemein verwendbar zu sein, nicht aber deshalb, weil sie wirklich ein allgemein anwendbares Modell geschaffen haben, sondern weil sie so formal und inhaltsleer geworden sind, daß sie zwar allgemeine, nicht aber besondere Anwendbarkeit versprechen können.

b) Die Anwendung dieser Modelle und Techniken bleibt insofern oft willkürlich, weil sie es sich vorgängig erspart hat, die zu vermittelnden Inhalte auf ihren Zusammenhang hin mit dem Modell oder der Technik zu befragen. Gegebener Inhalt wird so einfach meist durch die Mangel des Instrumentarismus gedreht; ob ihm das guttut oder nicht stellt sich meist erst im nachhinein heraus.

c) Trotz ihres allgemeinen Anspruchs bleiben doch diese Modelle und Techniken immer die Zweiten (In falscher Demut wird hier von der "dienenden" Funktion der Modelle

und Techniken gesprochen.). Dies heißt, sie haben auf Inhalt, Bildungs- und Wissenskanon selbst keinen gestalten-
den Einfluß (bestenfalls den, sie ihren Modellen gefügig
zu machen), können also nur dankbar annehmen, was kommt.
In den verschiedensten Modellbildungen innerhalb der Curri-
culumtheorie kann man diese Erscheinung recht schön beobachten: Taxonomien, Modelle (Konstruktionsmodelle nach
"Grob- und Feinzielen"), Richtlinien und Postulatensy-
steme werden verfaßt und dann auf die einzelnen Stoffgebiete angewendet, deren Bildungssinn bleibt unbefragt;
man überläßt dem Fachwissenschaftler Fragen, die er von
seiner Wissenschaft aus allein nicht beantworten kann.

d) Man versucht Lehr- und Lernsituationen technisch und
inhaltlich vorwegzunehmen. Man entwickelt Einzelcurricu-
la bis zu Stundenbildern, deren zeitliche Abfolge genau
festgelegt ist und versucht auf diese Weise dem Lehrer
Sicherheit zu geben, künftige Situationen im vorwegge-
nommenen theoretischen Probehandeln zu bewältigen. Über
diese entscheidende Verkürzung didaktischer Probleme und
Realitäten wird noch ausführlicher zu sprechen sein. Sie
ist meines Erachtens der entscheidende Fehler fast aller
bisherigen Curriculumtheorien und Modelle, der sie im
Grunde alle technisch und instrumentell macht, wenn er
ihnen überhaupt die Situation gestattet, angewendet zu
werden. Die zukünftige didaktische Situation in ihrer
sozialen Individualität soll vorweggenommen werden, vor-
herbestimmt und aus dem gegenwärtigen Modell je und je
deduziert werden können. Es ist unschwer einzusehen, daß
damit jede zukünftige didaktische Situation in ihrer
Eigengestalt beschränkt und entwertet wird (ihr keine
eigene "Systemfreiheit" zugestanden wird) und sich aus
sich heraus auch nicht mehr entwickeln und darstellen
kann. Es ist weiters klar, daß, auf die jeweilige Situ-

ation angewendet, das Modell nur dann stimmen kann, wenn
es von seinen Proponenten auch durchgesetzt wird. In jeder
bestimmten curricularen Modellbildung liegt damit ohne
Zweifel die Empfehlung für autoritäres und direktives Vorgehen in allen zukünftigen Situationen, sollte das Sinn
gewinnen, was man vorweg lernt.

3. Die didaktische Situation wird gegenüber allen anderen
didaktischen Problemfeldern herausgestellt, isoliert und
zum Teil absolut gesetzt. Inhalt, Stoff und Vermittlungstechniken treten in den Hintergrund, wenn sie überhaupt
noch Bedeutung haben. Obwohl mir diese Position schon deshalb am sympathischsten ist, weil sie vorerst alle Fehler
und Probleme vermeiden kann, denen vorhin die anderen Positionen unterlegen sind, läuft auch sie Gefahr sich so
weit von Inhalt und Vermittlungsformen zu isolieren, daß
sie in ihrer Individualität willkürlich absolut gesetzt,
jeden möglichen Zusammenhang mit dem gegebenen Lerninhalt
verliert.

Sicherlich läßt diese Stellung dem sozialen und individuellen Freiheitssystem jeder Lehr- und Lernsituation den
meisten Raum; dessen Systemfreiheit insgesamt kommt am
besten zur Geltung; die individuelle und kollektive Identifizierbarkeit mit erarbeiteten Wissensinhalten ist sicher maximal, die Effizienz groß, das Vergessen gering.
Zweifellos kann hier auch am besten auf individuell lebensgeschichtliche Voraussetzungen, sowie auf die sozialen
Bedürfnisse der Lerngemeinschaft eingegangen werden. Die
Ausbildung für diese Position erfolgt auch nicht durch
fachimmanente Wissensvermittlung oder pädagogische Modell-
theorie; sie muß zusätzlich auf sozial praktischen, grup-
pendynamischen, ev. praktisch tiefenpsychologischem Gebiet erfolgen, um das Bewußtwerden und Explorieren der jeweiligen didaktischen Situation einleiten und hervorbrin-

gen helfen zu können. Gegenüber allen anderen didaktischen Positionen wird hier die didaktische Situation in
ihrer praktischen Gestalt wirklich ernst genommen und zur
Geltung gebracht; damit wird auch jenes bewußte soziale
Lernen ermöglicht, das durch die anderen Positionen weitgehend vernachlässigt wird. Schließlich wird die didaktische Situation selbst dazu "verwendet" für Inhaltsaus-
wahl und Vermittlungsform konstitutiv Maßstäbe abzugeben.
Das Voraussetzungsverhältnis scheint umgedreht zu werden;
Stoff, Inhalt und Vermittlungsmodelle sind nicht mehr als
gegeben vorausgesetzt, sondern e r geben sich erst aus
der Exploration der didaktischen Situation. Natürlich hat
auch dieser Ansatz Gefahren, die nicht verschwiegen werden sollen und zeigen, daß eine vierte Position gefunden
und ausgearbeitet werden muß. (Dies geschieht im 4. Teil
dieser Arbeit)

a) Die Trennung vom Stoff und Wissensinhalt läßt diese wiederum leicht als bloß Äußerliches zur jeweils didaktischen
Situation erstarren. Leben und Bewegung gibt es nur in der
Exploration der jeweiligen didaktischen Situation zur der
dann irgendwann und zufällig - bedingt meist durch das
schlechte Gewissen des Lehrers den Stoff nicht zeitgerecht
zu "bewältigen" - ein x-beliebiger Inhalt tritt; diese
nimmt sich dann meist besonders trocken und aufgepfropft
aus und wird nur mit großem Widerstand zugelassen. Damit
wird keineswegs erreicht, daß die Wissensvermittlung leichter und identifizierbarer vor sich geht. Stoff und Wissensinhalte werden gegenüber der mittelbaren sozialen Situation formal hölzern und klobig; sie treten wiederum
nur als Resultate auf und werden ihrer gesamten lerngeschichtlichen, damit sozial-kommunikativen Funktion ent-
kleidet (alles Wissen ist nämlich als Resultat in Lern-

prozessen nicht bloß ein Wissen über irgendwelche Gegenstände, sondern eine festgesetzte sozial-kommunikative Regelung der Menschen zueinander, sozusagen eingefrorener Kommunikationssituationen; dieses Teils höherer Instanz gehen sie leicht im vorgenannten Fall verlustig).

b) Die Exploration und das Zur-Geltung-Bringen der didaktischen Situation findet in ihr selbst keine Grenzen. Grundsätzlich gibt es diese auch nicht; betrachtet man nun alle einzelnen individuell eingebrachten Lebensgeschichten, die sich im Rahmen einer Lerngemeinschaft zusammengefunden haben, so würde es eines ungeheuren Zeitaufwandes bedürfen, alle diese Voraussetzungen aufzuarbeiten; dazu kommt noch die soziale Problematik der Lehr- und Lerngruppe in einer zweckbestimmten Lern- und Bildungsinstitution usw. Läßt man sich einmal auf diese Probleme ein, ist so leicht der Schluß nicht zu machen, zumal die Lust für dieses Arbeiten schnell geweckt und nicht leicht befriedigt ist. An den notwendigen Wissensinhalten und Fertigkeiten, die zu vermitteln sind, hat diese Arbeit aber auch ihre eigene Grenze, die sie nicht ungestraft außer Acht lassen darf. Wie wir noch sehen werden, liegt die Lösung dieses Dilemmas einerseits in der Aufschließung der didaktischen Situation nicht nur für sich selbst, sondern auch für die Lerninhalte (die Lerngemeinschaft ist selbst nichts bloß Individuelles, sondern hat sich in ihrem Funktionieren bewußte Kollektivität zu erwerben, die auch im Wissen wiederzufinden ist), andererseits in der Aufschließung der Wissensinhalte vor allem im Sinne ihrer lerngeschichtlichen Rekonstruktion, d.h. in ihrer sozial-kommunikativen Kompetenz.

c) Eine letzte, nur am Rande zu erwähnende Gefahr dieser letzten Position liegt in der mangelnden Ausbildugn der

Lehrer. Die jeweilige didaktische Situation anerkennen und
zur Geltung zu bringen, setzt einerseits Ausbildungen voraus,
andererseits auch eine gewisse Sicherheit über sich selbst,
da viel Überraschendes, Unvorhergesehenes eintreten kann;
dies zuzulassen und bearbeiten zu können verlangt Flexibilität, Ich-Stärke, aber auch Autoritätsverzicht, der unter
Umständen mit Identitätsschwierigkeiten verbunden ist. Die
Position setzt weiters andere Lehr- und Lernformen als ge-
gegenwärtig üblich voraus, vor einzelkämpferischen Initiativen ist dringend abzuraten; man braucht emotionellen
Rückhalt und wohlwollende Korrektur usw. Kurzum, die dritte
Position kann nur in einer veränderten gesamtschulischen
Organisation durchgeführt werden. Werden diese Bedingungen
nicht erfüllt und dennoch Versuche unternommen, so führt
der meist eintretende Mißerfolg erst recht dazu in Resignation und dann umso starrer die alten Wege zu gehen, bzw.
die von uns genannten anderen Positionen wahrzunehmen.

Alle beschriebenen Positionen führen über die genannten Gefahren hinaus allgemeiner zu einer fortwährenden Trennung,
einem Dualismus zwischen einzelnem Fach und Didaktik, im
weiteren zwischen traditionellen Einzelfächern und Pädagogik. Diese Trennung bringt bekannte gegenseitige Abwehr-
mechanismen und Verantwortungsabschiebungen zustande. Die
Fachvertreter werfen dem Pädagogen vor, daß sie vom Stoff
nichts verstehen und daher inkompetent für Fachdidaktik
seien, ihre Postulate und Modelle als leere Vorstellungen
im Raum hängen lassen; die Pädagogen geben es zurück und
sprechen von der Einseitigkeit und bornierter Einschrän-
kung der Einzelwissenschaften. Das Bauen an gegenseitigen
Selbsterechtfertigungssystemen führt zu den bekannten Miß-
verständnissen über Fachdidaktik:

a) die Pädagogen bauen inhaltlich und terminologisch eine

eigene Fachdidaktik auf, nur können bei fortschreitendem
Aufbau die betroffenen Fachleute entweder nichts mehr verstehen - dies entspricht ja auch dem Zweck gegenseitiger
Isolation - nachzuweisen, daß man mehr versteht als der
andere - oder sie hören nur längst bekannte Banalitäten;
dies vielleicht wiederum deshalb, um ihre Kompetenz zu be-
haupten.

b) die Fachvertreter beharren darauf, daß der beste Fachmann auch der beste Didaktiker ist und zeigen damit den
Pädagogen, daß sie wohl nie was zur Didaktik zu sagen haben, denn beste Fachleute können sie kaum mehr werden.
Fragt man allerdings die Vertreter dieses Vorurteils nach
dem Grund ihrer Aussage, hört man meistens Tautologien
dieser Art: es sei doch selbstverständlich, daß der am
besten vermitteln können, der das Fach am besten beherrscht.
Wer eigentlich bestimmt, wie man was am besten beherrscht
und welche Kriterien dabei angewendet werden, werden allerdings in der gegenwärtigen Spezialisierung der einzelnen Wissenschaften immer schwerer zu beantwortende Fragen.

c) Didaktik ist bloß für Lehrer, Fachleute und Forscher
brauchen sie eigentlich nicht, lautet ein weiteres Vorurteil. Erwähnt wurde schon, daß Gang und Fortschritt der
Wissenschaften ein einziger Lernprozess ist; daß also eine
gewisse didaktische Basis aller Wissens- und Wahrheitsfin-
dung vorausgesetzt ist und wohl auch konstitutiv in die
Resultate der Forschung mit eingeht, insofern ist jede
bessere Vermittlung dieser Resultate,wie schon gesagt, eine
Rekonstruktion dieser Lernprozesse. Darüber hinaus gibt es
heute nur mehr wenig Forschung, die bloß individuell vonstatten gehen kann. Zusammenarbeit, Teamwork setzen aber
immer Lernsituationen gegenseitiger Art voraus, die auch
im gemeinsamen Forschungsprozess didaktische Probleme

auftreten lassen. Besonders zur Geltung kommen sie in interdisziplinärer Forschung, in der wir allemal erfahren, wie armselig ausgebildet und hilflos wir oft auf diesem Gebiet von Zusammenarbeit sind.

d) Didaktik ist ein bloßes Mittel der Fachvermittlung, ein Instrument, eine Methode, die vom Gegenstand beliebig abgetrennt werden kann; von dieser instrumentellen Haltung wurde schon gesprochen; es entspricht einfach unserem am technisch-praktisch Funktionellen ausgerichteten Verstand, Werkzeug und Gegenstand zu unterscheiden und nach der Effizienz des Werkzeugs zu fragen.
In der didaktischen Fragestellung sind aber drei Momente enthalten, die aufeinander zu beziehen sind, die nicht in handwerklich technischer Weise ungestraft voneinander getrennt werden können: das Fach, der Lehrer und der oder die Schüler (dazu kommen natürlich noch die Bedingungen dieses ganzen Zusammenhangs in Institution und Zielsetzung; von ihnen soll hier nicht gesprochen werden). Schüler sind aber ebensowenig Gegenstände, die man mittels eines Instruments formt und bearbeitet, wie der Stoff, das Wissen fertig abgepackter Resultate, die in jede beliebige Methode hineingegossen werden können.

e) Didaktik ist eigentlich Kunst, nicht Wissenschaft und hat in ihr nichts zu suchen.
Dieses Vorurteil läßt sich in zweifacher Hinsicht verstehen: in positiver insofern, als didaktische Fragestellungen sicherlich nicht von den gemeinhin unter exakt laufenden Wissenschaftsarten beantwortet werden können; die Systemfreiheit im pädagogischen Feld fordert Rücksichten, die vom klassisch hypokratisch-deduktiven Wissenschaftsmodell nicht zu erfüllen sind; da auch die Sozial-, Gesellschafts- und Geisteswissenschaften heute noch vielfach auch ihren

Gegenstand in analogen Modellvorstellungen behandeln, ist problematisch, ob sie besser imstande sind didaktische Probleme zu klären. Das Lösen didaktischer Probleme fordert daher über gebräuchliche Wissenschaftsvorstellungen hinaus tatsächlich neue Wissenschaftsmodelle (Ansätze dafür gibt es in der Tiefenpsychologie, der Interaktionspädagogik, Gruppendynamik und Handlungsforschung), die für ein bisheriges Wissenschaftsverständnis in Richtung Kunst zu gehen scheint. Tatsächlich kommt es ja auch in der Bewältigung didaktischer Situationen nicht darauf an, etwa zu wissen, oder gar Modelle anzuwenden, man muß etwas können, soll sozialdiagnostische Fähigkeiten haben, soll imstande sein, die jeweilige didaktische Situation zu explorieren. Diese praktischen Fähigkeiten müssen aller Theorie und allem Wissen zur Seite stehen, sonst werden letztere wieder unwirksam; diese spezifische Einheit von Theorie und Praxis ist für die Bewältigung didaktischer Situationen unumgänglich notwendig und wir wissen, wie schwierig sie ist. Ein Zeichen für diese Schwierigkeite ist die immer noch sehr oft zu vernehmende Aussage: als Pädagoge werde man eigentlich geboren, es handle sich um natürliche Fähigkeiten und Talente. Immer wo Menschen zur Begründung von Erscheinungen in dieser Weise die Natur herangezogen haben, hat diese Scheinauszeichnung der Natur eigentlich nur die Unfähigkeit der Menschen bezeichnet, ein Problem in den Griff zu bekommen (Was, außerdem machen wir mit den vielen Lehrern, die hier nicht von der Natur begünstigt oder ausgezeichnet wurden?).

Neben dieser positiven Auslegung gibt es aber auch noch eine negative, abgrenzende, die wohl häufiger gebraucht, besagen soll, daß sich ein ernster Wissenschaftler eigentlich nicht mit solchen Harlekinaden abgeben soll. Zweifellos unterliegt dieser Standpunkt allen Kritikpunkten die erwähnt wurden; er hat aber in der gegenwärtigen Diskussion immer noch große Wirkung. Mit der Kunstanalogie gerät der gesamte Didaktikkomplex unversehens ins Irrationale, ins Individuell-Willkürliche, ins Private, ins Unexakt-Unbegreifbare, ins Aussichtslose im Sinne gemeinsamer Theoriebildung usw. Auf diese Weise bringt man die Didaktik am besten los und kann sie in Einsicht, Natur und Vorurteil des einzelnen Lehrers verweisen. Kunst wird hier also eher als diffamierendes Vokabel gebraucht und gar nicht mehr nachgefragt, ob nicht vielleicht tatsächlich ins Wesen der Kunst als einer spezifischen Einheit von Theorie und Praxis zur Didaktik analoge Elemente auffindbar sind.

Die Konsequenzen dieser Vorurteilshaltungen sind uns gut bekannt; sie lauten zusammengefaßt: Resignation im Einzelfach, Zweifel an pädagogischer Hilfe überhaupt, gegenseitige Verantwortungsabschiebung in Theorie und Praxisbewältigung, Herausbildung von Formalpädagogiken, bloß akkumulative Interdisziplinarität, Aufstellen immer neuer und immer zahlreicher werdender rational-deduktiver Didaktikmodelle und Einzel-Curricula, die, Resultate langzeitiger Forschungsarbeiten, den Nachteil haben, fast nie anwendbar zu sein, weil genau das Problem der Anwendung als praktisch-konstitutives Moment in die Modellbildung nicht eingegangen ist.

H. Bürger

GEOMETRIE ALS ANGEWANDTE MATHEMATIK

Mathematikdidaktiker sind ihrer Ausbildung nach zu einem
überwiegenden Teil auch Mathematiker. Mathematische Methoden werden aber in der Mathematikdidaktik derzeit kaum
angewendet. So ist es bei mathematikdidaktischen Überlegungen nicht üblich, Beweise ähnlich wie in der Mathematik
zu führen. Es ist natürlich höchst zweifelhaft, ob dies
überhaupt, und wenn, in welchem Maße dies möglich ist.
Dazu fehlen Definitionen der verwendeten Begriffe, Voraussetzungen sind vielfach viel zu komplex, um erfaßt, analysiert und formuliert werden zu können, und im allgemeinen
ist es unmöglich, Beweisschritte durch bereits bewiesene
Theoreme zu begründen. Die Übertragung einiger Elemente
mathematischer Beweisführung in mathematikdidaktische Erörterungen könnte jedoch einen Beitrag zur Entwicklung einer Methodologie der Mathematikdidaktik sein. So sollte
trotz der angeführten Schwierigkeiten versucht werden, bei
mathematikdidaktischen Erörterungen die zu einer These gehörenden Voraussetzungen möglichst klarzulegen. Erweite-
rungen oder Einengungen oder andere Änderungen der Voraussetzungen durch deren Diskussion werden zur Präzisierung
der These führen. Ebenso sollten klar herausgestellt werden, welche (unbewiesenen) Thesen zu Begründungen herangezogen werden, um mögliche Fehlerquellen leichter erkennen zu können. Solche Thesen müssen immer wieder kritisch
untersucht und möglichst durch Experimente überprüft
werden.

Auch dieser Erörterung sollen Thesen vorangestellt werden,
deren Richtigkeit bei der Behandlung des eigentlichen Themas angenommen wird.

1. Der Mathematikunterricht soll dazu beitragen, Schüler
zum kritischen Denken zu erziehen. -
Dieser Satz hat normativen Charakter und ist insofern

nicht beweisbar. Der Begriff "Kritisches Denken" bleibt undefiniert.

2. Der Mathematikunterricht kann durch geeignete Unterrichtsdispositionen zur Entwicklung und Förderung des kritischen Denkens beitragen. - Die bei dieser Abhandlung beschriebenen Unterrichtsvorschläge werden als geeignete Beiträge zur Förderung des kritischen Denkens angesehen.

3. Der Mathematikunterricht kann dazu beitragen, daß die Entwicklung des kritischen Denkens nicht gefördert, ja sogar gehemmt wird. - Beispiele, von denen angenommen werden kann, daß sie diese These bestätigen oder zumindest plausibel machen, werden anschließend gegeben.

4. Das Herausarbeiten des Modellcharakters mathematischer Anwendungen trägt zur Förderung des kritischen Denkens bei. Dieses Herausarbeiten erfolgt insbesonders durch Klarstellen der bei der Modellbildung gemachten Annahmen und der Grenzen der Anwendbarkeit des Modells sowie durch Darstellung desselben Sachverhaltes durch verschiedene Modelle. Dabei müssen die Klarstellungen für den Schüler faßbar sein, d. h. seiner Ausbildungsphase entsprechen und durch Beschränkung des Umfanges der Klarstellungen überschaubar sein.

5. Anwendungen der Mathematik bereiten oft deshalb Schwierigkeiten, weil die bei der Modellbildung gemachten Annahmen nicht erkennbar sind, teils auch außermathematischer Natur sind.

Die Grundbegriffe der euklidischen Geometrie werden im Unterricht der Grundschule einerseits durch Betrachten und Beschreiben von physikalischen (materiellen) Körpern und durch Hantieren mit solchen Körpern, anderseits durch Anfertigen und Besprechen von Zeichnungen erarbeitet. In diesem Stadium dienen geometrische Begriffe in erster Linie zur Beschreibung physikalischer Realitäten, mit den geometrischen Begriffen wird meist noch nicht operiert.

Gegen Ende des konkret-operativen Stadiums und mit Beginn des formal-operativen Stadiums in der kognitiven Entwicklung des Kindes, also im wesentlichen nach der Grundschule, werden die geometrischen Begriffe allmählich zu selbständigen Objekten des Denkens, denen nun zum Teil andere Eigenschaften zugeschrieben werden, als ihre anschaulichen Bilder in Zeichnungen oder andere physikalische Korrelate haben. Auf Grund der ursprünglichen Erarbeitung der geometrischen Grundbegriffe und auf Grund ihrer häufigen Darstellung in Zeichnungen, die als Realisierungen erscheinen, entsteht aber bei den Schülern der Eindruck, daß die Objekte der euklidischen Geometrie auch Objekte des physikalischen Raumes sind. Den Schülern wird also nicht bewußt, daß die Objekte des geometrischen Raumes nur Objekte des Denkens sind, wogegen die Objekte des physikalischen Raumes materieller Natur sind, also im allgemeinen sinnlich wahrnehmbar und durch ihre physikalischen Eigenschaften, vor allem durch deren Meßbarkeit gekennzeichnet sind. (Hier sei darauf hingewiesen, daß in dieser Erörterung auch Zeichnungen als physikalische Objekte angesehen werden, obwohl man geometrische Zeichnungen auch als Modelle von anderen physikalischen Objekten ansehen kann.)

Diese unkritische Einstellung der Schüler wird umso mehr gefestigt, je länger Schüler Geometrie betreiben, Zeichnungen als alleinige Quelle von geometrischen Erkenntnissen ansehen und nicht über den Charakter der euklidischen Geometrie als eines Modells des physikalischen Raumes informiert werden. Dabei kann immer wieder im Unterricht festgestellt werden, daß Schüler im Alter von etwa 10 und

11 Jahren diesbezügliche Bedenken haben und diese auch äußern.

Ein Beispiel dafür sind die Bedenken, die Schüler haben, wenn von dem Begriff der Strecke zu dem letztlich unanschaulichen und physikalisch auch nicht annähernd zu realisierenden Begriff der Geraden übergegangen wird. Diesbezügliche Fragen werden oft übergangen, anstatt in einer dem Kind gemäßen Sprache deutlich zu machen, daß der Begriff der Geraden keine Entsprechung in unserer Umwelt hat, daß er nur ein Objekt unseres Denkens ist und daß er nur als solches existiert. Dabei kann auch darauf hingewiesen werden, daß die Mathematik ein Bereich geistiger Freiheit ist, in dem es durchaus üblich ist, Grenzen zu überschreiten, wie dies etwa auch bei der Bildung beliebig großer Zahlen geschieht.

Eine Möglichkeit auf die Unterschiede von geometrischen Objekten und ihren physikalischen Korrelaten im Unterricht einzugehen, ergibt sich beispielsweise auch durch die Aufforderung an die Schüler, Punkte zu zeichnen. Sehr bald wird dabei klar, daß es nur möglich ist, scheibenähnliche Gebilde zu Papier zu bringen. Es ist aber anderseits möglich, durch zwei solche punktförmige Gebilde, die sehr eng beisammenliegen, mehr als eine gerade Linie zu zeichnen. Bei der Besprechung dieser Phänomene kann auf die Schwierigkeiten einer expliziten Definition der Begriffe.Punkt und Gerade eingegangen werden und deren Ersetzung durch die Festlegung von Eigenschaften dieser Gebilde wie etwa "Durch zwei verschiedene Punkte kann genau eine Gerade gelegt werden". Dadurch ergeben sich erste Ansatzpunkte für axiomatische Betrachtungen in der Geometrie, bei denen Axiome der Geometrie als Spielregeln und nicht als "unmittelbar evidente Sätze" erscheinen.

Eine weitere Besprechung des Verhältnisses von geometrischen Objekten und deren anschaulichen Bildern ist erforderlich, sobald geometrische Beweise geführt werden. Die
Notwendigkeit solcher Beweise wird von Lehrern vielfach
damit motiviert, daß Zeichnungen zu ungenau seien, um daraus mit Sicherheit gewisse Aussagen - wie etwa, daß sich
drei Geraden in einem Punkt schneiden - machen zu können.
W. Walsch[1] hat auf die Unzulänglichkeit dieser Argumentation hingewiesen: Geometrische Sätze beziehen sich auf
geometrische Objekte; diese sind nicht ident mit den Objekten in der Zeichnung. - Woraus sich natürlich erst
recht die Notwendigkeit einer Beweisführung, die anschauliche Fakten nicht zur Begründung heranzieht, ergibt. Wohl
können aber Zeichnungen Anhaltspunkte für geometrische
Überlegungen und Sätze liefern, da geometrische Objekte
und deren Beziehungen mit einer gewissen Genauigkeit, die
nicht so leicht zu präzisieren ist, in Zeichnungen dargestellt werden können. Auch dieser Sachverhalt verleitet
zur unkritischen Identifikation von geometrischen und physikalischen Raum.

Ein wesentlicher Unterschied zwischen dem euklidisch-geometrischen und dem physikalischen Raum zeigt sich bei dem
für den physikalischen Raum so charakteristischen Aspekt
der Längenmessung. Bereits in der Grundschule werden Län-
genmaße - wiederum anhand von physikalischen Messungen -
eingeführt. Dabei wird aber im allgemeinen eine Meßgenauigkeit von 1 mm nicht unterschritten. Allmählich fixiert
sich aber im Schüler die Vorstellung von der Existenz von
Strecken von beliebig kleiner Länge bzw. von der Möglichkeit einer beliebig genauen Längenmessung. Dies rührt
u. a. her von der Existenz beliebig kleiner rationaler
Zahlen und der mit den rationalen Zahlen verbundenen anschaulichen Vorstellung durch deren anschaulich-geometri-

sche Einführung. Bei der Behandlung des Pythagoreischen Lehrsatzes und bei der damit verbundenen ersten Besprechung der irrationalen Zahlen ist der Glaube an die Möglichkeit der beliebig genauen Längenmessung bereits soweit gefestigt, daß das Problem der Existenz der irrationalen Zahlen u. U. damit abgetan werden kann, daß deren Existenz als Streckenlänge anschaulich evident sei, d. h. aus einer Zeichnung herausgelesen werden könne. (Dazu ein Ausspruch eines Lehrers: " $\sqrt{2}$ existiert, denn man kann ein Quadrat von 1 cm Länge und dessen Diagonale zeichnen.")

Um solchen Entwicklungen vorzubeugen, kann bereits bei der Behandlung der rationalen Zahlen (Dezimalzahlen) aufgezeigt werden, daß sehr kleine Zahlen keine Entsprechung in der Umwelt haben und daß sehr kleine Unterschiede in der Physik oft nicht meßbar sind. Letztlich soll aber klargestellt werden, daß es sich bei der bijektiven Zuordnung der Punkte der Zahlengeraden und der reellen Zahlen im wesentlichen um ein Axiom handelt, also um eine Annahme für gedachte Objekte, nämlich für geometrische Objekte, daß aber in der Physik eine unbegrenzte Meßgenauigkeit prinzipiell unmöglich ist.

Durch die bisherigen Ausführungen sollten Möglichkeiten aufgezeigt werden, den Charakter der Geometrie als eines Modells, das den physikalischen Raum sehr zweckmäßig (weil vereinfacht), aber doch nur unvollkommen beschreibt, herauszuarbeiten. Die Beschreibung des physikalischen Raumes durch den euklidischen Vektorraum der Zahlentripel im Rahmen der analytischen Geometrie zeigt noch deutlicher den Modellaspekt und auch dessen Zweckmäßigkeit. Daß Zahlentripel auch zur Beschreibung anderer physikalischer Größen herangezogen werden können, unterstreicht diese Modellvorstellung.

Das Aufzeigen der unvollkommenen Beschreibung des physikalischen Raumes durch das Modell der euklidischen Geometrie
führt zur Frage, ob es nicht Modelle gibt, die die physikalische Realität "besser" beschreiben, d. h. zumindest
einige physikalische Fakten berücksichtigen, die in der
euklidischen Geometrie keine Beachtung finden.

H. Poincaré hat das Problem geometrischer Raum - physikalischer Raum verschiedentlich abgehandelt[2]. Einige der
von ihm geäußerten Gedanken scheinen auch in dieser Erörterung mit teilweise veränderten Bezügen auf. Poincaré unterscheidet u. a. auch zwischen dem "mathematischen
Kontinuum" und dem "physikalischen Kontinuum". Charakte-
ristisch für das physikalische Kontinuum ist die Existenz
von Größen, die zwar verschieden, aber durch die Unvoll-
kommenheit unserer Sinne doch nicht unterscheidbar sind.
"Man hat z. B. beobachtet, daß ein Gewicht A von 10 Gramm
und ein Gewicht B von 11 Gramm identische Empfindungen
hervorriefen, daß das Gewicht B ebensowenig von einem 12
Gramm schweren Gewicht C unterschieden werden konnte, daß
man aber leicht das Gewicht A vom Gewicht C auseinander-
hielt. Die großen Erfahrungsresultate können also durch
folgende Beziehungen ausgedrückt werden: A = B, B = C,
A < C, und diese können als Formulierungen des physikalischen Kontinuums betrachtet werden. Das ist aber absolut
unverträglich mit dem Prinzipe des Widerspruchs und die
Notwendigkeit, diesen Mißstand zu beseitigen, hat uns dazu
geführt, das mathematische Kontinuum zu erfinden."[3]

Ähnliche Überlegungen stellt E. C. Zeemann[4] an bei dem
Versuch, ein mathematisches Modell zur Beschreibung von
Wahrnehmungen mittels der Netzhaut aufzustellen.

T. Poston[5] hat diese Ideen aufgegriffen und in der von ihm
so benannten Fuzzy-Geometry ein mathematisches Modell des

physikalischen Raumes entwickelt, das es gestattet die be-
grenzte physikalische Meßgenauigkeit zu berücksichtigen.
In der folgenden Definition finden sich die obigen Überlegungen von Poincaré in modernem Gewand:

Eine Menge M mit einer reflexiven, symmetrischen Relation
r heißt ein Fuzzy-Raum. Gilt x r y, so heißt x nicht unterscheidbar von y.
Da die Transitivität von r nicht verlangt ist, muß natürlich aus a r b und b r c nicht folgen, daß auch a r c.

Es gibt zahlreiche Beispiele für Fuzzy-Räume:
a) M sei die Menge aller Töne; x r y soll gelten, wenn von
einem bestimmten menschlichen Gehör x von y nicht unterschieden werden kann.
b) M sei die Menge der rationalen Zahlen; x r y $\Leftrightarrow$
$|x - y| \leq 0,01$.
c) M sei eine Menge von sehr kleinen (punktförmigen) Gebil-
den, etwa die von einer Bleistiftspitze verursachten Ab-
drücke. x r y soll dann gelten, wenn die Entfernung zwischen x und y kleiner als 1 mm ist.
d) Eine physikalisch bedeutungsvolle Variation von c) erhält man, wenn M die Menge aller physikalisch erfaßbaren
Positionen eines (gerade noch meßbaren) Teilchens ist und
x als ununterscheidbar von y bezeichnet wird, wenn die
Entfernung zwischen x und y kleiner als 10^{-13} cm, also
kleiner als die als Elementarlänge bezeichnete Distanz ist.

Sind a und b Punkte (Elemente) eines Fuzzy-Raumes (M, r),
so heißt eine Folge von Punkten $x_0, x_1, x_2, \ldots x_m$ mit $x_0 = a$
und $x_m = b$ ein Weg von a nach b von der Länge m, wenn für
alle i = 1, 2, .. n gilt: x_{i-1} r x_i.
Als (Hop-)Distanz $d(a,b)$ der Punkte a,b eines Fuzzy-Raumes
bezeichnet man die kleinste aller natürlichen Zahlen, die
Länge eines Weges von a nach b ist. (Existiert kein Weg

von a nach b, so wird d(a,b) = ∞ gesetzt.)

Man erkennt unmittelbar, daß d(a,b) = 0 ⟺ a=b,
d(a,b) = d(b,a) und d(a,c) ≤ d(a,b) + d(b,c). Ein Fuzzy-
Raum mit der Hop-Distanz ist also ein metrischer Raum.

Wendet man diese Definition auf Beispiel b) an, so erhält
man als Hop-Distanz zweier rationalen Zahlen x und y jene
nicht - negative ganze Zahl, die angibt, welches Vielfa-
ches von 0,01 (also des kleinsten meßbaren Abstandes)
gleich der auf zwei Dezimalstellen aufgerundeten Differenz
$|x-y|$ ist. Man erhält so die Distanz zweier rationalen
Zahlen mit jener Genauigkeit, die der Meßgenauigkeit 0,01
entspricht.

Analog erhält man beim Beispiel d) als Hop-Distanz zweier
Punkte eine nicht negative ganze Zahl s, sodaß s Elemen-
tarlängen gleich der euklidischen Distanz aufgerundet auf
das nächstgrößere ganzzahlige Vielfache von Elementarlän-
gen sind.

Allgemein kann man zeigen, daß die Distanzbestimmung im
Raum R^3 mit der üblichen euklidischen Metrik (Norm $\|x-y\|$)
und die Distanzbestimmung im Raum R^3 mit der durch die
Fuzzy-Relation $\|x-y\| \leq 1$ bestimmten Metrik bis auf die in
der Fuzzy-Relation enthaltene Ununterscheidbarkeit übereinstimmen.

Nun kann der physikalische Raum durch Längenmessungen er-
faßt und beschrieben werden. Dem entspricht, daß auch die
Objekte eines euklidisch-geometrischen Raumes und deren
Eigenschaften und Beziehungen mit Hilfe der üblichen Metrik
beschrieben werden können. Ebenso kann die Metrik in einem
Fuzzy-Raum zum Aufbau einer Geometrie herangezogen werden.
Die Ergebnisse der euklidischen und der Fuzzy-Geometrie
stimmen bei entsprechender Wahl der Fuzzy-Relation bis auf

die in dieser Relation vorgegebene Meßgenauigkeit überein.
Somit ist die Fuzzy-Geometrie ein Modell des physikalischen
Raumes, das im Rahmen der Meßgenauigkeit diesen Raum
gleich beschreibt wie die euklidische Geometrie. Die Beachtung dieser Meßgenauigkeit in der Fuzzy-Geometrie gestattet darüber hinaus, auf die reellen Zahlen zu verzichten und nur mit ganzzahligen Distanzen zu arbeiten.

---

1) W. Walsch, Zum Beweisen im Mathematikunterricht,
   Berlin 1972
2) H. Poincaré, Wissenschaft und Hypothese, Leipzig 1904
   H. Poincaré, Der Wert der Wissenschaft, Leipzig 1910
   H. Poincaré, Wissenschaft und Methode, Leipzig 1914
3) H. Poincaré, Wissenschaft und Hypothese, Seite 22, 23.
4) E. C. Zeeman, The Topology of the Brain and Visual
   Perception, in Topology of 3-manifolds (ed. K. Fort)
   pp. 240-256. Prentice-Hall 1961
5) T. Poston, Fuzzy geometry, Ph. D. Thesis, University
   of Warwick, 1971
   T. Poston, Fuzzy geometry, in Manifold -10, University
   of Warwick

R.E. Burkard

LINEARE OPTIMIERUNG IM SCHULUNTERRICHT

1. Einleitung und Beispiele

1939 veröffentlichte der russische Mathematiker L. V.
Kantorowicz [5] eine grundlegende Arbeit über mathematische Methoden in der Organisation und Planung der Produktion und legte damit den Grundstein für ein Gebiet, das
sich in den letzten dreißig Jahren stürmisch entwickelte
und weite Bereiche der Wirtschaft und Technik eroberte.
Ermöglicht wurde der Aufschwung der mathematischen Optimierung einerseits durch die Entwicklung sehr effizienter
Rechenverfahren, wie etwa der Simplexmethode von George
Dantzig [2] und zum anderen durch den Einsatz von Großre-
chenanlagen, auf denen heute Probleme mit mehreren tausend
Variablen und Nebenbedingungen gelöst werden können.

Die mathematische Optimierung ist ein Beispiel dafür, daß
die Mathematik nicht nur in den sogenannten exakten Naturwissenschaften angewandt werden kann, sondern auch in Le-
bensbereichen, die bis vor kurzem einer mathematischen Beschreibung unzugänglich waren. Einige Beispiele mögen die
Vielfalt der Fragestellungen, die auf lineare Optimierungsprobleme führen, illustrieren:

- Produktionsmodelle

    n verschiedene Güter können zum jeweiligen Preis von
    c_j pro Einheit erzeugt werden. Die Produktion kann
    nicht beliebig ausgeweitet werden, da Arbeitskräfte,
    Arbeitsmittel und Rohstoffe nur in beschränktem Maße

zur Verfügung stehen. Wieviel soll von jedem einzelnen Produkt erzeugt werden, damit der Gesamtgewinn maximal wird?

Dies führt auf die Maximierung einer Zielfunktion $c_1 x_1 + c_2 x_2 + \ldots + c_n x_n$ unter den Nebenbedingungen $a_{i1} x_1 + a_{i2} x_2 + \ldots + a_{in} x_n \leq b_i$ $(1 \leq i \leq m)$.
$$x_1 \geq 0, \ldots, x_n \geq 0$$

Jede einzelne Ungleichung beschreibt eine Kapazitätsbeschränkung. Die Vorzeichenbedingungen $x_j \geq 0$ $(1 \leq j \leq n)$ besagen, daß die vom j-ten Gut hergestellte Menge nicht negativ ist.

- Mischungsprobleme

Eine Metallegierung soll b% Blei enthalten. Als Ausgangslegierungen stehen zur Verfügung

Legierung	L_1	L_2	L_3	$\ldots$	L_n
Pb-Gehalt in %	a_1	a_2	a_3	$\ldots$	a_n
Kosten pro kg	c_1	c_2	c_3	$\ldots$	c_n

Welche Legierungen L_j $(1 \leq j \leq n)$ sollen in welchem Verhältnis gemischt werden, damit die Kosten für die neue Legierung möglichst klein werden?

In Abschnitt 5 werden wir für dieses Beispiel ein graphisches Lösungsverfahren angeben.

- Transportprobleme

7 Zuckerfabriken in Österreich beliefern etwa 300 Großabnehmer. Welche Fabrik soll welche Abnehmer beliefern, damit die entstehenden Transportkosten minimal werden? Dieses Problem wurde von W. Knödel [6] gelöst und brachte eine Verbesserung von 10% gegenüber dem bestehenden Transportplan. Transportprobleme treten sehr häufig in der Praxis auf.

- Flußprobleme in Netzwerken

    Dabei können Fragen folgender Gestalt beantwortet wer-
    den: Wieviel Telefongespräche von A nach B können ma-
    ximal geführt werden? Welche Leitung hat in einem
    Stromverbundnetz verstärkt zu werden, um Spitzenbe-
    darf zu befriedigen? Auf welchem Weg in einem Netz-
    werk lassen sich gegebene Güter am billigsten von ei-
    nem Ort zum anderen transportieren? (vgl. Ford-
    Fulkerson [4])

- Lösung linearer Ungleichungssysteme

    Lineare Programme können aber auch zur Lösung linearer
    Ungleichungssysteme herangezogen werden. Diese treten
    etwa bei einer Stundenplanerstellung auf oder beim
    folgenden Heiratsproblem:
    m Herren sind mit insgesamt n Damen befreundet. Jeder
    Herr hat gewisse Freundinnen, wobei auch mehrere
    Herren dieselben Freundinnen haben können. Gibt es
    eine "Heirat" derart, daß jeder Herr eine seiner
    Freundinnen ehelicht? (vgl. K. Jacobs [4])

Für den Schulunterricht gibt es meines Wissens nach noch
keine Beispielsammlung linearer Optimierungsaufgaben. Diese zu erstellen wäre eine lohnende Aufgabe, die aber auch
hohe Ansprüche an Phantasie und Einfallsreichtum stellt.

Welche Schritte sind nun von der Formulierung bis zur Lösung eines Problems durchzuführen?
Zunächst ist für das vorliegende Problem ein Modell zu erstellen. Sodann ist ein Lösungsverfahren auszuwählen, mit
dem das Problem gelöst werden soll. Nach der mathematischen
Lösung muß diese noch interpretiert werden.

Zu den schwierigsten Punkten gehört die Modellerstellung, erfordert sie doch die Übersetzung einer real gegebenen Situation in ein abstraktes mathematisches Gebilde. Dabei sind im allgemeinen zahlreiche Idealisierungen vorzunehmen, die erst eine mathematische Lösung des Problems mit bekannten Methoden ermöglichen (z.B. Linearisierung, Ersetzung von diskreten durch stetige Variable, Ersetzung von Zufallsvariablen durch deterministische Größen etc.).

Im folgenden soll die Problematik der Modellerstellung nicht weiter untersucht werden. Vielmehr wollen wir uns mit der Frage beschäftigen, welche Lösungsverfahren für den Schulunterricht in Frage kommen, was deren mathematischen Grundlagen sind und wie sie begründet werden können.

Im zweiten Abschnitt werden graphische Verfahren besprochen. Der dritte Abschnitt ist dem Hauptsatz der linearen Optimierung gewidmet. Sodann wird im 4. Abschnitt die Simplexmethode erläutert und im letzen Abschnitt die Simplexinterpretation des Simplexverfahrens anhand von Mischungsproblemen vorgeführt.

2. Graphische Verfahren

Der große Vorzug graphischer Verfahren ist ihre Anschaulichkeit. An graphischen Darstellungen können fast alle wesentlichen Züge linearer Optimierungsaufgaben abgelesen werden. Ferner erfordern sie fast keinen mathematischen Aufwand und die Verallgemeinerung auf nichtlineare und ganzzahlige Probleme ist leicht durchführbar. Aber fast alle linearen Programme in der Praxis führen auf Probleme, die nicht mehr graphisch behandelt werden können.

Gegeben sei das folgende lineare Programm (LP):

Maximiere die *Zielfunktion* $c_1x_1+c_2x_2$ unter den

Nebenbedingungen (*Restriktionen*) $a_{11}x_1+a_{12}x_2 \leq b_1$

$$a_{21}x_1+a_{22}x_2 \leq b_2$$

$$\vdots$$

$$a_{m1}x_1+a_{m2}x_2 \leq b_m$$

Vorzeichenbedingungen $\quad x_1 \geq 0, \; x_2 \geq 0$

Die Menge der Paare (x_1,x_2), die die Restriktionen erfüllen, heißt *Menge der zulässigen Punkte*.

Zur graphischen Lösung dieses LP's sind folgende Überlegungen notwendig:

1. Graphische Darstellung einer Ungleichung

$$a_1x_1+a_2x_2 \leq b \quad (|a_1|+|a_2|>0)$$

Deutung als abgeschlossene Halbebene mit der *Randgera-
den* g, die

$$a_1x_1+a_2x_2=b$$

erfüllt.

2. (Endlicher) Durchschnitt von Halbebenen als geometrische
Deutung des gegebenen linearen Ungleichungssystems.
Der Durchschnitt abgeschlossener Halbräume ist entweder
leer oder ergibt eine polyedrische Menge für die Menge
der zulässigen Punkte.

3. Deutung der Zielfunktion:

$$c_1x_1+c_2x_2=z \quad |c_1|+|c_2|>0$$

ist eine Schar paralleler Geraden, dabei mißt z (bis auf
einen Faktor) deren Abstand vom Ursprung.

Zur graphischen Lösung der gegebenen linearen Optimierungsaufgabe wird die Gerade $c_1 x_1 + c_2 x_2 = 0$ so lange parallel
verschoben, bis z maximal [minimal] wird und (x_1, x_2) noch
zulässig ist. Ist die Menge M der zulässigen Punkte nicht
beschränkt, so muß das LP keine endliche Optimallösung besitzen.

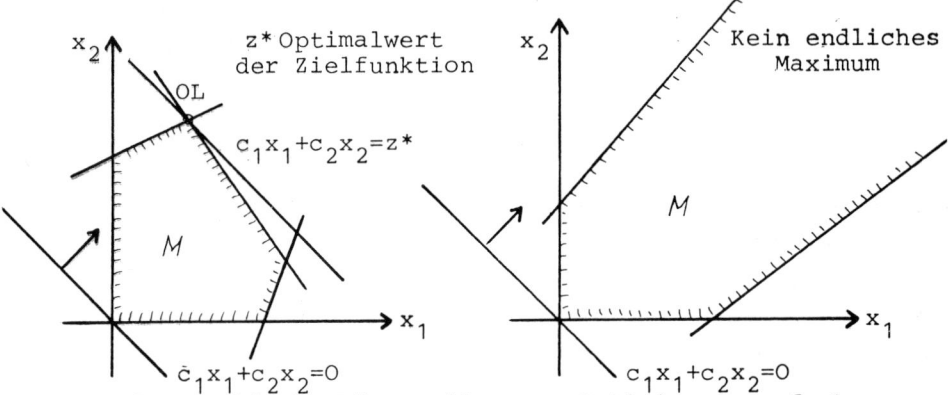

Abb. 1: Graphische Lösung linearer Optimierungsaufgaben

Zur graphischen Lösung linearer Programme sind weder Kon-
vexitätsaussagen erforderlich noch wird der Hauptsatz der
linearen Optimierung benötigt. Eventuell können dreidi-
mensionale lineare Programme im Unterricht über Darstellen-
de Geometrie behandelt werden.

Verallgemeinert man die Menge der zulässigen Punkte, so
können auf graphische Weise analog nichtlineare Optimierungsaufgaben gelöst werden. Dabei treten zum Teil neue
Phänomene auf: bei konvexen Optimierungsaufgaben muß das
Optimum nicht mehr am Rand des zulässigen Bereiches liegen, bei nichtkonvexen Optimierungsaufgaben treten lokale
Optima auf.

Bei ganzzahligen Optimierungsaufgaben sind nur Gitterpunk-
te in der Ebene zulässig. Konstruiert man deren konvexe
Hülle, so können ganzzahlige Programme aufgrund des Haupt-

satzes der linearen Optimierung auf LP's zurückgeführt werden. Ein allgemeines Verfahren zur Konstruktion der konvexen Hülle von Gitterpunkten im $\mathbb{R}^n$ ist nicht bekannt, daher ist diese Lösungsmöglichkeit nur in der Ebene und im Raum möglich.

Da lineare, nichtlineare und ganzzahlige Optimierungsprobleme bei Lösung durch graphische Verfahren denselben Schwierigkeitsgrad haben, muß darauf hingewiesen werden, daß dies im allgemeinen nicht gilt. Mehrdimensionale nichtlineare Probleme sind nur mit einem großen numerischen Aufwand lösbar (siehe etwa Luenberger [7]), ebenso führt die Lösung ganzzahliger Probleme bereits in wenigen Variablen auf große Schwierigkeiten (vgl. z.B. Burkard [1]).

3. Der Hauptsatz der linearen Optimierung

Anhand graphisch gelöster Beispiele kann man erkennen, daß unter den Optimallösungen eines linearen Programmes sich stets eine "Ecke" des zulässigen polyedrischen Bereichs befindet. Wir wollen nun zeigen, daß dies ganz allgemein gilt.

Gegeben sei ein LP in folgender Form (P):

$$\text{Maximiere } c_1 x_1 + c_2 x_2 + \ldots + c_n x_n \quad \text{unter}$$

$$a_{11} x_1 + a_{12} x_2 + \ldots + a_{1n} x_n \le b_1$$

$$a_{21} x_1 + a_{22} x_2 + \ldots + a_{2n} x_n \le b_2$$

$$\vdots \qquad\qquad \vdots$$

$$a_{m1} x_1 + a_{m2} x_2 + \ldots + a_{mn} x_n \le b_m$$

$$x_1 \ge 0 \ , \ x_2 \ge 0 \ , \ \ldots \ , \ x_n \ge 0$$

Führen wir zur Abkürzung $c'x$ für $c_1 x_1 + c_2 x_2 + \ldots + c_n x_n$ ein, so kann man leicht zeigen, daß (P) die allgemeinste Form eines linearen Programms ist:

1. Die Minimierung von c'x entspricht der Maximierung von (-c)'x.

2. Eine Restriktion der Form a'x≥b wird durch Multiplikation mit -1 übergeführt in (-a)'x≤(-b).

3. Eine Gleichung als Restriktion kann in zwei Ungleichungen aufgespalten werden:

$$a'x=b \Leftrightarrow \begin{cases} a'x\leq b \\ a'x\geq b \end{cases} \Leftrightarrow \begin{cases} a'x\leq b \\ (-a)'x\leq(-b) \end{cases}$$

4. Eine nicht vorzeichenbeschränkte Variable kann als Differenz zweier vorzeichenbeschränkter Variabler dargestellt werden:

$$x \text{ nicht vorzeichenbeschränkt} \Leftrightarrow x=\bar{x}-\bar{\bar{x}} \ , \ \bar{x}\geq 0 \ , \ \bar{\bar{x}}\geq 0$$

Durch die Transformationen 1. - 4. kann jedes LP auf die Gestalt (P) gebracht werden.

Durch a'x≤b wird wieder ein Halbraum beschrieben, der durch die Randhyperebene a'x=b begrenzt wird. Wir wollen nun den Begriff "Ecke" präzisieren:

Definition: $x \in \mathbb{R}^n$ heißt *Ecke*, wenn sich die Randhyperebenen, auf denen x liegt, in einem Punkt schneiden. Erfüllt x die Restriktionen, so heißt x *zulässige Ecke*.

Ist x eine Ecke, so lassen sich stets n Randhyperebenen angeben, die x eindeutig bestimmen. Liegt x auf mehr als n Randhyperebenen, so heißt x *entartete Ecke*. So ist z.B. die Spitze einer vierseitigen Pyramide eine entartete Ecke.

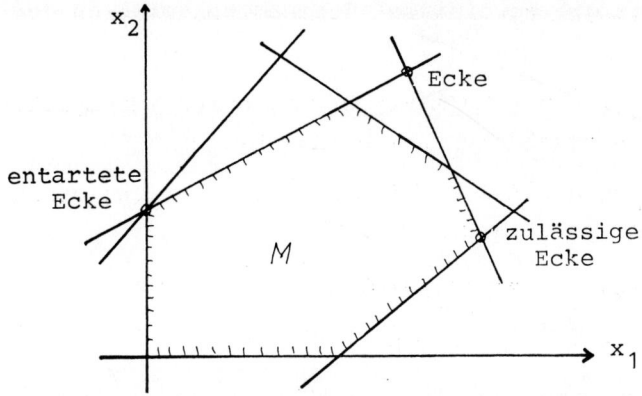

Abb. 2: Ecken, zulässige Ecken und entartete Ecken

Bezeichnen wir mit M fernerhin stets die Menge der zulässigen Punkte. Dann gilt:

Satz 1: Ist M ≠ ∅, so gibt es mindestens eine zulässige Ecke.

Beweis: Sei $x^0 \in M$ und a_i ein Zeilenvektor des Restriktionssystems. Wir definieren

$$I(x^0) := \{i \mid a_i'x^0 = b\}$$
$$L(x^0) := \{x \mid a_i'x = b, i \in I(x^0)\}$$

Demnach ist $L(x^0)$ die kleinste lineare Mannigfaltigkeit, bestimmt durch die Randhyperebenen, auf denen x^0 liegt. Ist $I(x^0) = \emptyset$, so ist $L(x^0)$ der ganze Raum.

Falls die Dimension von $L(x^0) = 0$ ist, ist x^0 eine Ecke. Anderenfalls lege man in $L(x^0)$ eine Gerade durch x^0 und schneide diese Gerade mit dem Rand von $L(x^0) \cap M$. Ein Schnittpunkt existiert immer, denn wegen $x \geq 0$ liegt keine Gerade ganz in M. Der Schnittpunkt sei x^1. Da die Dimension von $L(x^1)$ kleiner als die von $L(x^0)$ ist, bricht das Verfahren nach maximal n Schritten mit einer Ecke ab.

Abbildung 3 zeigt die Beweisidee an einem Beispiel in der
Ebene.

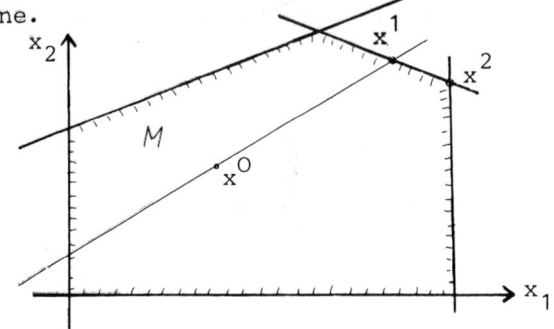

Abb. 3: Zum Beweis von Satz 1.

*Satz 2: Ist x∈M nicht Ecke, dann gibt es ein offenes Inter-
vall (a,b) in M, das x enthält.*

Beweis: Falls x nicht Ecke ist, ist die Dimension von
$L(x) \geq 1$. Man lege eine Gerade in $L(x)$ durch x und
schneide die Gerade mit den Randhyperebenen
i∈I(x). Auf diese Weise erhält man eine Strecke,
in deren Inneren x liegt.

*Satz 3: a) Eine affin-lineare Funktion $c_0 + c'x$ nimmt das
Minimum und das Maximum auf einer Strecke in
deren Endpunkten an.*

*b) Auf einem Halbstrahl nimmt eine affin-lineare
Funktion entweder ihr Minimum oder ihr Maximum
an. Dies liegt dann in dem einen Endpunkt des
Halbstrahls.*

Beweis: In Parametergestalt läßt sich eine Strecke darstellen durch

$$a^0 + \lambda a^1 \quad \text{mit } \lambda_0 \leq \lambda \leq \lambda_1 \; ; \; a^0, a^1 \in \mathbb{R}^n$$

Auf dieser Strecke nimmt $f(x) = c_0 + c'x$ folgende

Werte an:

$$c_0+c'(a^0+\lambda a^1)=c_0+c'a^0+\lambda c'a^1=k_0+\lambda k_1 \text{ mit } k_0,k_1\in\mathbb{R}.$$

Ist $k_1=0$, so ist $f(x)$ konstant auf der Strecke.
Ist $k_1>0$, so wird das Maximum von $f(x)$ für $\lambda=\lambda_1$
angenommen, bei $k_1<0$ für $\lambda=\lambda_0$.
Auf einem Halbstrahl kann $k_0+\lambda k_1$, $k_1>0$ beliebig
groß werden.

Satz 4: (Hauptsatz der linearen Optimierung)
Nimmt eine affin-lineare Funktion f(x) auf M das
Maximum (Minimum) an, so auch in einer Ecke.

Beweis: Sei $\overline{x}\in M$ ein Punkt, in dem $f(x)$ maximal ist. Nach
Satz 2 ist $\overline{x}$ entweder Ecke oder es gibt ein abge-
schlossenes Intervall [a,b] in M mit $\overline{x}\in(a,b)$. Nach
Satz 3 folgt o.B.d.A. $f(a)\geq f(\overline{x})$ und da $a\in M$ folgt
$f(a)=f(\overline{x})$. Somit ist $f(x)$ konstant auf $L(\overline{x})$ und
nach Satz 1 enthält $L(\overline{x})$ mindestens eine Ecke
von M.

Aufgrund von Satz 4 braucht man nicht alle $x\in M$ auf Optima-
lität hin zu überprüfen, sondern man kann sich auf die
Ecken von M beschränken. Und davon gibt es nur endlich
viele, wie der folgende Satz zeigt:

Satz 5: Ist M$\neq$0, so hat M endlich viele Ecken.

Beweis: Jede Ecke ist Schnitt von mindestens n Randhyperebenen. Aus den gegebenen m+n Randhyperebenen lassen sich aber nur endlich viele n-Tupel von Randhyperebenen auswählen.

Die Überlegungen dieses Abschnittes sind die Grundlage für
ein rechnerisches Verfahren zur Lösung linearer Programme,
das wir im nächsten Abschnitt darstellen wollen.

4. Das Simplexverfahren

Das von G. Dantzig [2] entwickelte Simplexverfahren zur Lösung linearer Programme läßt sich geometrisch folgenderweise beschreiben.

Gegeben sei ein LP in der Form (P). Man führe folgende Schritte durch:

1. Beginne in einer zulässigen Ecke.
2. Gibt es eine Kante, ausgehend von dieser Ecke, entlang der die Zielfunktion wächst? Gibt es keine Kante, dann ist die Ecke optimal. Stop. Anderenfalls gehe zu 3.
3. Wähle eine Kante, entlang der die Zielfunktion zunimmt.
4. Ist diese Kante ein Halbstrahl in M, so gibt es keine endliche Lösung. Stop. Anderenfalls gehe zu 5.
5. Bestimme die nächstliegende Ecke auf dieser Kante und gehe zu Punkt 2.

Die Bestimmung einer zulässigen Ausgangsecke erfordert i.a. die Lösung eines Hilfsproblems. Dabei zeigt sich eventuell, daß $M = \emptyset$ ist (siehe etwa Dantzig [2], Burkard [1]). Durch einen Optimalitätssatz muß sichergestellt werden, daß in Punkt 2. mit einer Optimallösung abgebrochen wird. Treten entartete Ecken auf, so ist das Simplexverfahren i.a. nicht endlich. Ein Kreisen des Simplexalgorithmus trat bisher aber nur bei eigens konstruierten Beispielen auf. In der Praxis ist das Simplexverfahren schon infolge von Rundungsfehlern endlich. Aber auch theoretisch kann die Endlichkeit durch einfache Zusatzregeln erzwungen werden.

Bevor wir die geometrische Version des Simplexverfahrens in ein Rechenverfahren umsetzen, wollen wir die Ungleichungen in den Restriktionen durch Einführen von Schlupfvariablen in Gleichungen überführen und untersuchen, was rechnerisch einer (zulässigen) Ecke entspricht.

Zu jeder Ungleichung $a_i'x \leq b_i$ wird eine *Schlupfvariable* x_{n+i} eingeführt. Dann ist $a_i'x \leq b_i$ äquivalent mit $a_i'x + x_{n+i} = b_i$, $x_{n+i} \geq 0$. Liegt x auf der zur Ungleichung gehörenden Randhyperebene, so ist $x_{n+i} = 0$. Durch Einführung von Schlupfvariablen geht das Restriktionssystem über in

$$a_{11}x_1 + a_{12}x_2 + \cdots + a_{1n}x_n + x_{n+1} \qquad\qquad = b_1$$

$$a_{21}x_1 + a_{22}x_2 + \cdots + a_{2n}x_n \qquad + x_{n+2} \qquad = b_2$$

$$\vdots$$

$$a_{m1}x_1 + a_{m2}x_2 + \cdots + a_{mn}x_n \qquad\qquad + x_{m+n} = b_m$$

$$x_1 \geq 0, \; x_2 \geq 0, \; \cdots \;, \; x_n \geq 0, \; \cdots \;, \; x_{m+n} \geq 0$$

oder kurz in Matrizenschreibweise:

$$Ax = b, \; x \geq 0$$

Grundlegend für das Weitere ist der Begriff der Basislösung:

Definition: $x \in \mathbb{R}^{n+m}$ heißt *Basislösung für (P)*, wenn die Menge $\{1, 2, \ldots, n+m\}$ derart in eine Menge B mit m Elementen und eine Menge N mit n Elementen partitioniert werden kann, daß gilt

1. $x_j = 0$ für $j \in N$

2. x_j, $j \in B$, ist eindeutige Lösung des Gleichungssystems $\sum_{j \in B} a^j x_j = b$. Dabei ist a^j die j-te Spalte der Matrix A.

Variable x_j mit $j \in N$ heißen *Nichtbasisvariable*, während x_j mit $j \in B$ *Basisvariable* genannt werden. Die Nichtbasisvariablen lassen sich zu x_N und die Basisvariablen zu x_B

zusammenfassen. Eine Basislösung heißt *zulässig*, wenn $x_B \geq 0$ gilt.

Nun gilt

Satz 6: *Jeder Basislösung (x_B, x_N) entspricht eine Ecke*
von M. Ist die Ecke nicht entartet, so ist die zu-
gehörige Basislösung eindeutig bestimmt. Einer zu-
lässigen Basislösung entspricht eine zulässige
Ecke.

Beweis: Nach obiger Definition liegt ein Punkt, der Basislösung ist, auf n Randhyperebenen, die nach 2. eindeutig einen Punkt bestimmen. Dieser ist somit Ecke.
Im Falle nichtentarteter Ecken ist die Partition
(B,N) eindeutig bestimmt.

Beispiel: Man betrachte das Ungleichungssystem

$$x_1 + 2x_2 \leq 4$$
$$2x_1 - x_2 \leq 3$$
$$x_2 \leq 1$$
$$x_1 \geq 0, x_2 \geq 0$$

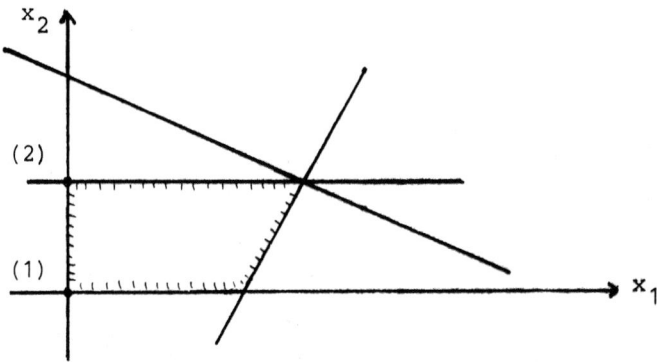

Abb. 4: Graphische Darstellung des Ungleichungssystems des
Beispiels

52

Durch Einführen von Schlupfvariablen erhält man

$$x_1 + 2x_2 + x_3 \qquad = 4$$
$$2x_1 - x_2 \quad + x_4 \quad = 3$$
$$x_2 \qquad + x_5 = 1$$

$$x_j \geq 0 \quad (1 \leq j \leq 5)$$

Basislösungen sind dann zum Beispiel

(1) Nichtbasisvariable $x_1 = x_2 = 0$

Basisvariable $x_3 = 4, x_4 = 3, x_5 = 1$

Diese Basislösung entspricht dem Ursprung und ist zulässig.

(2) Nichtbasisvariable $x_1 = x_5 = 0$. Dann ist

$$\begin{pmatrix} 2 & 1 & 0 \\ -1 & 0 & 1 \\ 1 & 0 & 0 \end{pmatrix} \begin{pmatrix} x_2 \\ x_3 \\ x_4 \end{pmatrix} = \begin{pmatrix} 4 \\ 3 \\ 1 \end{pmatrix}$$

eindeutig lösbar und ergibt wieder ein $x_B \geq 0$.

Fügt man zu den Restriktionen $-x_1 - x_2 \leq 0$ hinzu, so wird der Ursprung entartete Ecke, der nun drei verschiedene Basislösungen entsprechen, nämlich $x_N = (x_1, x_2)$ oder $x_N = (x_1, x_6)$ oder $x_N = (x_2, x_6)$.

Liegt das LP in der Form (P) vor mit $b \geq 0$, so ist $x_N = (x_1, \ldots, x_n)$ und $x_B = b$ eine zulässige Basislösung. Rechnerisch werden beim Simplexverfahren nun folgende Schritte durchgeführt:

1. Man beginne mit einer zulässigen Basislösung (x_B, x_N).

2. Löse das Gleichungssystem $Ax = b$ nach den Basisvariablen auf:

Partitioniert man die Matrix A in $(A_B \,\vdots\, A_N)$, so läßt sich Ax=b schreiben als $A_B x_B + A_N x_N = b$ und man erhält

(*)
$$x_B = A_B^{-1} b - A_B^{-1} A_N x_N = \tilde{b} - \tilde{A}_N x_N$$

3. Eliminiere die Basisvariablen aus der Zielfunktion: Partitioniert man den Vektor c in (c_B, c_N) - anfangs gilt $c_B = 0$ - dann erhält man

$$c'x = c_B' x_B + c_N' x_N = c_B' A_B^{-1} b - c_B' A_B^{-1} A_N x_N + c_N' x_N =$$

$$= c_B' A_B^{-1} b + (c_N' - c_B' A_B^{-1} A_N) x_N = \tilde{c}_0 + \tilde{c}_N' x_N$$

Die Koeffizienten $\tilde{c}_j, j \in N$, heißen *reduzierte Kostenkoeffizienten*.

4. Ist $x \in M$, so ist $x_N \geq 0$. Sind also alle $\tilde{c}_j \leq 0, j \in N$, so kann durch Vergrößerung von $x_j, j \in N$, keine Verbesserung des Zielfunktionswertes erreicht werden. Daher ist die augenblickliche Basislösung optimal. Wir erhalten also:

Optimalitätskriterium: $\tilde{c}_N \leq 0$

5. Ist ein $\tilde{c}_j > 0, j \in N$, so kann durch Erhöhung von x_j der Zielfunktionswert vergrößert werden. Wähle ein s mit $\tilde{c}_s > 0$ und setze in (*) $x_j = 0$ für $j \in N \setminus \{s\}$:

(**)
$$x_B = \tilde{b} - \tilde{a}^s x_s$$

Durch die Bedingung $x_B \geq 0$ und (**) wird die Wahl des Wertes von x_s eingeschränkt:

6. Ist $\tilde{a}^s \leq 0$, so kann x_s beliebig groß gewählt werden. Stop, es gibt keine endliche Lösung.

7. Bestimme
$$\frac{b_r}{a_{rs}} := \min \left\{ \frac{b_i}{a_{is}} \,\middle|\, a_{is} > 0 \right\}$$

Die Variable x_s kann höchstens den Wert $\dfrac{b_r}{a_{rs}}$ annehmen, ohne daß der zulässige Bereich verlassen wird.

8. Setze eine neue Basis fest:

$$B := (B \cup \{s\}) \setminus \{r\}$$

$$N := (N \cup \{r\}) \setminus \{s\}$$

und gehe zu Schritt 2.

Die Auflösung des Gleichungssystems nach den jeweiligen Basisvariablen kann leicht iterativ durchgeführt werden. Zur Speicherung der benötigten Daten verwendet man das *Simplextableau*, auf das hier jedoch nicht näher eingegangen werden soll.

5. Simplexinterpretation des Simplexverfahrens

Da über die Herkunft des Namens "Simplex"-Methode einige Unklarheit zu herrschen scheint, möchte ich der Darstellung von G. Dantzig [2] folgend anhand eines Mischungsmodells aufzeigen, daß der Übergang von einer Basislösung zur nächsten geometrisch einem Simplex entspricht. Aus dieser geometrischen Interpretation leitet sich der Name des Verfahrens ab.

Gegeben sei das Mischungsproblem: Minimiere z mit

$$c_1 x_1 + \ldots + c_n x_n = z$$

$$a_1 x_1 + \ldots + a_n x_n = b$$

$$x_1 + \ldots + x_n = 1$$

$$x_1 \geq 0, \ldots, x_n \geq 0$$

Wir fassen die Spalten $P_j = (c_j, a_j)'$, $j = 1, \ldots, n$ als Punkte in der Ebene auf. Dann läßt sich obiges Ungleichungssystem formulieren durch

$$\sum_{j=1}^{n} P_j x_j = \binom{z}{b}, \quad \sum_{j=1}^{n} x_j = 1, \quad x_j \geq 0 \ (1 \leq j \leq n)$$

d. h. zulässig sind die Konvexkombinationen der Punkte P_j, die auf der Geraden $v = b$ liegen.

Die Optimallösung liefert jener Punkt auf der Geraden v=b,
der die kleinste Abszisse hat (vgl. Abb. 5) .

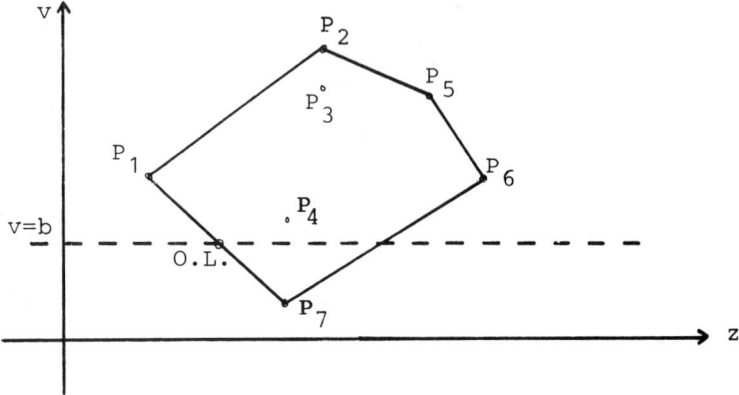

Abb. 5: Beispiel zur geometrischen Interpretation eines
Mischungsmodells mit n=7.

Wie bestimmt nun das Simplexverfahren diese Optimallösung?
Eine zulässige Basislösung entspricht einem Punktepaar
P_i, P_j, so daß die Strecke $\overline{P_i P_j}$ die Gerade v=b schneidet.
Denn nimmt man x_i und x_j als Basisvariable und setzt man
$x_i = \lambda$, so folgt $x_j = 1-\lambda$ und wegen $x_N = 0$ weiter $\lambda a_i + (1-\lambda) a_j = b$.
Die Umkehrung folgt analog. In Abb. 5 wäre etwa durch
P_6, P_7 eine zulässige Basislösung bestimmt.

Um festzustellen, ob diese Basislösung optimal ist, berechnet man die Gerade durch P_i, P_j und bestimmt sodann den
Abstand der Punkte P_k (k=1,2, ... ,n) von dieser Geraden
in z-Richtung. Dieser Abstand entspricht genau den relativen Kostenkoeffizienten:

Durch Multiplikation der Zeilen mit k_0 und k_1 und anschließende Subtraktion eliminiere man die Basisvariablen aus der
Zielfunktion

$$c_1x_1 + \ldots + c_nx_n = z$$
$$\left. a_1x_1 + \ldots + a_nx_n = b \mid \cdot k_0 \atop x_1 + \ldots + x_n = 1 \mid \cdot k_1 \right\}{+} \atop \Bigg\} \quad -$$

Daraus ergeben sich für k_0, k_1 die Bestimmungsgleichungen

$$c_i = k_0 a_i + k_1$$
$$c_j = k_0 a_j + k_1 \quad ,$$

d. h. P_i, P_j liegen auf der Geraden $z = k_0 v + k_1$. Schneidet man die Gerade $v = a_k$ mit dieser Geraden, so erhält man als Abstand des Punktes P_k von der Geraden $z = k_0 v + k_1$ den Wert

$$c_k - (k_0 a_k + k_1) = \tilde{c}_k \quad ,$$

dies ist aber gerade der reduzierte Kostenkoeffizient $\tilde{c}_k$. Beim betrachteten Minimierungsproblem ist die Basislösung optimal, wenn $\tilde{c}_N \geq 0$ gilt, d. h. alle Punkte liegen *rechts* von der Geraden durch $P_i P_j$. Anderenfalls wähle man ein P_k mit $\tilde{c}_k < 0$. Meist wird ein Punkt P_k gewählt, für den $\tilde{c}_k$ minimal ist. Durch P_i, P_j und P_k wird nun ein Simplex erzeugt. Durch den Schnitt von $v = b$ mit diesem Simplex erhält man die neue Basislösung.

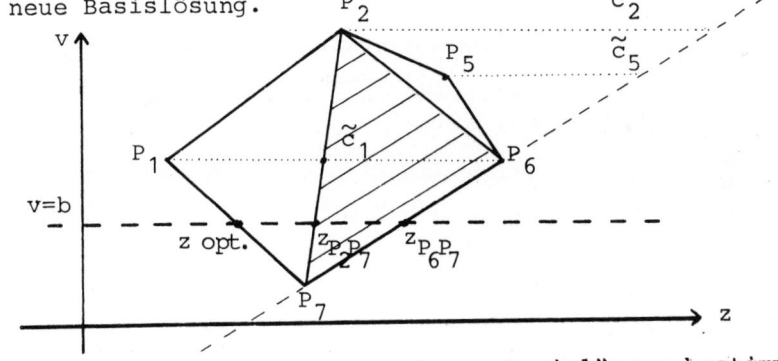

Abb. 6: Basisaustausch ausgehend von Basislösung bestimmt durch P_6, P_7. $\tilde{c}_2 = \min\{\tilde{c}_1, \tilde{c}_2, \tilde{c}_5\}$. Basisaustausch durch Simplex $P_2 P_6 P_7$. Neue Basislösung: P_2, P_7. Ein weiterer Simplexschritt (P_1, P_2, P_7) ist notwendig, bis Optimallösung erreicht ist, die durch P_1, P_7 erhalten wird.

Literaturverzeichnis

[1] BURKARD, R.E.: Methoden der ganzzahligen Optimierung.
     Springer, Wien 1972

[2] DANTZIG, G.B.: Lineare Programmierung und Erweite-
     rungen. Springer, Berlin-Heidelberg-New York
     1966

[3] FORD, L.R. und D.R. FULKERSON: Flows in Networks.
     Princeton University Press, Princeton, N.J.,
     1962

[4] JACOBS, K.: Selecta Mathematica I. Springer, Berlin-
     Heidelberg-New York, 1969

[5] KANTOROWICZ, L.V.: Mathematical Methods in the Organiza-
     tion and Planning of Production. Englische
     Übersetzung aus dem Russischen in Management
     Science 6 (1960), 366-422

[6] KNÖDEL, W.: Lineare Programme und Transportaufgaben.
     Zeitschrift für moderne Rechentechnik und Auto-
     mation 7 (1960), 63-68

[7] LUENBERGER, D.G.: Introduction to Linear and Nonlinear
     Programming. Addison-Wesley, Menlo Park-London-
     Don Mills, 1973

D. Dorninger

OPTIMIERUNGSAUFGABEN IM MATHEMATIKUNTERRICHT AN HÖHEREN SCHULEN

Abgesehen davon, daß die Methoden der mathematischen Optimierung in immer größer werdendem Umfang in Wirtschaft und Technik Verwendung finden und es daher schon deswegen sinnvoll erscheint, in der Schule Optimierungsaufgaben durchzunehmen, bietet der Unterricht von Beispielen aus der Optimalplanung nach Meinung des Autors noch folgende Vorteile:

Erstens kann man, wenn man von der notwendigerweise sehr einzuschränkenden Datenfülle absieht, eine große Zahl von wirklich praxisnahen Beispielen rechnen; zweitens gibt es sehr viele verschiedenartige Anwendungsmöglichkeiten von Optimierungsmethoden, was insbesondere gestattet, Querverbindungen zu anderen Unterrichtsfächern herzustellen, und drittens: An Hand von Optimierungsaufgaben ist es besonders leicht möglich, das Wesen der Bildung von mathematischen Modellen zu erklären.

Trifft man eine Einteilung der Optimierung in Funktionenoptimierung und Paramteroptimierung, so ist es klar, daß für die Schule ausschließlich Aufgaben aus der Paramteroptimierung in Frage kommen. Geht man dann die wichtigsten Methoden und Teilgebiete der Paramteroptimierung durch, wie etwa lineare und nicht-lineare Optimierung, dynamische Optimierung, Methoden der Graphentheorie, Spieltheorie, Lagerhaltung, Simulation, stochastische Optimierung und Evolutionary Operation, so sieht man sehr schnell, daß abgesehen von einzelnen sehr einfachen Aufgabenstellungen aus anderen Gebieten, im wesentlichen nur die lineare und diskrete dynamische Optimierung sowie gewisse Teile der

nicht-linearen Optimierung und eventuell einige graphen-
theoretisch formulierbare Probleme für den Schulunterricht
in Frage kommen.

Was die lineare Optimierung betrifft, so wird die Standard-
Lösungsmethode,der Simplexalgorithmus, auf Grund der oft
begrenzten Stundenzahlen im Mathematikunterricht häufig
nicht durchgenommen werden können, obgleich der Algorithmus vom Schwierigkeitsgrad her für die Schule - zumindest
unter gewissen Einschränkungen - geeignet erscheint.

Der zumeinst beschrittene Weg, den Simplexalgorithmus zu
umgehen, ist, nur Aufgaben mit zwei Paramtern zuzulassen
oder nur Aufgaben zu stellen, welche sich durch Elimination von Variablen auf Probleme mit zwei Paramtern zurück-
führen lassen, und die Lösung auf zeichnerischem Weg zu
finden.

Eine weitere Möglichkeit, den regulären Simplexalgorithmus zu umgehen, soll im Folgenden angedeutet werden.

Jede lineare Optimierungsaufgabe läßt sich bekanntlich
auf die Form bringen:
Gesucht sind $x_1, x_2, \ldots, x_n \in \mathbb{R}$, sodaß $c_1 x_1 + c_2 x_2 + \ldots$
$\ldots + c_n x_n = $ max! (oder min!)
unter den Nebenbedingungen $x_1 \geq 0, x_2 \geq 0, \ldots, x_n \geq 0$ und

$$
\begin{aligned}
a_{11} x_1 + a_{12} x_2 + \ldots + a_{1n} x_n &= b_1 \\
a_{21} x_1 + a_{22} x_2 + \ldots + a_{2n} x_n &= b_2 \\
&\vdots \hspace{4cm} (G) \\
a_{m1} x_1 + a_{m2} x_2 + \ldots + a_{mn} x_n &= b_m \; ,
\end{aligned}
$$

wobei $b_i \geq 0$ ist für i=1,2,...,m und die Vektoren
$(a_{i1}, a_{i2}, ..., a_{in})$ linear unabhängig sind. - Diese Form
wird zumeist zweite Normalform genannt.

Bezeichnen wir eine Lösung $(x_1, x_2, ..., x_n)$ des Gleichungssystems (G) als zulässig, wenn $x_j \geq 0$ ist für j=1,2,...,n,
und nennen wir eine Lösung $(x_1, x_2, ..., x_n)$ von (G) eine
Basislösung, wenn man sie gewinnen kann, indem man n-m
der Variablen 0 setzt und sodann die restlichen Variablen
in eindeutiger Weise berechnen kann, so gilt:
Unter den optimalen Lösungen einer lösbaren linearen Optimierungsaufgabe in zweiter Normalform befindet sich mindestens eine zulässige Basislösung.

Diesen Satz kann man nun für eine systematische Suche
nach einer zulässigen Lösung, welche die Zielfunktion
maximiert, (oder minimiert) ausnützen, was in gewissen
Fällen gar nicht allzu aufwendig ist. Ein Beispiel dazu:

Es soll eine Benzinsorte mit 9% an Bleiverbindungen durch
Mischen von vier Benzinsorten A,B,C und D möglichst kos-
tengünstig hergestellt werden. - Die Anteile an Bleiverbindungen und die Kosten pro Liter seien aus der folgenden
Tabelle zu entnehmen:

Benzinsorte	A	B	C	D
Bleiverb.in %	8	6	16	4
Kosten in S	3,2	4,4	2,4	3,6

Bezeichnen wir mit x_1, x_2, x_3 und x_4 die Anteile der Sorten
A,B,C bzw. D an einem Liter des Mischungsproduktes, so erhalten wir folgendes Mischungsmodell:
$Z = 3{,}2x_1 + 4{,}4x_2 + 2{,}4x_3 + 3{,}6x_4$ = min! unter den Nebenbedingungen

$$8x_1 + 6x_2 + 16x_3 + 4x_4 = 9$$
$$x_1 + x_2 + x_3 + x_4 = 1 \quad \text{und}$$
$$x_1 \geq 0, \ x_2 \geq 0, \ x_3 \geq 0, \ x_4 \geq 0.$$

Wie man unmittelbar sieht, liegt die Aufgabe bereits in zweiter Normalform vor. Um eine zulässige Basislösung zu finden, müssen wir $4-2=2$ Variable 0 setzen.
$x_1 = x_2 = 0$ ergibt das Gleichungssystem:
$$16x_3 + 4x_4 = 9$$
$$x_3 + x_4 = 1 \ .$$
Dieses ist eindeutig lösbar, seine Lösung ist $x_3 = \frac{5}{12}$, $x_4 = \frac{7}{12}$. Also ist $x_1 = 0$, $x_2 = 0$, $x_3 = \frac{5}{12}$, $x_4 = \frac{7}{12}$ eine zulässige Basislösung; der zugehörige Wert der Zielfunktion ist 3,1.

$x_1 = x_3 = 0$ ergibt das Gleichungssystem
$$6x_2 + 4x_4 = 9$$
$$x_2 + x_4 = 1 \ .$$

Dieses ist wohl eindeutig lösbar, seine Lösung $x_2 = \frac{5}{2}$, $x_3 = -\frac{3}{2}$ ergibt aber keine zulässige Basislösung.
So fährt man nun fort.

Nach weiteren vier Schritten erhält man, daß bei $x_1 = 0$, $x_2 = 0$, $x_3 = \frac{5}{12}$, $x_4 = \frac{7}{12}$ und $x_1 = \frac{7}{8}$, $x_2 = 0$, $x_3 = \frac{1}{8}$, $x_4 = 0$ die Zielfunktion minimal ist. Damit sind zwei optimale Mischungspläne gefunden.

Nun zur nicht-linearen Optimierung.
Eine Methode, die in der Schule mit Erfolg zur Lösung von nicht-linearen Problemen verwendet werden kann, ist die analytische Methode der Differentialrechnung in einer Variablen. Voraussetzung für ihre Anwendbarkeit ist natürlich stets, daß man aus den Nebenbedingungen, welche alle in Form von Gleichungen gegeben sein müssen, Variable derart eliminieren kann, daß die Zielfunktion eine Funktion von nun einer Variablen wird. Wenngleich auf Grund dieser

Einschränkungen diese Methode im Rahmen der Paramteroptimierung nur eine untergeordnete Rolle spielt, so ist
sie im Schulunterricht u.a. doch deswegen von Bedeutung, da
sie eine der wenigen Möglichkeiten ist, mit deren Hilfe man
praktische Probleme lösen kann, welche sich nicht als lineare Aufgaben formulieren lassen. Gerade im Physik- und Che-
mieunterricht ergeben sich oft Optimierungsprobleme, welche mit Hilfe der Differentialrechnung in einer Variablen
gelöst werden können. Man denke hier etwa an die Ableitung
des Snelliusschen Brechungsgesetzes durch die Forderung,
daß das Licht den kürzesten Weg zurücklegt, oder an die Bestimmung des Ionenminimums des Wassers oder an das Zeichnen
von Isothermen eines Van der Waalschen Gases.

Eine der wenigen weiteren Möglichkeiten, wie man im Schulunterricht vielleicht nicht-lineare Probleme behandeln
könnte, besteht darin, nicht-lineare Aufgaben durch lineare Programme zu approximieren. Dies ist natürlich nur
dann leicht möglich, wenn nur wenige der auftretenden Funktionen, etwa nur die Zielfunktion, nicht-linear sind, und
die nicht-linearen Funktionen als Summe von Funktionen in
einer Variablen darstellbar sind, so wie das z.B. beim
Ladeproblem (Vgl. [3]) der Fall ist. Überdies darf man keine zu große Genauigkeit fordern.

An Hand eines Schaubildes wird es nicht allzu schwer
fallen, den Schülern verständlich zu machen, wie man
durch Einführen von neuen Variablen eine nicht-lineare
Funktion in einer Variablen durch lineare Funktionen an-
nähern kann. (Siehe Abb.1). Die Hauptschwierigkeit wird
die numerische Seite des Problems sein: Einerseits gilt
es, die Güte von Approximationen zu beurteilen, anderer-

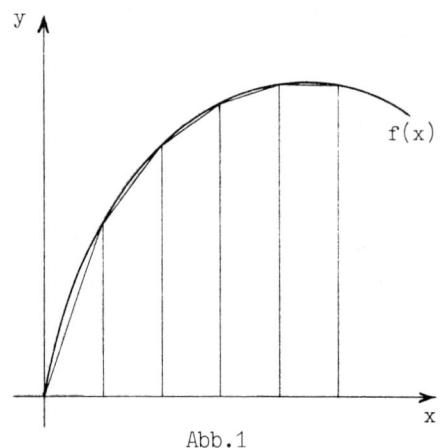

f(x)

Abb.1

seits werden die Aufga-
ben durch Einführung der
neuen Variablen sehr um-
fangreich und aufwendig.
Dies legt nahe, die nä-
herungsweise Lösung von
nicht-linearen Aufgaben
eher in einem Unterrichtsfach Datenverarbeitung
oder in einer Neigungs-
gruppe als im regulären
Mathematikunterricht zu
behandeln.

Dasselbe gilt von der diskreten dynamischen Optimierung.
Auch hier wird man mit wenigen Worten - am besten an
Hand von Beispielen und einer Skizze - erklären können,
worum es geht.

Als Beispiel könnte man etwa das Problem anführen, in
welchem Kalendermonat ein Katalysator, dessen Aktivität
von Monat zu Monat abnimmt, sodaß die monatlichen Erlöse
aus der Produktion sinken, zu erneuern ist, damit die
Differenz aus der Summe der monatlichen Erlöse und der
Summe der Regenerationskosten jährlich maximal wird, oder
man könnte die Suche nach dem kritischen Pfad in einem
einfachen Netzplan als dynamisches Programm formulieren.

Zur Verdeutlichung der allgemeinen Problemstellung könnte
man etwa folgende Skizze (Siehe Abb.2) machen.

Stufennummer   1   2   n

Entscheidung y_1 y_2 y_n

Zustand x_0 $x_1=f(x_0,y_1)$ $x_2=f_2(x_1,y_2)$ $x_n=f(x_{n-1},y_n)$

Gewinn $u_1=u_1(x_0,y_1)$ $u_2=u_2(x_1,y_2)$ . . . $u_n=u_n(x_{n-1},y_n)$

Gesamtgewinn $\sum\limits_{j=1}^{n} u_j(x_{j-1},y_j) = \max!$

Abb.2

Bezeichnen wir den maximalen Gewinn, den man erzielen
kann, wenn der Prozeß auf der j-ten Stufe anfangen würde,
mit U_j^* , so besagt das Bellmansche Optimalitätsprinzip, daß
U_j^* nur von x_{j-1} abhängig ist, und die Bellmansche Funk-
tionsgleichung liefert die Rekursionsformel

$$U_j^*(x_{j-1}) = \max_{y_j} \{u_j(x_{j-1},y_j) + U_{j+1}^*(x_j)\}$$

für $j=1,2,\ldots,n$ mit $U_{n+1}^*(x_n)=0$.

Sind die Funktionen u_j und f_j endlich und nehmen nur
wenige Werte an, so lassen sich der maximale Gesamtgewinn $U_1^*(x_0)$ und die optimale Politik leicht ermitteln.
Darüber hinaus gibt es auch eine Reihe von einfachen
Aufgaben, bei denen die u_j und f_j nicht allzu komplizierte differenzierbare Funktionen sind, sodaß man mit
den Mitteln der Differentialrechnung in einer Variablen
eine Lösung erhalten kann. (Vgl.[2]). Dies läßt es möglich
erscheinen, einfache dynamische Optimierungsaufgaben auch
im Schulunterricht zu behandeln.

Zum Abschluß sei hoch hervorgehoben, daß es nach Meinung
des Autors sehr wertvoll wäre, Schülern, welche bereits
mit Optimierungsaufgaben vertraut sind, zu erklären,

was ein mathematisches Modell ist, und auseinanderzusetzen, worauf es bei der Erstellung von mathematischen Modellen ankommt. Darüber hinaus wäre es sicherlich auch sehr instruktiv, einmal von einem Optimierungsmodell zu berichten, das tatsächlich in der Praxis Verwendung findet. Dies wird bestimmt das Verständnis der Schüler für Optimierungsaufgaben fördern und das Interesse an anwendungsorientierter Mathematik wecken.

Literaturhinweise

[1] Dorninger-Nöbauer-Timischl; Lineare Optimierung und Anwendungen. Österr. Bundesverlag, Wien (1976)

[2] Neumann Klaus: Dynamische Optimierung, BI 714/714a, Mannheim (1969)

[3] Weber Hans Hermann: Einführung in Operations Research. Akad.Verlagsg., Frankfurt am Main (1972)

J. Eickel

SOLLTE INFORMATIK ZUM SCHULSTOFF GEHÖREN?

Im Zuge zunehmender Rationalisierung und Automatisierung
unter Einsatz von Rechenanlagen, die in starkem Maße das
alltägliche Leben berühren, entsteht naturgemäß die Frage,
ob und inwieweit man die Methoden und Inhalte der Informatik mit als Gegenstand der allgemeinen Ausbildung ansehen
muß.

Abgesehen von einer Vorbereitung auf eine eventuelle DV-
nahe, spätere Berufstätigkeit für einen Teil der Schüler
sollte eigentlich jeder Schüler befähigt werden, die Rolle
von Rechenanlagen bei der Arbeitsteilung zwischen Mensch
und Rechner richtig einschätzen zu können.

Ohne die Art einer Einführung von Informatik in den Unterricht allgemeinbildender und berufsbildender Schulen zu
diskutieren, kann man vorweg etwa folgende Ziele als Gründe angeben, daß Informatik überhaupt in irgendeiner Form
in den Unterricht einfließen sollte:

- Erlangung von Fähigkeit, die Einsatzmöglichkeit von Rechenanlagen rational in die Umwelt einordnen zu können

- Erweckung eines Problemverständnisses für die Anwendungsmöglichkeiten und die Art der Anwendungen der Datenverarbeitung

- Vertrautwerden mit den Grunddenkweisen der Informatik

- grundsätzliche Vorbereitung auf die Fähigkeit, den Rechner im weitesten Sinne (d.h. konkret etwa Informationssysteme oder spezielle Anwender-Systeme) als Werkzeug
  benutzen zu können

- eventuell (dieses gilt besonders für Schulen, die direkt
  oder indirekt auf DV- oder DV-nahe Berufstätigkeiten
  vorbereiten):

  -- Erlangung spezieller Informatik-Grundkenntnisse

In welcher Art sollte Informatik in den Unterricht einge-führt werden?

Wenn man diese Ziele als Gründe anerkennt, irgendwie Informatik mit in den Unterricht einfließen zu lassen, so ist
doch angesichts der notwendigen Bemühungen, die Anzahl der
Schulfächer eher zu reduzieren als zu erweitern und Ballast aus dem Stoff der einzelnen Fächer zu streichen, sorgfältig zu überlegen, in welcher Form man Informatik behandelt. Sind die Denkweisen der Informatik in verschiedene
Fächer mitaufzunehmen und zu integrieren? (Etwa indem man
im Deutschunterricht Ablaufbeschreibungen genauer behandelt und die dabei benutzten sprachlichen Elemente untersucht). Soll man den Mathematikunterricht, wo ja eine Reihe von Beispielen von dort behandelten speziellen Algorithmen dazu Anlaß geben, um eine Informatikkomponente ergän-
zen, die im wesentlichen aus einer Einführung bzw. Betonung
des dynamischen Aspekts der Informatik im Gegensatz zum
statischen Aspekt der Mathematik besteht. Oder soll man Informatik als eigenes Fach einführen?

Eine Antwort auf diese Fragen läßt sich nicht geben, ohne
zu berücksichtigen, wieweit gewisse Randbedingungen erfüllt
sind:

- Wieweit sind Lehrer auf den Unterricht in Informatik
  oder auf die Einführung von Methoden der Informatik in
  ihren Fachunterricht vorbereitet? Wieweit haben sie selbst
  allgemeine Informatikgrundkenntnisse, die etwa die obigen Ziele abdecken?

- Wieweit stehen Hilfsmittel zur Verfügung? (Lehrbücher,
  Rechner[x], geeignete "Schulsprachen", d.h. höhere Programmiersprachen, die besonders für den Informatikunterricht
  geeignet und auf dem Schulrechner implementiert sind.)

Zur Zeit sind diese notwendigen Randbedingungen aber nur
in minimalen Ansätzen erfüllt. Da insbesondere die Lehrerausbildung in Informatik und die Fortbildung von Mathema-
tik-Lehrern in Informatik sehr gering ist, ist nur an Mo-
dellversuche zu denken, bei denen man Erfahrung über den
Informatikunterricht sammelt. Eine sorgfältig überdachte
Ausweitung des Mathematikunterrichts auf Inhalte des Informatikunterrichts ist als Übergangslösung denkbar.

Wie aus dem Folgenden hervorgeht, müßte der Mathematikun-
terrricht so erheblich ergänzt werden, um die anfangs angegebenen Ziele abzudecken, daß doch ein eigener Informatikunterricht dabei herauskäme. Allerdings könnte dieser bei
guter Vorbereitung durch den Mathematikunterricht mit einem
relativ geringen Stundenvolumen auskommen. Was über einen
Mathematikunterricht wesentlich hinausgehen würde, wäre
etwa die Untersuchung der Beschreibung dynamischer Abläufe,
insbesondere die Behandlung komplexer, nichtnumerischer Datenstrukturen und Algorithmen. Ein psychologischer Grund,
Informatik als eigenes Unterrichtsfach einzuführen, ist der,
daß ein an Mathematik desinteressierter Schüler bzgl. der
Informatikinhalte wohl stark motiviert sein kann.

Im folgenden soll auf die Ziele und Inhalte eines Informatikunterrichts eingegangen werden. Eine diesbezügliche Stu-
die ist in jedem Fall auch als Basis für Überlegungen zur Leh-
reraus- und -fortbildung in Informatik und für Überlegungen
zu geeigneten Schulsprachen und Lehrmitteln erforderlich.

---

[x]) Rechnergestützter Unterricht benutzt im allgemeinen nur
den Rechner als Hilfsmittel, ohne die Methodik des Rech-
nereinsatzes selbst zu betrachten. In diesem Sinne ist
rechnergestützter Unterricht nicht als Teil des Informatikunterrichts anzusehen. Andererseits kann der Informatikunterricht selbst rechnergestützt - etwa unter Benutzung
von Simulationsmethoden - ablaufen.

Zielsetzung des Informatikunterrichts

Anfängliche, unkoordinierte Versuche, Informatik in den
Schulstoff einzuführen, beschränkten sich meist auf Einzel-
aspekte mathematischen oder technischen Ursprungs, wie z.B.
Schaltwerke als Ausweitung und Anwendung der Booleschen
Algebra oder deren technische Realisierungsmöglichkeit.
Häufig wird auch unter Informatik ein Programmierkurs an
einem Kleinrechner verstanden.

Inzwischen scheint sich jedoch allgemein durchzusetzen, daß
der Kern einer allgemeinen und möglichst zeit- - und damit
technologie- - -unabhängigen Informatik-Grundausbildung in
der Behandlung von Algorithmen und Datenstrukturen und
deren Darstellung bis hin zur Realisierung bestehen muß.
Diese Vorstellung liegt auch der Stellungnahme der "Gesellschaft für Informatik" zu einem Informatikunterricht an
allgemeinbildenden und berufsbildenden Schulen zugrunde [1].
Daß diese GI-Broschüre "Zielsetzungen und Inhalte des Informatikunterrichts" eine vereinheitlichende Wirkung hat, zeigt
die Tatsache, daß Lehrpläne für so verschiedenartige Lernen-
de wie der des Landes Rheinland-Pfalz für das Grundfach Informatik (Modellversuch)[5] , der der Bayerischen Berufsoberschule [6] und der Lehrplan für ein Volkshochschulzerti-
fikat [7] sich wesentlich auf die Vorstellung der GI beziehen
und darauf aufbauen. Die wenigen Schullehrbücher für Informatik ([2],[3],[4],) sind ebenfalls voll mit dem GI-Kon-
zept kompatibel.

Als allgemeine Richtziele eines Informatikunterrichts sind
dabei folgende zu nennen:

1. Systematisches Finden algorithmischer Lösungen von Pro-
    blemen

2. Formulierung algorithmischer Problemlösungen in einer
    Programmiersprache

3. Vertiefung von 1. und teilweise von 2. durch Anwendung auf praxisbezogene (und dadurch im allgemeinen komplexere) Probleme

4. Überblick über den funktionellen Aufbau von Rechenanlagen und über Programmabläufe auf Maschinenebene

5. Einblick in technische und theoretische Grundlagen der Informatik

Um dem Schüler eine gewisse Fähigkeit zu vermitteln, die Möglichkeiten der Datenverarbeitung richtig einschätzen zu können, müssen (unter 3.) auch Probleme, wie sie z.B. bei der öffentlichen Verwaltung und Organisation auftreten,besprochen werden, auch wenn man wegen der Komplexität in dem Unterricht nicht bis zur Lösung in Form eines lauffähigen Programms kommen kann. Das letztere läßt sich jedoch sicher für herausgelöste Teilprobleme erreichen. Um dem Schüler einen realen Einblick zu geben, ihn besser zu motivieren und um ihn einem strengen Kontrollmechanismus auszusetzen, sollte sonst auf Durchführung der Programme auf einem Rechner unbedingt Wert gelegt werden. Hierbei ist jedoch zu betonen, daß die korrekte Handhabung der entsprechenden Programmiersprache nicht das primäre Ziel des Informatikunterrichts ist.

Lerninhalte des Informatikunterrichts

Entsprechend der Ziele lassen sich die Inhalte des Informatikunterrichts (geringfügig gegenüber dem GI-Papier modi-
fiziert) folgendermaßen grob einteilen:

1. Vom Problem zur Lösung
   (Algorithmisches Formulieren in der Umgangssprache)

2. Vom Algorithmus zum Programm
   (Darstellung von Algorithmen durch Elemente höherer
   Programmiersprachen)

3. Vom Programm zur Ausführung auf einem Rechner
   (Eventuell: Überführung in maschinennahe Programmierung)

4. Behandlung und Strukturierung komplexerer Probleme

5. Funktioneller Aufbau von Rechenanlagen und DV-Organi-
   sation

6. Logisch-technische Grundlagen

Eine Schwierigkeit in der Durchführung des Informatikunterrichts besteht dann, wenn als Rechner nur eine Notlösung in
Form eines Kleinrechners ohne geeignete höhere Programmiersprache zur Verfügung steht. Dann müßte zeitlich parallel
zu den Inhalten 1. und 2. der Befehlsvorrat des Rechners
einstudiert werden, und unter 3. müßte die Überführung von
Programmen in höherer Programmiersprache in lauffähige Klein-
rechnerprogramme behandelt werden.
Bei einer Verwendung einer höheren Programmiersprache kann
man sich bei 3. auf das Austesten von Programmen beschränken, und man hat unter 5. nur allgemeine Betrachtungen zur
maschinennahen Programmierung anzustellen.

Die Lerninhalte sollten in der angegebenen Reihenfolge behandelt werden. Bezüglich einer zeitlichen Aufteilung sollte man in erster Näherung jedem der Punkte gleiches Gewicht
geben. Eine endgültige curriculare Strukturierung und genaue zeitliche Aufteilung und Festlegung der Inhalte eines
Informatikunterrichts kann erst nach Auswertung einer Reihe von Modellversuchen erfolgen.

Wie man die einzelnen Inhalte weiter zu detaillieren hat,
dürfte für die Punkte 2. bis 6. am ehesten klar und wenig
umstritten sein. Ich verweise daher bezüglich dieser Punkte
auf das GI-Papier "Zielsetzungen und Inhalte des Informatikunterrichts" [1], um mich etwas ausführlicher auf den Punkt
1. "Vom Problem zur Lösung" konzentrieren zu können.

Vom Problem zur Lösung
(Algorithmisches Formulieren in der Umgangssprache)

Vor einer inhaltlichen Aufteilung dieses ersten Teils eines
Informatikunterrichts möchte ich zunächst stichwortartig Begründungen angeben, warum man das exakte Beschreiben opera-
tiver Abläufe zunächst noch möglichst ohne Betonung program-
miersprachlicher oder sogar rein notationeller Konventionen
ausführlich am Anfang behandeln soll.

- Der Übergang vom Problem zum Algorithmus ist der wesentliche Teil des Programmierens;
  die Anpassung an programmiersprachliche und maschinelle
  Gegebenheiten kann zunächst unberücksichtigt bleiben, um
  das Algorithmisieren möglichst natürlich und leichter zu
  erlernen.

- Algorithmisches Formulieren auf umgangssprachlicher oder
  halbformaler Ebene ist Programmiersprachen-, Maschinen-
  und Hersteller-unabhängig und damit unabhängig von zeitlichen Wandlungen.

- Es lassen sich auch relativ komplexe Probleme und Datenstrukturen beschreiben, die in der zur Verfügung stehenden Zeit oder wegen Rechnerbeschränktheit nicht vollständig programmiert werden können.

- Die Methode des strukturierten Algorithmisierens ist natürlich und leichter erlernbar, wenn man noch nicht die
  programmiersprachliche Fassung berücksichtigen läßt.

- Es genügt, bei einer Reihe von geschickt ausgewählten
  Algorithmen später im Unterricht zu lauffähigen, ausge-
  testeten Programmen zu kommen, um daraus auf die Reali-
  sierbarkeit von komplexeren im ersten und vierten Kapitel
  beschriebenen Algorithmen schließen zu können. Auf diese
  Weise läßt sich ein reales Verständnis für die Einsatzmöglichkeit von Rechenanlagen vermitteln, was durch alleinige Programmierung einfacher numerischer Probleme
  nicht erreicht wird.

- Schließlich hat man in gut formulierten Algorithmen eine
  lesbare Dokumentation der Problemlösung mit den üblichen
  Vorteilen, wie Sicherheit (leichtere Fehlererkennung)
  und Wiederverwertbarkeit.

Daß Algorithmen im Vordergrund des Informatikunterrichts
stehen, ergibt sich letztlich aus der Tatsache, daß sie in-
klusive der Methodik ihrer sicheren (häufig wiederum algo-
rithmisch durchgeführten) Konstruktion und Darstellung selbst
den Kern der Informatik darstellen. Dabei ist jedoch - wie
auch in den weiteren Kapiteln des Informatikunterrichts - zu

berücksichtigen, daß die Algorithmen letztlich auf eine reale Maschine abgebildet werden sollen.

Im folgenden soll noch eine mögliche inhaltliche Aufteilung des Kapitels "Vom Problem zur Lösung" angegeben werden. Dabei können sich einige Punkte wie z.B. Komplexitätsbetrachtungen oder Korrektheit in verschiedenen Graduierungen durch das gesamte Kapitel durchziehen.

- Einfache Beispiele von Algorithmen aus Schule und Alltag

- Intuitiver Begriff des Algorithmus

- Problemanalyse: Ein/Ausgabegrößen und deren Beziehung untereinander; Lösungsbeispiele

- Abstraktion, Unterdrückung unwesentlicher sprachlicher Details

- Modellbildung (z.B. graphische Abstraktion)

- Unterscheidung: Objekte und Datenstrukturen; Anweisungen; Ablaufstrukturen

- Unterscheidung: Algorithmus als Beschreibung eines allgemeinen Verfahrens; Ablauf des Verfahrens in Abhängigkeit von Eingabegrößen

- Strukturierung: Aufteilen in Teilprobleme; Verwendung vorhandener Teilalgorithmen; Festlegung der Kommunikationsschnittstellen (Parameter, Parameterübergabe)

- Abarbeitungsformen (sequentiell, parallel, kollateral); interaktives Abarbeiten

- Eigenschaften von Algorithmen und deren Überprüfung: Korrektheit (inkl. Terminierung); Zeit-, Speicherkomplexität; (nicht-deterministische Algorithmen)

Dieser Stoff wird natürlich anhand der Besprechung verschie-
denartiger Beispiele zu behandeln sein.
Anregungen hierfür kann die folgende Zusammenstellung geben:

Beispiele von Algorithmen

Anleitung zum Telefonieren
Telefonabrechnung
Nachschlagen im Lexikon
(evtl.unter Aufsuchen in
einer geeigneten Bibliothek)

Ampelsteuerung
Getränkeautomat
Fahranweisung
Strick-/Bastelanleitung   —
Gebrauchsanweisung
Dienstanleitung
Kochrezepte
Suchen im Labyrinth
Spiele (z.B."Türme v.Hanoi")
Fertigungspläne
Wahlverfahren
Sitzverteilung (d'Hondt)
Fußball-,Eiskockeytabelle
Osterdatum

Addition, Multiplikation
Euklids Algorithmus
Gleichungsauflösung
Zinsberechnungen

Funktionsauswertung
Fakultätsberechnung
Dreieckskonstruktion

Meßreihenauswerten
Deklinieren

Listen umordnen
Baum linear anordnen
Such- u.Sortieralgorithmen

Girodienst
Lohnsteuerberechnung
Textbearbeitung

[Datenbanken
 Informationssysteme]

Die Beispiele sind unterschiedlich für die einzelnen Inhalts-
punkte geeignet. Fertigungspläne (z.B. für Autos) sind naturgemäß stark kollateral und ihre Strukturierung ist analog der
des Fertigungsprodukts. Es würde zu weit führen, diesbezüg-
lich auf die Beispiele hier weiter einzugehen. Es sei lediglich noch die Aufgabe, eine Eiskockeytabelle aufzustellen,
näher betrachtet.

76

Aufstellen einer Eishockeytabelle

Besonders interessant für Schüler sind aktuelle Probleme,
wie es dieses zur Zeit der Olympiade war, als es darum ging,
wer die Bronzemedaille gewonnen hat. Ähnliches gilt für das
d'Hondt'sche Verfahren zu Wahlzeiten.

Der Eishockey-Tabellenendstand bei der Olympiade war der
folgende:

	Punktverh.	Torverh.	Tordifferenz
UdSSR	1o:0		+29
CSSR	6:2		+ 7
BRD	4:6	(irrele-	- 3
Finnl.	4:6	vant)	+ 1
USA	4:6		- 6
Polen	0:1o		-28

Das Reglement über die Reihung sieht vor:
Bei Punktegleichheit entscheidet:
1. besseres Punktverhältnis aus den Spielen der Punktgleichen
2. bessere Tordifferenz aus den Spielen der Punktgleichen
3. besseres Torverhältnis aus den Spielen der Punktgleichen
4. bessere Tordifferenz aus allen Spielen
5. ?

Wegen dieses Reglements braucht man zur Ordnung der angegebenen Tabelle noch die Information, wie die punktegleichen
Vereine untereinander gespielt haben. Man sollte also insgesamt folgende Daten betrachten:

Daten: A = Anzahl der Vereine ;
          Spielmatrix [1:A, 1:A]
              Matrixelement: Spielergebnis ;
          Tabelle [1:A]
              Tabellenelement: (Bezeichnung des Vereins,
                                Punktverhältnis,
                                Torverhältnis,
                                Tordifferenz)

eventuelle Hilfsdaten beim Ablauf des Anordnungsverfahrens:

Teiltabellen

Als relevanten Teil der Teiltabelle, die man bei der Ordnung der obigen Tabelle aufstellen muß, würde man aus der Spielmatrix die folgende erhalten haben:

BRD	2:2	7:6	+1
Finnl.	2:2	9:8	+1
USA	2:2		-2

Eine erste Formulierung des Erstellens einer nach dem Reglement geordneten Tabellen könnte so aussehen:

Tabellenerstellung

Lese Spielmatrix ein;
bestimme daraus ungeordnete Tabelle;
ordne nach Punktverhältnis;
suche der Reihe nach Vereine mit gleichem Punktverhältnis
⟨und ordne diese jeweils folgendermaßen:
    [bestimme entsprechende Teilspielmatrix ;
        bestimme daraus ungeordnete Teiltabelle ;
        ordne nach Punktverhältnis ;
        suche der Reihe nach Vereine mit gleichem Punktverhältnis und ordne diese jeweils folgendermaßen
        [....... (Ordnen nach Tordifferenz; dann nach Torverhältnis)]
        suche der Reihe nach Elemente mit gleichem Punktverhältnis, gleicher Tordifferenz und gleichem Torverhältnis und ordne diese jeweils nach der Tordifferenz in der Haupttabelle   ]
und übertrage diese Ordnung jeweils auf die Haupttabelle⟩.

Zur Verfeinerung des Algorithmus wären einzelne Teilaufgaben wie "Ordne nach...." weiter zu detaillieren bzw. als
bereits früher behandelte Aufgaben wiederzuerkennen. Aber
auch Ablaufsteuerungselemente wie

"suche der Reihe nach .... und .... jeweils ...."
sind näher zu untersuchen. Neben Umformulierungen unter
Effizienzbetrachtungen bietet dieses Beispiel auch Gelegenheit, dynamische Datenstrukturen vorzustellen und wegen der
Beschränktheit der Teiltabellen einen Ausweg statischer Re-
servierung zu besprechen. Ferner kann festgestellt werden,
daß die Fallunterscheidung des Reglements nicht vollständig
ist.

Abschließend sei noch einmal daran erinnert, daß sich der
Informatikunterricht nicht mit dem hier behandelten Teil
"vom Problem zur Lösung" erschöpft und daß die weiteren Kapitel wesentlich sind. Auch wenigstens einige Beispiele sollten sich durch den gesamten Unterricht durchziehen. Beispiele für programmiersprachlich abgefaßte Algorithmen werden
im folgenden Vortrag von Herrn Schauer angegeben. Ansonsten
sei bezüglich der weiteren Inhalte noch einmal auf die angegebene Literatur verwiesen.

Literatur

[1] Zielsetzungen und Inhalte des Informatikunterrichts.
     (Erarbeitet von einem Unterausschuß der Gesellschaft
     für Informatik). Zentralblatt für Didaktik der Mathe-
     matik ZDM 76/1 (35-43)

[2] Bauer,F.L., Weinhart, K.:
     Informatik. Bayerischer Schulbuch-Verlag München 1974

[3] Claus, V.:
     Einführung in die Informatik. Teubner 1975

[4] Balzer, H.:
     Informatik 1, Vom Problem zum Programm. Hueber-Holzmann
     Verlag, München 1976

[5] Entwurf eines lernzielorientierten Lehrplans Informatik
     Grundfach. Mainzer Studienstufe, Kultusministerium Rhein-
     land-Pfalz 1976

[6] Curricularer Lehrplan Informatik, Berufsoberschule.
     Bayerisches Kultusministerium 1976. (Noch nicht ver-
     öffentlicht)

[7] Das VHS-Zertifikat Informatik.Lernzielkatalog, Erpro-
     bungsfassung 1976/77. Deutscher Volkshochschul-Verband
     e.V. Pädagogosche Arbeitsstelle Frankfurt.

[8] Bauer, F.L.:
     Top-down teaching of informatics in secondary school.
     in: Computers in education 53-61. Lecarme, O.;
     Lewis, R. (eds); IFIP, North-Holland Publishing Com-
     pany 1975

[9] Wirth, N.:
     Systematisches Programmieren. Teubner 1975

W. Emler

ASPEKTE DER MATHEMATIK IN DER INTEGRIERTEN SEKUNDAR-
STUFE II

Die Präzisierung des Themas soll im Sinne eines Katalogs
von Forschungsaufgaben (Schriftenreihe des IDM 1/1974,
Schlüsselprobleme des Mathematikunterrichts) so vorgenommen werden:

i) Theorie des mathematischen Curriculums im Zusammenhang
    mit der Curriculumreform.
    (Aufgabenfeld 1)

ii) Die Bedeutung der Anwendung von Mathematik für den
    Aufbau eines mathematischen Curriculums.
    (Aufgabenfeld 1o)

I) Die Integrierte Sekundarstufe II

Der Deutsche Bildungsrat hat 1974 in seinen verabschiedeten
Empfehlungen folgenreiche Vorschläge zur Neuordnung der Sekundarstufe II gemacht.

1. (konvergenztheoretische) Annahme: Die gegenwärtigen sy-
   stemimmanenten Reformen in der gymnasialen Oberstufe und
   in den Institutionen der Berufsausbildung tendieren zur
   Integration von Allgemeinbildung und Berufsvorbereitung.

2. Annahme: Die im Strukturplan (1970) entwickelten Perspektiven wurden bisher nicht eingelöst.

3. (konstitutive) Annahme: Das Verhältnis von Modellversuchen zur Transformation des Regelsystems ist unproblema-
   tisch (unter Angabe der zu beachtenden Randbedingungen).

Bereits nach der Verabschiedung des "Strukturplanes" (Deut-
scher Bildungsrat 1970) und den Beratungen mit der West-
deutschen-Rektorenkonferenz (WRK) über die "Kriterien der
Hochschulreife" wurden in den diesen Beratungen folgenden
Kultusminister-Konferenzen vier Absichten erkennbar (KMK-
Vereinbarungen):

1. Der Unterricht auf der gymnasialen Oberstufe soll wissen-
   schaftspropädeutisch sein.

2. Eine Möglichkeit zur individuellen Schwerpunktbildung mit
   Entwicklungsmöglichkeiten zur Koordination mit berufsbe-
   zogenen Spezialisierungen soll bestehen (horizontale

Flexibilität).

3. Die Individualisierung des Lernens einschließlich einer Variation des Lerntempos soll ermöglicht werden (vertikale Flexibilität).

4. Horizontale und vertikale Flexibilität werden durch eine inhaltlich fixierte Grundbildung begrenzt.

Diesen vier Absichten werden folgende Reformvorschläge zugeordnet:

Dem Postulat der Wissenschaftspropädeutik entspricht die individuelle Konzentration des Lernens auf einen "Schwerpunkt" durch Verminderung der Zahl der Pflichtfächer. Dem Postulat der horizontalen und vertikalen Flexibilität entsprechen die Erweiterung der Zahl der angebotenen Fächer und die Umstellung des Unterrichts von Klassen- auf Kurssystem. Dem Postulat der Grundbildung entsprechen die Definition von drei bzw. fünf Aufgabenfeldern und die Zuweisung von 2/3 der gesamten Unterrichtszeit zu diesen Aufgabenfeldern.

Die Arbeiten der Planungskommission Nordrhein-Westfalen (1972) versuchten eine organisatorische und curriculare Integration zu realisieren. Unter Nutzung von Erfahrungen des Bielefelder Oberstufenkollegs (v. Hentig 1971) wurde eine Didaktik der Wissenschaftspropädeutik als Charakteristik der integrierten Kollegstufe gesetzt und der Pflichtkanon des "Strukturplanes" überwunden.

Das Kollegschulkonzept zur vollen Integration von studienbezogenen und berufsqualifizierenden Bildungsgängen erfaßt daher:

1) Kurssystem; 2) Festlegung von Schwerpunkten (Kernstück der curricularen Konzeption); 3) Verknüpfung der Bildungsgänge der Schwerpunkte und Zuordnung der Qualifikationsstufen untereinander im Baukastenprinzip.

Der Schwerpunkt soll etwa die Hälfte der Unterrichtszeit beanspruchen. Ein "obligatorischer Bereich" wird verbindlich für alle Schüler. Ein "Wahlbereich" hat der Verstärkung und

Beschleunigung des Durchlaufs durch den Schwerpunkt, dem
Ausgleich von Schwächen und der Befriedigung von individuellen Interessen zu genügen.

Die Zielperspektive ist die 'Doppelqualifikation', also Be-
rufs- und Studienqualifikation.

Das Kultusministerium, als rechtlicher Träger des Schulversuchs, betont vor allem den Aspekt der Steuerung und der Anpassung an gegebene Bedingungen (geltende Richtlinien, ge-
sellschaftliche Zwänge), während die Wissenschaftliche Begleitung der Kollegstufe als beratende Instanz die Ziel-
realisierung durch Veränderung der äußeren und teilweise
inneren Bedingungen betont und die Artikulation der Probleme
durch wechselseitige Kommunikation zwischen Betroffenen und
Wissenschaftlern fördern will. Diesem Interesse dienen auch
Intensivseminare (Workshops) in den Projektregionen und
projektbezogene Lehrervorbereitungsveranstaltungen.

Darstellung des Modellversuchs Kollegschule,
Einrichtungen und Arbeitsprogramme:

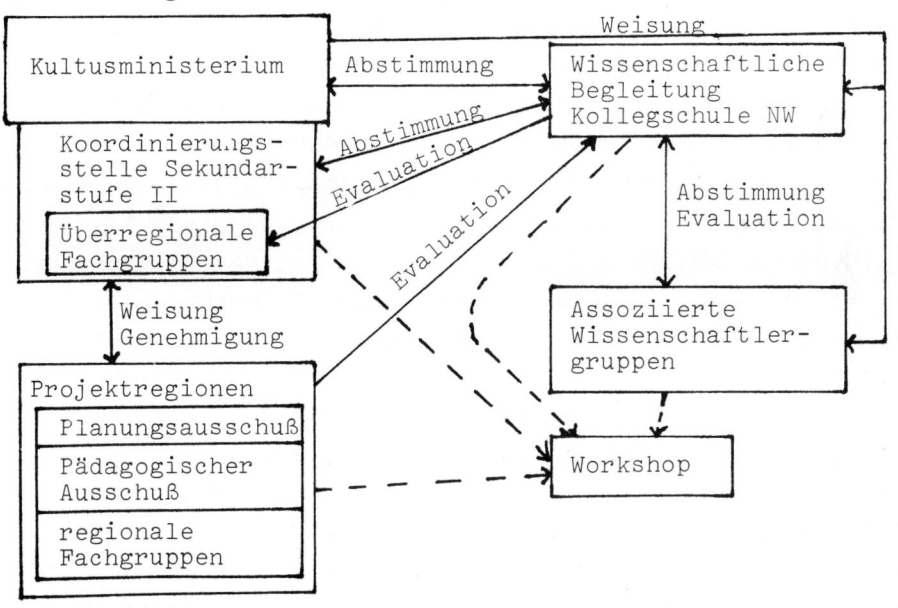

Die Koordinierungsstelle Sekundarstufe II (KoSek II) ist
als unmittelbar der Planungsabteilung des Kultusministeriums
unterstellte Einrichtung für die zeitliche und inhaltliche
Abstimmung der Arbeitsprogramme, der Dokumentation, der Information und Beratung des Verbundsystems zuständig. In Über-
regionalen Fachgruppen (ÜFG) als Teile der KoSek II werden
die notwendigen Materialien erstellt und Rückkoppelungen
zur Schulpraxis und den wissenschaftlichen Einrichtungen
(WBK, AWG) hergestellt. Die Wissenschaftliche Begleitung der
Kollegstufe (WBK) hat als generellen Arbeitsauftrag die Erarbeitung und Vermittlung wissenschaftlicher Hilfen beim
Versuchsaufbau und der Evaluation des Schulversuchs. Die
Teilaufgaben erstrecken sich über die Arbeitsbereiche Cur-
riculumentwicklung, Sozialisation und Systemorganisation.
Die WBK bekam eine "strukturelle Kompetenz" zugewiesen, das
heißt, sie hat initiative Funktionen im Hinblick auf die
Entwicklung innovativer Elemente innerhalb der Rahmenkonzep-
tion. Über die Assoziierten Wissenschaftlergruppen (AWG) soll
weitere fachdidaktische und fachwissenschaftliche Kompetenz
aus dem Hochschulbereich herangezogen werden.
Die bestehenden Studienrichtungen, Fachhochschulabschlüsse,
Fachschul- und ähnlichen Berufe sowie Ausbildungsberufe wurden folgenden 17 Schwerpunkten zugeordnet:
1) Mathematik/Philosophie
2) Naturwissenschaften
3) Rohstoffgewinnungs- und -verarbeitungstechnik
4) Elektrotechnik
5) Maschinenbautechnik
6) Textil- und Bekleidungstechnik
7) Papier- und Drucktechnik
8) Verkehrstechnik
9) Siedlungsplanung und Bautechnik
1o) Nahrungs- und Genußmitteltechnik
11) Medizin

12) Land- und Haushaltswirtschaft

13) Wirtschaftswissenschaften

14) Recht und Verwaltung

15) Erziehung und Soziales

16) Sprache und Literatur

17) Kunst/Musik/Gestaltung

II) Der Schwerpunkt Mathematik/Philosophie

Der Schwerpunkt Mathematik/Philosophie im Kollegschulver-
such entwickelt Bildungsgänge zu folgenden Qualifikationen:

1. Vorbereitung auf Studienrichtungen und Fachhochschulabschlüsse:

Philosophie	Mathematiker grad.
Mathematik	Informatiker grad.
Informatik	Ing. grad. Vermessungstechnik
Vermessungswesen	Ing. grad. Bergvermessungstechnik

2. Qualifikationen für Fachschul- u.ä. Berufe:
   Mathematisch-technischer Assistent

3. Ausbildungsberufe:
   Vermessungstechniker
   Bergvermessungstechniker

Diese zugeordneten Studienrichtungen und Berufe im Schwerpunkt 1 enthalten Mathematik und Informatik samt ihren Anwendungen in besonders deutlich ausgeprägter Form. Nahezu
alle Bildungsgänge im schulischen Bereich enthalten aber
Mathematik und Informatik, und deshalb hat das Fach Mathematik sowohl den Bedürfnissen im eigenen differenzierten
Schwerpunkt als auch den Service-Anforderungen anderer
Schwerpunkte gerecht zu werden. Bedürfnisse und Anforderungen werden durch Bedingungsanalysen erstellt, die zu einen
Grundentwurf für Kursfolgen führen.

Die Analysen sind eine fachdidaktische Aufgabe mit einer
dreifachen Fragestellung:

1. Was ist die Relevanz der im Fach vermittelten Fähigkeiten und Kenntnisse für den Schüler in seiner spezifi-

schen Lebenssituation und in seinem zukünftigen Beruf?

2. Was ist der Stand der Fachwissenschaft und Fachdidaktik?

3. Unter welchen Bedingungen kann eine Transformation wissenschaftlicher Theoriebildung und Forschung in Prozesse wissenschaftsorientierten Lernens ablaufen? (Vermittlung von Schülerbedürfnissen und Fachwissenschaft mit Hilfe der Fachdidaktik)

Die didaktische Konzeption der Kollegschule steht unter der Forderung nach Wissenschaftsorientiertheit und dem Prinzip der Kritik, d.h., die Inhalte des fachlichen Lernens sind kritisch auf Voraussetzungen und Konsequenzen zu hinterfragen.

Die bisherigen Untersuchungen der WBK zur Grundlage für die curriculare Reform des Schwerpunktes 1 versuchten eine vorläufige Erörterung der Grundlagendiskussion in der Wissenschaft, im Hinblick auf Gemeinsamkeiten der im Schwerpunkt vereinigten Disziplinen, der fachdidaktischen Rahmenbedingungen des Unterrichts und eine anschließende Erstellung eines Katalogs von Qualifikationen.

III) Die Bedürfnisse des Schwerpunktes Verkehrstechnik in bezug auf eine anwendungsorientierte Mathematik

Nach der Erarbeitung der Bildungsgänge für den Schwerpunkt 8 unter Berücksichtigung der quantitativen Aspekte der Berufsbilder wird unter Verkehrstechnik der gesamte Bereich von Herstellung, Betrieb, Wartung und Reparatur von Verkehrsmitteln für den Transport von Personen und Gütern verstanden.

In den bisherigen Untersuchungen wird erkennbar, daß sich der Schwerpunkt 8 nicht ohne weiteres von einer einheitlichen Leitdisziplin her strukturieren läßt. Unter der Leitdisziplin wird dabei eine wissenschaftliche Integrationsbasis für diese Vielzahl von Einzelbeiträgen aus ganz unterschiedlichen Disziplinen verstanden, eine Möglichkeit zur Integration und Reflexion. Als Ansatz dazu zeigt sich die Mathematik

als Sprache der Verkehrstechnik. In den Ingenieurwissen-
schaften ist der Rückgriff auf mathematische Methoden bei
der Lösung von Konstruktionsaufgaben ganz selbstverständlich, ebenso aber in der Verkehrswirtschaft bei der Lösung
von Optimierungs- und Entscheidungsproblemen. Die verkehrs-
politischen Entscheidungen beruhen auch auf dem Durchspielen
von Alternativmodellen, Mathematik tritt in allen Bereichen
der Analyse, Planung, Realisation und Kontrolle der Verkehrstechnik als Teildisziplin auf, als einzige, die in
allen Problemfeldern für die Lösungsfindung herangezogen
wird.

Bei genauerer Betrachtung der verschiedenen angesprochenen
Teilbereiche der Mathematik darf aber nicht einfach von
wirtschaftsmathematischen Methoden gesprochen werden, da
auch weite Teile etwa der konstruktiven Geometrie beansprucht werden. Bei der Erarbeitung der Bedürfnisse des
Schwerpunktes an die angewandte Mathematik kann vielleicht
von den Grundlagen einer Allgemeinen Systemtheorie ausge-
gangen werden. Dabei müßte aber auch die Reflexion über die
Möglichkeiten und Grenzen mathematischer Lösungsansätze in
bezug auf die jeweils vorgegebenen, mit Hilfe der einzelnen Fachwissenschaften inhaltlich definierten Problemen
eingeschlossen werden. Die mathematischen Methoden der
Verkehrstechnik (eine "Verkehrsmathematik"?) werden damit
als Leitdisziplin für den Schwerpunkt Verkehrsmathematik
dem Kriterium der Wissenschaftsorientiertheit und dem Prinzip der Kritik gerecht.

Derzeit fehlen leider noch genauere Analysen, um über den
Inhalt dieser angewandten Mathematik detailliertere Angaben
zu geben.

Insgesamt erfordert die Konzeption des Kollegschulversuchs
von Nordrhein-Westfalen für die Entwicklung eines mathematischen Curriculums eine konstruktive Kritik des derzeitigen Verständnisses von Mathematik und ihrer Anwendung. Im

integrierten System der Kollegschule hat die Curriculument-
wicklung der Mathematik zu berücksichtigen, daß die Vorbereitung auf wissenschaftliche Studien in Medien spezieller
Berufsausbildung und die Berufsausbildung unter dem Anspruch
der allgemeinen Kriterien von Wissenschaftspropädeutik erfolgt.

Literatur:

Deutscher Bildungsrat: Empfehlungen der Bildungskommission:
  Strukturplan für das Bildungswesen. Bonn 1970

Deutscher Bildungsrat: Empfehlungen der Bildungskommission:
  Zur Neuordnung der Sekundarstufe II - Konzept für eine
  Verbindung von allgemeinem und beruflichem Lernen.
  Bonn 1974

Werner Emler: Anforderungen eines Integrationsmodells der
  Sekundarstufe II an die curriculare Entwicklung des
  Mathematik-Unterrichts. 3.ICME, Kurzbeitrag, Karlsruhe 1976

Koordinierungsstelle Sekundarstufe II: Schulversuch
  Kollegschule NW, Skizze eines Gesamtsystems der
  Schwerpunkte. Düsseldorf 1976

Münsteraner Arbeitsgruppe: Integrierte Sekundarstufe II.
  Zeitschrift für Pädagogik Nr. 3, 1974, S. 367-403

Strukturförderung im Bildungswesen des Landes NW: Heft 17,
  Kollegschule NW. Düsseldorf 1972

A. Engel

STOCHASTIK AUF DER S-2

Die S-2 hat ihren Schwerpunkt in der <u>Analysis</u> und in der
<u>analytischen Geometrie</u> bzw <u>linearen Algebra</u>. Als neue
Kandidaten für die S-2 kommen vor allem Themen in Frage,
die diesen Schwerpunkt stützen. Ferner sollten sie <u>anwen-
dungsreich</u>,<u>problemreich</u> und <u>nicht zu langweilig</u> sein. Der
Wert eines Themas steigt noch beträchtlich,wenn es <u>inter-
essant ist vom algorithmischen Standpunkt</u>. Denn in wenigen Jahren wird jedermann Zugang zu einem Rechner haben.
Dann wird das Konstruieren von Algorithmen zu einer un-
entbehrlichen Fähigkeit.

Wir wollen untersuchen,welche der sechs guten Eigenschaften den einzelnen Zweigen der Stochastik zukommen.

a) <u>Endliche Wahrscheinlichkeitsräume (W-Räume)</u>

Dieses Kapitel kann man kurz beschreiben als das Studium
von Irrfahrten auf Bäumen und anderen schleifenfreien
Graphen. Das Thema ist interessant und reich an Problemen,
Anwendungen und Algorithmen. Die Algorithmen sind numeri-
scher Art (Geburtstagsproblem,Binomialverteilung) und
nichtnumerischer Art (Simulation von Zufallsprozessen).
Leider handelt es sich um reinen S-1 Stoff, z.T. Stoff
für den Rechenunterricht,der nicht in die Ideenwelt der
S-2 paßt. Es ist möglich,aber nicht wünschenswert das
Kapitel zu überspringen. Man wird lieber die Hauptideen
in 10 bis 15 Stunden nachholen,aber gleich in das nächste
Kapitel integriert.

b) <u>Diskrete W-Räume</u>

Hier handelt es sich um das Studium von Irrfahrten auf
Graphen mit Schleifen. Das Kapitel enthält viel Analysis

und lineare Algebra. Es ist interessant; für den Schüler weniger interessant als endliche W-Räume,für den Mathematiker dagegen viel interessanter. Ferner ist es reich an Problemen,Anwendungen und Algorithmen. D.h., alle sechs Kriterien für ein gutes Thema sind erfüllt.

c) Stetige W-Räume

Man hat es hier mit Inhaltslehre oder Maßtheorie zu tun, d.h. mit einem Zweig der Analysis. Lineare Algebra kommt fast gar nicht vor. Vom Standpunkt der Schule ist das Kapitel weniger interessant,schwierig,problemarm,anwendungsarm und arm an Algorithmen. Es enthält jedoch zwei Themen, die für die S-2 zugänglich sind und viele gute Eigenschaften haben:

1. Zufallsauswahl von Punkten aus dem Intervall (0,1).
2. Der Poisson-Prozeß und seine Verallgemeinerungen.

d) Statistik

Statistik ist Sammlung und Analyse von Daten. Im Gegensatz zur Wahrscheinlichkeitstheorie (W-Theorie) ist dies kein Zweig der Mathematik,obwohl die Mathematik als Werkzeug ausgiebig verwendet wird. Das Kapitel ist wichtig, anwendungsreich,schwierig. Es wird keine oder ganz anspruchsvolle Analysis und lineare Algebra verwendet. Die Probleme erfordern oft viel Rechnung. Ein Rechner läßt sich zwar sinnvoll einsetzen,aber die auftretenden Algorithmen sind nicht sonderlich interessant.

Ein für die Schule geeigneter Zweig der Mathematik sollte noch eine weitere Forderung erfüllen. Die Theorie muß kurz sein. Sie sollte nur wenige anschauliche und einprägsame Begriffe enthalten. Andererseits muß die Theorie für monatelange Anwendungen ausreichen. Diese Forderung wird von der diskreten W-Theorie erfüllt,dagegen ganz und gar nicht von der Statistik.Daher wird man sich auf der S-2 auf diskrete W-Räume beschränken und, falls es die Zeit erlaubt, Zufallsauswahl und den Poisson-Prozess hinzunehmen.

Wir geben jetzt einen kurzen Abriß der Theorie für endliche und diskrete W-Räume und wir erläutern anhand von Beispielen die wichtigsten Fragestellungen.

Die diskrete W-Theorie untersucht Zufallsprozesse, das sind Prozesse, deren Ablauf von Glücksrädern gesteuert wird. Jeder Zufallsprozess läuft ab längs eines von vielen möglichen <u>Pfaden</u>.

<u>1. Beispiel.</u> Eine Urne enthält eine weiße und eine schwarze Kugel, und ich habe einen Vorrat von 5 weißen Kugeln. Ich mache eine Folge von Ziehungen. Ziehe ich eine weiße Kugel, so lege ich zwei weiße Kugeln zurück. Ich stoppe, sobald ich die schwarze Kugel ziehe oder mein Kugelvorrat aufgebraucht ist.

Die Urne sei im Zustand ik, wenn sie i schwarze und k weiße Kugeln enthält. Fig.1 zeigt alle möglichen Abläufe des Zufallsprozesses.

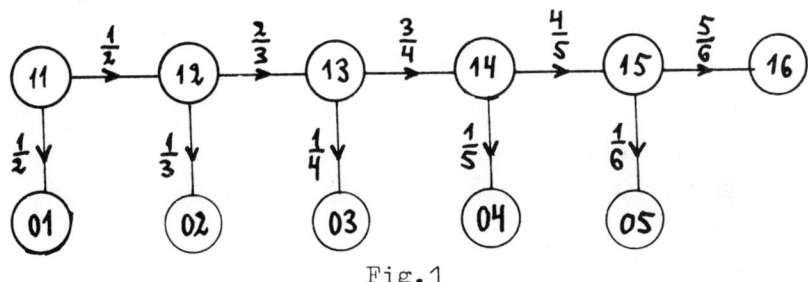

Fig.1

Typische Fragestellungen sind:

1. Wie groß ist die Wahrscheinlichkeit, daß der Prozess in 16 stoppt ?
2. Wie groß ist die Wahrscheinlichkeit, daß er mit einer ungeraden Anzahl weißer Kugeln stoppt, d.h. in der Menge T=$\{01,03,05\}$?

3. Die Anzahl X der weißen Kugeln in der Urne beim Stopp
   sei mein Gewinn. Wie groß ist die Wahrscheinlichkeit
   p_i, daß X=i ist ?
4. Wie groß ist der mittlere Gewinn E(X) ?

Im Prinzip lassen sich alle Probleme der diskreten W-Theorie mit Hilfe von drei Pfadregeln P_1, P_2, P_3 lösen. Es handelt sich um Definitionen, die motiviert sind durch die Deutung von Wahrscheinlichkeit und Erwartungswert über die relative Häufigkeit.

P_1: Die Wahrscheinlichkeit eines Pfades ist gleich dem Produkt aller Wahrscheinlichkeiten längs des Pfades.

P_2: Die Wahrscheinlichkeit vom Start nach T zu gelangen ist gleich der Summe der Wahrscheinlichkeiten aller Pfade vom Start nach T.

Wir denken uns die vom Start ausgehenden Pfade 1,2,3,... nummeriert, wobei der Pfad i die Wahrscheinlichkeit p_i habe. Wird dem Pfad i der Gewinn x_i zugeordnet, dann haben wir die Gewinnfunktion

$$X = \begin{pmatrix} 1 & 2 & 3 & \cdots \\ x_1 & x_2 & x_3 & \cdots \end{pmatrix}$$

Den Erwartungswert von X definiert man durch

$$E(X) = \sum_{i \geq 1} x_i p_i$$

In der Regel ist der Gewinn gleich der Pfadlänge (Schrittzahl oder Dauer der Irrfahrt). Dann gilt

P_3: Die mittlere Schrittzahl (Dauer) der Irrfahrt vom Start bis zum Stopp ist das gewichtete Mittel der Längen aller vom Start ausgehenden Pfade. Jede Pfadlänge wird mit ihrer Wahrscheinlichkeit gewichtet.

Die Antworten auf die Fragen 1 bis 4 lauten damit

1. $p_6 = \dfrac{1}{2} \cdot \dfrac{2}{3} \cdot \dfrac{3}{4} \cdot \dfrac{4}{5} \cdot \dfrac{5}{6} = \dfrac{1}{6}$

2. $P(X \text{ ungerade}) = P(T) = \frac{1}{2} + \frac{1}{12} + \frac{1}{30} = \frac{37}{60}$

3. $p_1 = \frac{1}{2}$, $p_2 = \frac{1}{6}$, $p_3 = \frac{1}{12}$, $p_4 = \frac{1}{20}$, $p_5 = \frac{1}{30}$, $p_6 = \frac{1}{6}$

4. $E(X) = \sum_{i=1}^{6} x_i p_i = 1 + \frac{1}{2} + \frac{1}{3} + \frac{1}{4} + \frac{1}{5} + \frac{1}{6} = 2,45$

Für endliche W-Räume auf der S-1 reichen P_1 bis P_3 aus. Für diskrete W-Räume auf der S-2 sind sie unbequem, da sie auf unendliche Reihen führen. Zum Glück gibt es einfachere und mächtigere Werkzeuge als P_1 bis P_3. Das nächste Beispiel behandelt einen typischen diskreten Zufallsprozess.

<u>2. Beispiel</u> (Ehrenfest-Modell für Diffusion). Ein leerer Behälter sei durch eine Wand mit einem Loch in zwei Kammern unterteilt. In der linken Kammer seien ursprünglich die Kugeln Nr. 1,2,3,4. Jede Sekunde wird eine der vier Kugeln zufällig ausgewählt und in die andere Kammer gebracht.

Das System sei im Zustand i, wenn die rechte Kammer i Kugeln enthält. Fig.2 zeigt die möglichen Zustände und die Übergangswahrscheinlichkeiten.

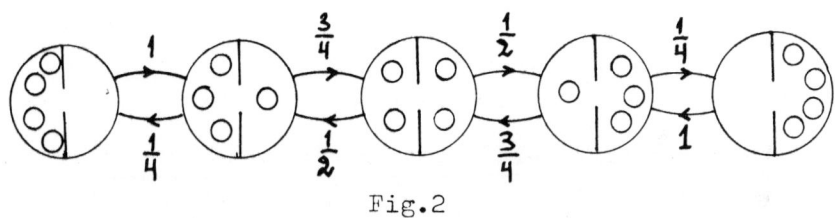

Fig.2

Ein möglicher Ablauf des Prozesses ist z.B. :

(1)   012321210123234343232343434343...

Typische Fragestellungen sind hier

1. Wie groß ist die Wahrscheinlichkeit, daß der Startzustand 0 wiederkehrt vor dem Eintritt in den Zustand 4 ?

2. Wie groß ist die mittlere Wartezeit für den Übergang von 0 nach 4 ?

3. Wie groß ist die mittlere Rückkehrzeit nach 0 ?

4. Welches ist die Verteilung der Wartezeiten bis zum
   Stopp für jede der Fragen 1 bis 3 ?

5. Welches sind die relativen Häufigkeiten der Zeichen
   0 bis 4 in einem langen Abschnitt der Folge (1) ?

In 1 bis 3 wird der Prozess (in Gedanken) gestoppt, sobald ein bestimmtes Wort oder eines von mehreren Wörtern
zum ersten Mal erscheint. In 5 wird der Prozess nicht gestoppt. Zu 1 gehört der Graph in Fig.3.

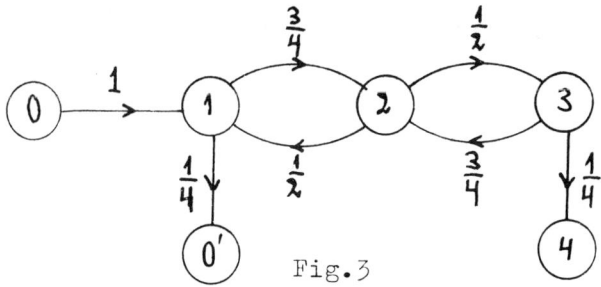

Fig.3

Es sei p_i die Wahrscheinlichkeit von i nach 0' zu gelangen. Die Werte dieser Funktion auf dem Rand $R=\{0',4\}$ sind
uns bekannt. Es ist $p_{0'}=1$, $p_4=0$. Durch diese Randwerte
sind die Werte der Funktion p_i in den inneren Zuständen
0,1,2,3 bestimmt. Man berechnet sie mit der 1. Mittelwertsregel.

M_1: Die Wahrscheinlichkeit eines inneren Zustands ist
gleich dem gewichteten Mittel seiner Nachbarn.

D.h. $p_i = \sum_k p_{ik}p_k$, wo p_{ik} die Übergangswahrscheinlich-
keit von i nack k ist. In unserem Fall ist aus Symmetriegründen $p_2=1/2$, $p_1=p_3$. M_1 liefert $p_0=p_1$ und daher

$$p_0 = p_1 = \frac{3}{4} p_2 + \frac{1}{4} p_{0'} = \frac{5}{8}$$

Zur Frage 2 gehört Fig.4. Es sei m_i die mittlere Laufzeit
von i nach 4. Der Randwert m_4 ist uns bekannt. Durch diesen Randwert sind die Werte m_i für alle inneren Zustände

94

bestimmt. Man berechnet sie mit der 2. Mittelwertsregel.

M_2: Erwartungswert eines inneren Zustands=1+gewichtetes Mittel seiner Nachbarn.

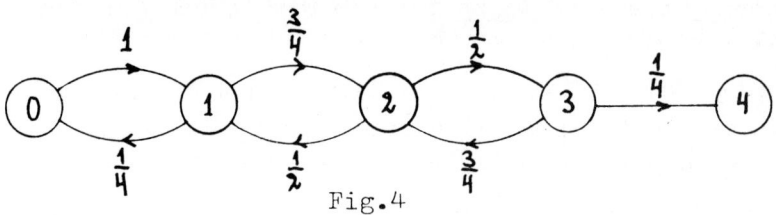

Fig.4

D.h. $m_i=0$ auf dem Rand, und für innere Zustände gilt

$$m_i = 1 + \sum_k p_{ik} m_k$$

Diese Regel liefert

$$m_0 = 1 + m_1 \quad, \quad m_1 = \frac{1}{4} m_0 + \frac{3}{4} m_2 \quad, \quad m_2 = \frac{1}{2} m_1 + \frac{1}{2} m_3 \quad, \quad m_3 = \frac{3}{4} m_2$$

mit der Lösung $m_0 = 21\frac{1}{3}$.

Die Frage 3 wird analog behandelt anhand der Fig.5. Für die mittlere Rückkehrzeit nach 0 (=mittlere Laufzeit von 0 nach 0') ergibt sich $m_0 = 16$.

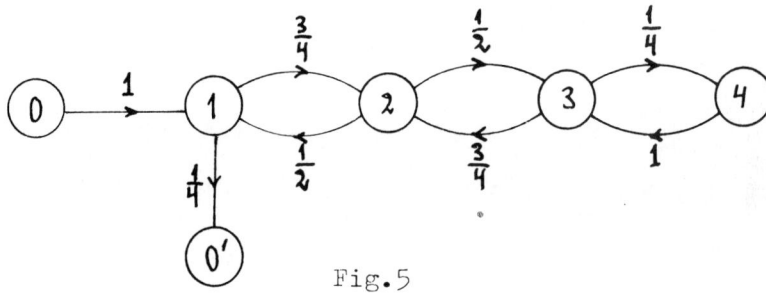

Fig.5

Wir kommen zur Frage 4. Es sei p_n die Wahrscheinlichkeit, daß die Irrfahrt genau n Schritte dauert. Für p_n kann man dem Graphen eine Rekursion ablesen. Wir denken uns die Schleifen des Graphen 1,2,3,... nummeriert. Für die Schleife i definieren wir den Umfang u_i und das Schleifenprodukt s_i:

u_i = Anzahl der Zweige in der Schleife i

s_i = Produkt aller Wahrscheinlichkeiten längs der Schleife i

In unseren Beispielen haben alle Schleifen den Umfang 2.
Wir nennen Schleifen _disjunkt_, wenn sie keinen gemeinsamen
Knoten haben.

Für p_n gilt die Formel

$$(2) \quad p_n = \sum s_i\, p_{n-u_i} - \sum s_i s_k\, p_{n-u_i-u_k} + \sum s_i s_k s_m\, p_{n-u_i-u_k-u_m} - \cdots$$

Der erste Summand erstreckt sich über alle Schleifen, die
folgenden über alle disjunkten Paare, Tripel,... von
Schleifen.

Für Fig.3 liefert (2)

$$p_n = \frac{3}{8}\, p_{n-2} + \frac{3}{8}\, p_{n-2}$$

Also

$$p_2 = \frac{1}{4} \quad , \quad p_n = \frac{3}{4}\, p_{n-2} \, , \quad p_n = 0 \quad \text{für ungerade } n$$

Für Fig.4 erhält man analog

$$p_n = \frac{1}{4}\, p_{n-2} + \frac{3}{8}\, p_{n-2} + \frac{3}{8}\, p_{n-2} - \frac{3}{32}\, p_{n-4}$$

oder

$$p_2 = 0 \, , \; p_4 = \frac{3}{32} \quad , \quad p_n = p_{n-2} - \frac{3}{32}\, p_{n-4} \, , \quad p_n = 0 \quad \text{für ungerade } n$$

Schließlich liefert Fig.5

$$p_2 = \frac{1}{4} \, , \quad p_4 = \frac{3}{32} \quad , \quad p_n = p_{n-2} - \frac{3}{32}\, p_{n-4} \, , \quad p_n = 0 \quad \text{für ungerade } n$$

Die bequeme Regel (2) ist nicht einfach zu begründen. Man
kann die Rekursion für p_n auch ohne (2) herleiten, wie es
z.B. in [1] geschieht. Die Suche nach einer "geschlosse-
nen" Formel für p_n ist nicht mehr sinnvoll, da man rekur-
siv definierte Folgen mit dem Taschenrechner oder Tisch-
rechner leicht berechnen kann.

Die Frage 5 ist von ganz anderer Art. Der Graph in Fig.2 zeigt,daß der Prozess nicht gestoppt wird. Es sei p_i die relative Häufigkeit der Ziffer i in einem langen Abschnitt von (1). Aus Symmetriegründen ist $p_0=p_4$ und $p_1=p_3$. Ferner ist $p_0+p_1+p_2+p_3+p_4=1$. Die Übergänge $i \rightarrow i+1$ und $i+1 \rightarrow i$ müssen gleichoft vorkommen. Daher ist

$$P_0=\frac{1}{4}P_1 \, , \quad \frac{3}{4}P_1=\frac{1}{2}P_2 \quad oder \quad P_1=4P_0 \, , \quad P_2=6P_0$$

Einsetzung in $p_0+p_1+p_2+p_3+p_4=1$ liefert

$$P_0=\frac{1}{16} \, , \quad P_1=\frac{4}{16} \, , \quad P_2=\frac{6}{16} \, , \quad P_3=\frac{4}{16} \, , \quad P_4=\frac{1}{16}$$

Die Mittelwertsregeln M_1 und M_2 sind gleichwertig mit den Pfadregeln P_1 bis P_3. Die Herleitung der Pfadregeln aus den Mittelwertsregeln ist besonders einfach.

Mit P_1-P_3 bzw M_1 und M_2 ist die Theorie im wesentlichen abgeschlossen. Man kann mit diesen Regeln umfangreiche klassische Probleme lösen; Probleme,die mathematisch inhaltsreich sind und die zahlreiche Anwendungen haben. Die Darstellung eines Zufallsprozesses durch einen Graphen muß jedoch geübt werden. Siehe dazu das Kapitel 1 in [1]. Es gibt eine große Anzahl geeigneter Themen.Z.B. klassische Irrfahrtprobleme,Verzweigungsprozesse,Genetik (Kapitel 2,6,7 in [1]). Die Genetik ist ein besonders gutes Anwendungsbeispiel. Der benötigte biologische Hintergrund ist gering.

Zufallszahlen (geometrische Wahrscheinlichkeiten)

Zufallsprozesse sollte man nach Möglichkeit auch simulieren. Die Simulationsprogramme sind lehrreiche Beispiele halbnumerischer Algorithmen. Die Simulationsdaten sind gutes Rohmaterial für Datenanalyse. Daher müssen Zufallszahlen früh eingeführt werden.

Auf den Befehl "rnd" dreht der Computer das Glücksrad in

Fig.7 und liest als Ausfall eine reelle
Zahl U aus dem Intervall (0,1) ab. Ist
$0 \leq a \leq b \leq 1$,dann fällt U in das Intervall
(a,b) mit Wahrscheinlichkeit b-a. Daher
heißt die Zufallszahl U gleichverteilt
in (0,1).

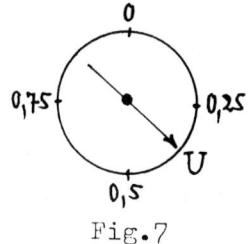

Fig.7

Man muß wissen,wie man einen Zufallsprozess mit Zufallszahlen nachspielen kann. Darüber kann man in [2] und [3]
nachlesen. Als Beispiel simulieren wir vier in 0 starten-
de Irrfahrten. Die Figuren 8,9,10 sind Programme für die
symmetrische Irrfahrt auf den Gitterpunkten der Geraden,
der Ebene,des Raumes. Dabei ist [x] der ganze Teil von x.
Also nimmt $2[2rnd]-1$ die Werte 1 und -1 je mit Wahrscheinlichkeit $\frac{1}{2}$ an. Fig.11 ist eine Irrfahrt in der Ebene. Zuerst wird ein Winkel zufällig aus dem Intervall
$(0,2\pi)$ ausgewählt. Dann macht man einen Einheitsschritt
in der gewählten Richtung.

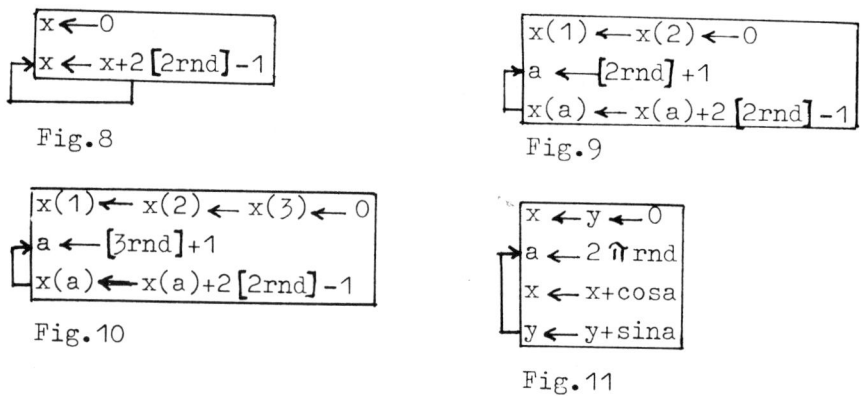

Fig.8

Fig.9

Fig.10

Fig.11

Die Zufallszahlen selbst sind sehr interessantes Zahlen-
material,dessen empirisches und theoretisches Studium un-
gewöhnlich lehrreich ist. Die Probleme führen auf Inhalts-
berechnungen,die man oft durch Symmetriebetrachtungen
umgehen kann.

Es soll ein typisches Beispiel besprochen werden. Wir erzeugen eine Folge $U_1, U_2, U_3, \ldots$ von Zufallszahlen. Man kann nun verschiedene Stoppregeln einführen. Es sei X die Anzahl der Drehungen bis zum Stopp. Wir suchen die Verteilung von X und den Erwartungswert $E(X)$.

Stoppregel I: Stoppe, sobald $U_n > U_1$ ist.
Stoppregel II: Stoppe, sobald $U_n > U_{n-1}$ ist.
Stoppregel III: Stoppe, sobald $U_1 + U_2 + \ldots + U_n > 1$ ist.

Für die Stoppregel I ist $X > n$ genau dann, wenn

$$U_1 = \max(U_1, U_2, \ldots, U_n)$$

ist. Die Wahrscheinlichkeit dafür ist

$$q_n = \frac{1}{n} \quad , \quad n \geq 1$$

Daher ist $X = n$ mit Wahrscheinlichkeit

$$p_n = q_{n-1} - q_n = \frac{1}{(n-1)n} \quad , \quad n \geq 2$$

Damit haben wir die Verteilung von X. Für den Erwartungswert ergibt sich

$$E(X) = \sum_{n \geq 1} q_n = \sum_{n \geq 2} n p_n = 1 + \frac{1}{2} + \frac{1}{3} + \ldots = \infty$$

Dies ist ein verblüffendes Ergebnis. Will ich die bei der ersten Drehung erzeugte Zahl überbieten, so brauche ich im Mittel unendlich viele Drehungen.

Für die Stoppregel II ist $X > n$ genau dann, wenn

$$U_1 \geq U_2 \geq \ldots \geq U_n$$

ist. Die Wahrscheinlichkeit dafür beträgt

$$q_n = \frac{1}{n!} \quad , \quad n \geq 0$$

Denn für n verschiedene Zahlen gibt es n! Permutationen und nur eine davon ist fallend. Daher ist $X = n$ mit Wahrscheinlichkeit

$$p_n = q_{n-1} - q_n = \frac{n-1}{n!} \quad , \quad n \geq 2$$

Ferner ist

$$E(X) = \sum_{n \geq 0} q_n = \sum_{n \geq 1} n p_n = \sum_{n \geq 0} \frac{1}{n!} = e$$

Für die Stoppregel III ergibt sich dieselbe Verteilung
wie für II. Siehe [1] und [2].

Der Poisson-Prozess

Ein Zufallsmechanismus, der eine zufällige Punktmenge erzeugt, heißt Punktprozess. Dabei kann es sich um Raumpunkte
oder Zeitpunkte handeln. Punktprozesse sind in der wirk-
lichen Welt allgegenwärtig. Der Poisson-Prozess ist der einfachste und wichtigste Punktprozess. Wir zählen einige
Poisson-verteilte Punktmengen auf, wobei wir jeweils nur
die Punkte erwähnen: Sterne im Raum, Rosinen in einem Ku-
chen, Druckfehler in einem Buch, Autos auf der Autobahn
bei schwachem Verkehr. Kosmische Teilchen, die ein Registrier-
gerät treffen. Radioaktiver Zerfall. Räumliche Verteilung
von Tieren und Pflanzen in einem offenen Gelände. Ausfälle
einer Maschine. Ankommende Anrufe in einer Zentrale. Ankommende Kunden vor einem Schalter. Eingehende Schadens-
fälle bei einer Versicherung. Erdbeben, Streiks in England,
Grubenunfälle, Kriegsausbrüche.
Die Herleitung der Poisson-Verteilung ist eine ausgezeichnete Anwendung der Analysis. Sie ist jedoch etwas anspruchs-
voll. Man geht am besten vom radioaktiven Zerfall aus.
Wir beginnen zur Zeit t=0 mit der Beobachtung einer langsam zerfallenden radioaktiven Substanz. Ein Registrierge-
rät möge jeden einzelnen Zerfall sichtbar oder hörbar
machen. Das Gerät ist für uns ein vom Zufall gesteuerter
Sender, der punktförmige Signale aussendet. Wir befinden
uns im Zustand n, wenn wir n Signale beobachtet haben. Es
sei $p_n(t)$ die Wahrscheinlichkeit, daß wir uns zur Zeit t
im Zustand n befinden. Der Zerfallsprozess wird beschrieben
durch den Graphen in Fig. 12. Hier ist λ keine Übergangs-
wahrscheinlichkeit, sondern eine Übergangsrate und hat

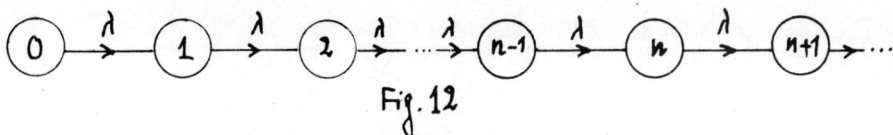

Fig. 12

folgende Bedeutung: Unabhängig von n und t ist die Anzahl der Signale im Intervall $[t,t+h)$ genau 1 mit Wahrscheinlichkeit $\lambda h + o(h)$. Sie ist 0 mit Wahrscheinlichkeit
$1 - \lambda h + o(h)$ und sie ist größer als 1 mit Wahrscheinlichkeit
$o(h)$. Dabei gilt wie üblich $o(h)/h \rightarrow 0$ für $h \rightarrow 0$.
Daraus folgt

$$p_0(t+h) = p_0(t)(1-\lambda h) + o(h)$$

$$p_n(t+h) = (1-\lambda h)p_n(t) + \lambda h p_{n-1}(t) + o(h)$$

oder

$$\frac{p_0(t+h) - p_0(t)}{h} = -\lambda p_0(t) + \frac{o(h)}{h}$$

$$\frac{p_n(t+h) - p_n(t)}{h} = \lambda \left[p_{n-1}(t) - p_n(t) \right] + \frac{o(h)}{h}$$

Für $h \rightarrow 0$ erhält man

(3) $$p_0'(t) = -\lambda p_0(t) \ , \ p_0(0) = 1$$

(4) $$p_n'(t) = \lambda \left[p_{n-1}(t) - p_n(t) \right] \ , \ p_n(0) = 0 \text{ für } n \geq 1$$

Aus (3) folgt

(5) $$p_0(t) = e^{-\lambda t}$$

Setzt man jetzt $p_n(t) = e^{-\lambda t} q_n(t)$, so liefern (4) und (5)
induktiv
$$q_n(t) = \frac{(\lambda t)^n}{n!}$$

Damit haben wir die Poisson-Verteilung

$$p_n(t) = \frac{(\lambda t)^n}{n!} e^{-\lambda t} \ , \ \lambda > 0 \ , \ n = 0,1,2,3,\ldots$$

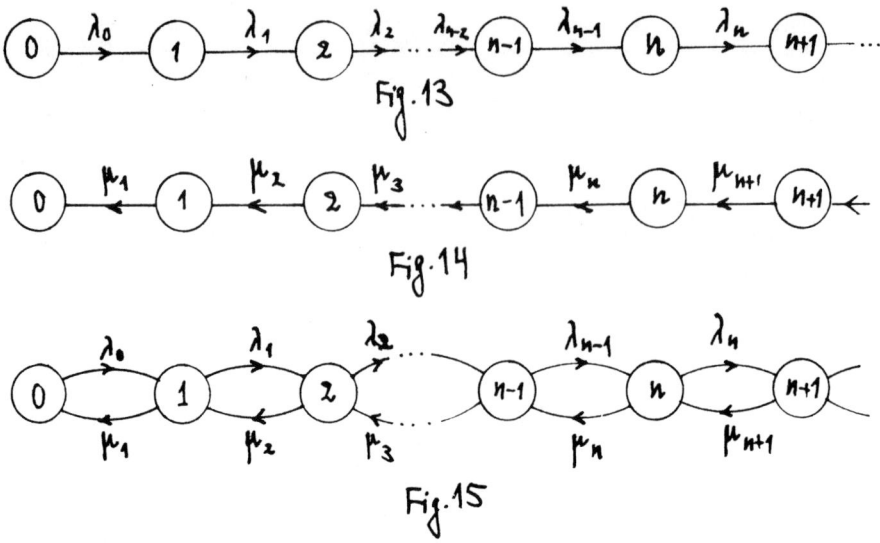

Fig.13

Fig.14

Fig.15

Der Poisson-Prozess ist ein <u>reiner Geburtsprozess</u> mit der konstanten <u>Geburtenrate</u> λ . Fig. 13 zeigt einen reinen Geburtsprozess mit den Geburtenraten λ_0 , λ_1 , λ_2 , ... , die jetzt vom Zustand abhängen. Fig. 14 ist der Graph eines <u>reinen Todesprozesses</u> mit den Todesraten μ_1 , μ_2 , μ_3 , ... Durch Überlagerung der beiden erhält man einen <u>Geburts- und Todesprozess</u> (Fig.15). Geburts- und Todesprozesse sind mathematische Modelle für Warteschlangen. Siehe Kapitel 9 in [1].

Literaturverzeichnis

1. Engel, A. : Wahrscheinlichkeitsrechnung und Statistik, Band 2, Ernst Klett, 1976

2. Engel, A. : Elementarmathematik vom algorithmischen Standpunkt, Ernst Klett, 1977

3. Engel, A. : Computerorientierte Mathematik, MU, H. 2, 1975

S. K. Großer,
H. Muthsam

GEDANKEN ZUR INFORMATIK-AUSBILDUNG VON LEHRAMTS-KANDIDATEN

Anläßlich der lebhafter werdenden Diskussion über die Berücksichtigung von Informatik-Stoff an Österreichs AH-Schulen
kann man eine Analogie mit der Einführung des "Mengenlehren-
unterrichts" in den späten 60er Jahren ziehen. Das pädagogische "Störpotential" einer Kurrikulumskomponente Informatik –
entweder in den bestehenden Mathematikunterricht integriert
oder als eigene Unterrichtseinheit aufgefaßt – ist beträchtlich, selbst wenn man von den anfallenden finanziellen Problemen absieht. Eine solche Einführung wird nur dann in relativ problemfreier Weise geschehen können, wenn man – anders als im Fall der Mengenlehre – von vorneherein eine Informatikkomponente in die Lehrerausbildung einbaut bzw. den
bereits tätigen AHS-Lehrern die Möglichkeit einer angemessenen
Fortbildung auf diesem Gebiet anbietet. Selbstverständlich
muß eine genaue Abstimmung zwischen der Universitätsausbil-
dung des Lehrers und den tatsächlichen Schulerfordernissen
angepeilt werden; wegen der rasanten technischen Entwicklung
wird sich jedoch eine Diskrepanz von vorneherein nicht ausschließen lassen. Dem raschen Obsoletwerden der erworbenen
Kenntnisse von seiten des Lehrers muß also von Anfang an
durch die Möglichkeit der laufenden Weiterbildung entgegen-
gewirkt werden.

Die hier angestellten Überlegungen sollen von der Perspektive der ja auch beteiligten Universität her zu einer
Analyse beitragen und im Sinne einer angemessenen Ausbildung von Lehramtskandidaten konkrete Vorschläge machen.

Wegen der genannten Verknüpfung wäre es unrealistisch,
Fragen der Informatik-Ausbildung von Lehramtskandidaten
losgelöst von den Gegebenheiten und Möglichkeiten der
Schule zu betrachten. Auch ist hier das Verhältnis der

Informatikausbildung zur mathematisch-naturwissenschaftlichen Ausbildung im allgemeinen zu diskutieren. Als eine Vorstufe des Informatikunterrichtes kann die Einführung von Taschenrechnern als Ersatz für Logarithmenbuch und Rechenstab gewertet werden. Obwohl es sich hier gewiß nicht um eine qualitative Veränderung von Unterrichtsinhalten handelt, hat sich doch dadurch eine Erweiterung der didaktischen Möglichkeiten ergeben. Die Reduktion der früher notwendigen Rechenarbeit führt doch wohl eher zur Konzentration auf den mathematischen Gehalt einer Aufgabe; aber selbst wenn diese Prämisse nicht zutrifft, wird Zeit gewonnen für eine weitergehende bzw. gründlichere Vermittlung von Stoff. Besonders begrüßenswert ist die Möglichkeit, die Konvergenz von Folgen und Reihen zu demonstriren bzw. numerische Aufgaben größerer Komplexität zu lösen. Zu den negativen Folgen zählt sicher eine Abnahme der Fähigkeit im Kopfrechnen sowie eine allgemeine Abhängigkeit von der Maschinerie. Auch werden Skeptiker zweifeln, daß sich dadurch tatsächlich eine bessere Kenntnis der Algorithmen einstellt. Ist also in Zukunft eine weitergehende Einbeziehung von Stoff aus der Informatik im Schulunterricht wünschenswert bzw. wahrscheinlich? Entscheidendes Kriterium ist dabei wohl die allgemeinbildende Rolle der Informatik. Wegen der umfassenden Rolle der Datenverarbeitung in der modernen Gesellschaft ist eine Einsicht in ihr Wesen sicher notwendig. Es genügt wohl der Hinweis auf Probleme der Technik (Raumflug, Navigation, Prozeßsteuerung), der Physik, der Wettervorhersage und -beeinflussung, der Sozialwissenschaften und der Verwaltung (siehe etwa [1]). Eine Kenntnis der Funktionsweise der Datenverarbeitungsanlagen muß demgemäß als wesentlicher Bestandteil der Allgemeinbildung angesehen werden. Fast ebenso wichtig ist das psychologische Moment: zu sehr ist der Begriff des Computers für den Durchschnittsbürger mit mysteriösen Vorstellungen, vielfach auch Ängsten, verknüpft. Letztere können nur durch eine gezielte Aufklärung über die Möglichkeiten der Datenverarbeitung abgebaut werden. Andererseits kann nur eine "informierte" - und das heißt doch wohl hinlänglich "gebildete" - Gesellschaft die Gefahren abschätzen, die sich aus der mißbräuchlichen Verwendung der Datenverarbeitung ergeben.

Daß ein Element der Allgemeinbildung aber zugleich von praktischem Nutzen sein kann, wie es hier der Fall ist, muß als zusätzliches Plus gewertet werden. Schließlich erfährt hier der Schüler die Tatsachen der Mengenlehre nicht nur als abstrakte Konstruktionen, sondern auch als Grundprinzip wesentlicher technischer Vorgänge. Als hervorragendes Beispiel sei die duale Additionsschaltung genannt, deren Verständnis einem AHS-Schüler in den Abschlußklassen wohl zugemutet werden könnte. Es zeigt sich hier in besonders klarer Weise die Zweckmäßigkeit des Dualsystems im Zusammenhang mit Rechenanlagen. Gerade am Beispiel von Schaltungen lernt der Schüler auch die Reduktionsrolle der Mathematik kennen, die darin besteht, daß scheinbar sehr verschiedene Begriffe oder Vorgänge unter gemeinsamen Prinzipien subsumiert werden. So zeigt es sich in diesem Beispiel, daß ganz verschiedene Operationen, wie etwa Addition, Multiplikation, Division, Vergleiche der Größe von Zahlen und vieles andere durch ganz wenige grundlegende logische Operationen, die in geeigneter Reihenfolge ablaufen, ausgedrückt und durchgeführt werden können. Zugleich ergibt sich dadurch insofern eine Bereicherung des Physikunterrichtes, als ja diese logischen Verknüpfungsoperationen im konkreten Fall durch elektrische Schaltungen realisiert werden können. Vor allem sei aber auch auf den pädagogischen Wert von Flußdiagrammen hingewiesen, an denen sich das Verständnis des Schülers für den Ablauf von Prozessen manifestiert. Denn zur Bearbeitung eines Problems an einer DV-Anlage ist (in etwas komplexen Fällen) in jedem Fall ein Flußdiagramm nötig (siehe Anhang).

Seine Erstellung setzt das richtige Erfassen der wesentlichen Komponenten des durchzuführenden Rechenvorganges voraus.
Unrichtiges Erfassen wird sofort mit vielfach völlig absur-
den Resultaten bestraft. Hier wird also logische Strenge vom
Schüler nicht als Pedanterie, sondern als Notwendigkeit erfahren. Es läßt sich von einem idealen pädagogischen Zwang
sprechen. Für diese Zwecke ist allerdings ein nichtprogram-
mierbarer Taschenrechner kaum ausreichend; man benötigt zumindest einen programmierbaren Taschenrechner, besser aber
eine Klein- oder den Anschluß an eine Großrechenanlage mit
Hilfe eines Terminals.

Aus den angeführten Gründen kann man sich schwer vorstellen, daß die Gesellschaft auf eine Informatikkomponente
in der Ausbildung zur mittleren Reife verzichten würde. Als
Freigegenstand bzw. Schulexperiment existiert ja Informatik
an einzelnen Schulen bereits. Bei der Wahl der Programmiersprache ist zu beachten: die Sprache muß einerseits den zur
Verfügung stehenden Geräten angemessen sein, andererseits
mit den besonderen pädagogischen und didaktischen Erfor-
dernissen des AHS-Unterrichtes verträglich sein. In Frage
kommt z.B. die Sprache BASIC. Sie zeichnet sich durch große
Einfachheit aus, kann rasch erlernt werden und eignet sich
doch für die Erstellung brauchbarer Programme. Nicht alle
"größeren" Programmiersprachen besitzen - zumindest in ihrer Originalkonzeption - den Vorteil, der BASIC und andere
besonders für Kleinrechner geeignete Sprachen auszeichnet,
nämlich den der Existenz von Optionen für interaktives Arbeiten. Ferner besteht ein wesentlicher Vorteil von BASIC,
FOCAL, PASCAL oder anderen Sprachen darin, daß
für sie an vielen Anlagen nicht Compiler, sondern Inter-
preter erforderlich sind; das verkürzt die aufgewandte Sy-
stemzeit für das Korrigieren und Debuggen neu erstellter
Programme ganz wesentlich. Größere Programmiersprachen,wie
etwa FORTRAN, ALGOL, PL 1, COBOL und andere bieten ihrem
Benützer in vieler Hinsicht mehr Möglichkeiten als die

kleineren; aber ihre Erlernung dauert selbstverständlich länger. Einige Sprachen, wie etwa COBOL oder PL 1, haben so umfangreiche Compiler, daß ihre Installierung auf Kleinrechen-
anlagen wohl auf Schwierigkeiten stößt. Auch bei anderen
Programmiersprachen (z.B. FORTRAN) findet man auf Kleinrech-
nern vielfach nur sehr einfache Versionen implementiert. Bei
der jeweiligen Auswahl der zu verwendenden Sprache muß
selbstverständlich auf spezifische pädagogische und sonstige
Bedürfnisse Bedacht genommen werden. So wird man z.B. an höheren technischen Lehranstalten mit besonderem Vorteil eine
naturwissenschaftlich-technisch orientierte Sprache unter-
richten, während für Handelsakademien oder andere wirtschaftlich ausgerichtete Schulen Sprachen wie COBOL von Interesse sein werden. Wegen der vielfältigen Ähnlichkeiten,
aber auch Verschiedenheiten zwischen den einzelnen Sprachen,
die sich naturgemäß in variablen didaktischen Möglichkeiten
niederschlagen, und wegen der sich ständig verändernden
Marktsituation, kann die Frage der Auswahl einer geeigneten
Programmiersprache nicht ein für alle Mal entschieden werden. Ganz allgemein sprechen pädagogische Erwägungen dafür,
den Lehrern bei der Auswahl einen angemessenen Spielraum
zu lassen.

Aus dem Tenor der bis jetzt gemachten Ausführungen ergibt sich, daß die Autoren die Einführung einer Kurrikulumskomponente Informatik an AH-Schulen in der nächsten
Zeit für wahrscheinlich halten. Für die Schulpolitik entscheidend ist dabei die Frage, ob Informatik als Teil des
Lehrfaches Mathematik, oder als eigener Unterrichtsgegenstand behandelt werden soll. Gegen eine solche Verknüpfung spricht (unter der Voraussetzung gleicher Stundenzahlen) die dadurch wahrscheinliche Zurückdrängung des
eigentlichen mathematischen Stoffes. Es muß darauf geach-
tet werden, daß die Informatik den Charakter eines - wenn
auch wichtigen - Hilfsmittels nicht verliert. So scheinen
uns nicht wenige der z.B. in [2] genannten möglichen In-

halte für eine allgemeinbildende Schule doch zu speziell zu sein (z.B. Platzbuchungssysteme, Komplexität von Maschinen und Algorithmen, Shannonsches Informationsmaß etc.). Dafür spricht auf jeden Fall die Tatsache, daß numerische Beispiele, die ja den Großteil der DV-Ausbildung beanspruchen würden, am sinnvollsten im Rahmen des Mathematikunterrichtes und mathematischer Problemstellungen formuliert werden könnten. Auch aus der historischen Entwicklung der Informatik – die ja in engster Wechselwirkung mit der Mathematik vonstatten gegangen ist – lassen sich Argumente für eine solche Integration herleiten. Für eine Zusammenlegung des Mathematik- und Informatikunterrichtes spricht zweifellos auch die erforderliche mathematische Qualifikation des Informatiklehrers. Letztlich würde die Schaffung eines neuen Unterrichtsgegenstandes die Ausbildung einer neuen Art von Lehrern erfordern, sodaß aus Zeit- und Kostengründen eine solche Trennung sich verbieten würde. Die Implementierung einer Informatik-Komponente im Mathematikunterricht könnte im Rahmen der folgenden stofflichen Abgrenzung bewerkstelligt werden.

1. Vermittlung der Kenntnis der allgemeinen Grundprinzipien des Aufbaus von DV-Anlagen.

2. Vermittlung der Kenntnis einer speziellen Programmiersprache – wenn Zeit bleibt, auch einer zweiten – mit zahlreichen Übungen.

3. Ausarbeitung von auf den Mathematik- (Physik-, Biologie-u.s.w.) Unterricht hin abgestimmten praktischen Rechenbeispielen.

Es folgt mit ziemlicher logischer Notwendigkeit aus dem bisher Dargelegten, was entsprechende Lehrveranstaltungen an den Universitäten für die zukünftigen Lehrer an Stoff zu bringen hätten. Es dürfte sich keinesfalls um einen reinen Programmierkurs handeln; denn ein solcher zielt auf die Vermittlung gewisser praktischer Fähigkeiten, während

spezifisch für Lehrer konzipierte Vorlesungen drei große
Stoffgebiete behandeln müßten:

1. Die theoretischen Grundlagen der Datenverarbeitung.
2. Die Kenntnis einer Programmiersprache, eventuell auch
   mehrerer.
3. (Vor allem) Beispiele für den Einsatz von Rechenanlagen;
   sie müßten selbstverständlich teils auf AHS-Niveau sein,
   teils auf Universitäts-Niveau.

Unabhängig von aller Informatik würde der Wert einer solchen Lehrveranstaltung darin liegen, die Studenten mit konkreten Anwendungsmöglichkeiten der Mathematik in zahlreichen
Wissenschaften bekanntzumachen. Eine Bereicherung für eine
entsprechende Vorlesung, auf die man in keinem Fall verzichten sollte, wäre ein Praktikum, in dem solche und ähnliche Beispiele jeweils von kleinen Gruppen von Studenten
weitgehend selbständig bearbeitet und am Ende des Semesters
gemeinsam diskutiert werden.

An informativen Beispielen besteht gewiß kein Mangel:

1. Verifizierung, daß $\sum_{p \leq N} 1 \sim N/\log N$, dabei Ermittlung der Primzahlen nach Sieb des Erathostenes
2. Auffindung von Primzahlzwillingen, Primfaktorzerlegung
   von Zahlen.
3. Anwendung von Zufallszahlen: Bestimmung von π.
4. Streuung von Meßwerten; Verifizierung, daß Streuung des
   Mittelwertes $\sim 1/\sqrt{N}$.
5. Errechnung von Bildfehlern einfacher Objektive.
6. Numerische Lösung des 2- und 3-Körperproblems.
7. Beispiele aus der Ökologie.

Die zeitlichen Erfordernisse für solche Lehrveranstaltungen könnten freilich nicht ganz gering sein. Für die Vorlesung müßte man doch mindestens mit einer Stundenanzahl von
2 - 4 Wochenstunden rechnen, das Praktikum könnte man ebenfalls mit etwa 2 Wochenstunden veranschlagen. Ein ziemlich
unlösbares Problem ergibt sich freilich, wenn man die ohne-

dies schon sehr geringen Pflichtstundenzahlen für die Ma-
thematikausbildung unserer Lehrer in den Studienordnungen
bedenkt. Andererseits sollte daran eine Realisierung des
Projektes nicht scheitern. Über den engen Rahmen der Informatik hinaus würde eine solche Lehrveranstaltung im besonderen Ausmaß dazu beitragen können, Anwendungen und Querverbindungen der Mathematik in den Natur-, aber auch in den
Sozial- und Geisteswissenschaften aufzuzeigen. Gerade das
ist ein Punkt, der in den traditionellen Mathematikstudien
vielleicht ein wenig zu kurz kommt. Damit wäre gegen die
unbestreitbare Tendenz der zeitgenössischen Mathematik, sich
von den anderen Wissenschaften zu isolieren, ein wirksames
Gegengewicht geschaffen.

Literatur:
[1] Kemeny, J.G., Kurtz, T.E.: BASIC Programming, 2nd ed.
     J.Wiley & Sons, New York, 1971.
[2] Brauer,W. et al.: Zielsetzungen und Inhalte des Infor-
     matik-Unterrichtes. ZDM 76/1.

Flußdiagramm

Die beiden hier gezeigten Flußdiagramme dienen der Lösung
der Aufgabe, N gegebene positive Zahlen A(1),..., A(N) nach
fallender Größe zu ordnen; sie sind als Illustration gedacht, wie Schüler, denen dieses Problem ohne spezifische
Vorbereitung gestellt wird, die Frage in mehr (rechts) oder
weniger (links) geschickter Weise angehen können.

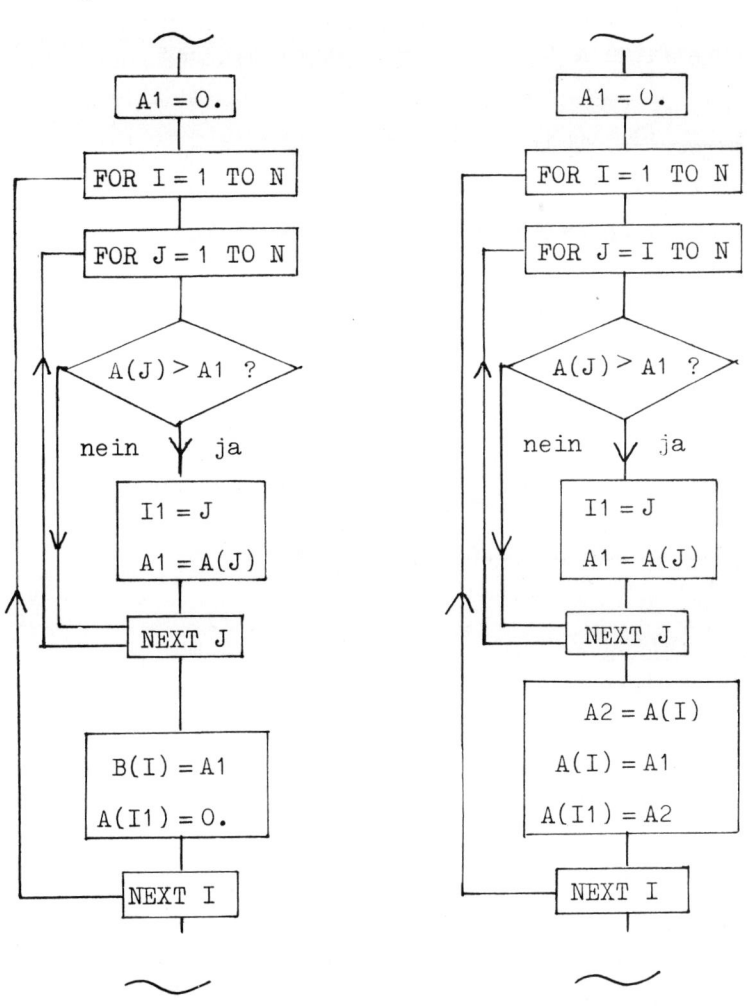

Ökologie

Zwei Populationen (Füchse, Hasen) mit Populationsgröße $x(t)$ bzw. $y(t)$ entwickeln sich gemäß

$$\left. \begin{array}{ll} \frac{dx}{dt} = Ax + Bxy & x(0) = x_o \\[2mm] \frac{dy}{dt} = Cy + Dxy & y(0) = y_o \end{array} \right\} \quad *)$$

Numerische Integration mit Hilfe der Diskretisierung

$$\frac{x(t_{n+1}) - x(t_n)}{t_{n+1} - t_n} \sim Ax(t_n) + Bx(t_n)y(t_n) \text{ etc.}$$

Diskussion des Lösungsverlaufes (Skizze), Ermittlung stationärer Lösungen.

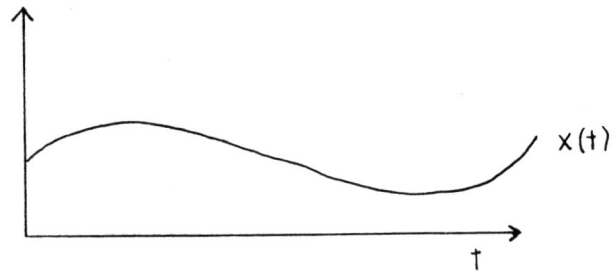

Numerische Integration weiterer Anfangswertprobleme, z.B. Mehrkörperproblem

$$\frac{d^2 x_i}{dt^2} = -\sum_{j \neq i} \frac{km_j}{|x_i - x_j|^3} (x_i - x_j)$$

$$x_i(o) = x_{i,o}$$

$$\dot{x}_i(o) = v_{i,o}$$

112

A. Hohenester

DIDAKTISCHE BEMERKUNGEN ZU EINEM ANWENDUNGSBEISPIEL DER BOOLESCHEN ALGEBRA

In didaktischer Sicht gehört die Boolesche Algebra zu einem der interessantesten Gebiete der neuen Mathematik; einerseits wegen ihrer unmittelbaren Nähe zu den verschiedensten Anwendungsgebieten, andererseits wegen der Möglichkeit, grundlegende Begriffsbildungen der modernen Mathematik zu motivieren. Didaktisch besonders beachtenswert ist aber, daß die Boolesche Algebra reichlich Gelegenheiten bietet, Probleme auf verschiedenen, denkpsychologisch unterschiedlich strukturierten Darstellungsebenen zu behandeln: symbolisch (durch Zeichen und Sprache), ikonisch (durch Bilder), enaktiv (durch Handlungen). Gerade die Interaktion zwischen diesen verschiedenen Ebenen der Darstellung bildet nach dem Lernpsychologen J. S. Bruner eine wesentliche Triebkraft der kognitiven Entwicklung des Kindes und bleibt ein Hauptmerkmal des intellektuellen Lebens des Erwachsenen.[1]

Wie auf der einen Seite die verschiedenen Darstellungsebenen sich gegenseitig unterstützen und wie auf der anderen Seite die Darstellungen (für das Problemlösungsverhalten wichtige) Konflikte erzeugen können, soll an einem Anwendungsproblem der Booleschen Algebra gezeigt werden, das unmittelbar zur Umwelt der Schüler bezug nimmt: Es soll der Phasenablauf einer Verkehrsampel gesteuert werden. Um einen wirklichkeitsnahen Ablauf der einzelnen Phasen zu gewährleisten, sollen folgende Zustände nacheinander durchlaufen werden:

    (a)   Nur das grüne Signal leuchtet.
    (b)   Das grüne Signal blinkt viermal.
    (c)   Nur das gelbe Signal leuchtet.
    (d)   Nur das rote Signal leuchtet.
    (e)   Das rote und das gelbe Signal leuchten.

Anschließend soll der Phasenablauf wieder bei (a) beginnen. Den Vorgang bei der Lösung dieses Problems zeigt die folgende Übersicht:

Bildhafte   Symbolische   Handlungsmäßige
                 Darstellungsmethode des Problems

(1) Sprachliche Formu-
    lierung des Problems.

            (2) Diskussion über tech-
                nische Realisierungs-
                möglichkeiten.
                Verwendung des SIMU-
                LOG-Lehrgeräts.

(3) Entwurf eines Phasen-
    zustand-Zeit-Diagramms.

            (4) Aufstellen der Boole-
                schen Funktionen (dis-
                junktiven Normalfor-
                men) für die einzelnen
                Phasen.

(5) Erster Entwurf eines
    Schaltbildes für die
    Ampelsteuerung.

            (6) Versuch, die Schal-
                tung aufzubauen, zeigt:
                zu großer Aufwand an
                Bausteinen und Ver-
                drahtungen.

            (7) Vereinfachung der
                Booleschen Funktio-
                nen.
                Algebraische Metho-
                den zur Vereinfachung
                sind aufwendig und
                langwierig.

(8) Diskussion graphischer
    Methoden der Reduktion
    Boolescher Funktionen.
    Auffinden geeigneter
    Projektionen des 6-dim.
    Einheitswürfels in der
    Ebene.
    Aufsuchen von Unterwürfeln
    im 6-dim. Einheitswürfel.

            (9) Aufstellen der reduzier-
                ten Funktionen.

(10) Zweiter Entwurf eines
     Schaltbildes für die
     Ampelsteuerung.

            (11) Aufbau der Schaltung
                 mit SIMULOG-Gerät.

114

Zu (3): <u>Phasenzustand-Zeit-Tabelle</u>

dezimal	dual 2^5 F	2^4 E	2^3 D	2^2 C	2^1 B	2^0 A	oktal	rot	gelb	grün	dezimal	dual 2^5 F	2^4 E	2^3 D	2^2 C	2^1 B	2^0 A	oktal	rot	gelb	grün
0	0	0	0	0	0	0	00	0	0	1	32	1	0	0	0	0	0	40	1	0	0
1	0	0	0	0	0	1	01	0	0	1	33	1	0	0	0	0	1	41	1	0	0
2	0	0	0	0	1	0	02	0	0	1	34	1	0	0	0	1	0	42	1	0	0
3	0	0	0	0	1	1	03	0	0	1	35	1	0	0	0	1	1	43	1	0	0
4	0	0	0	1	0	0	04	0	0	1	36	1	0	0	1	0	0	44	1	0	0
5	0	0	0	1	0	1	05	0	0	1	37	1	0	0	1	0	1	45	1	0	0
6	0	0	0	1	1	0	06	0	0	1	38	1	0	0	1	1	0	46	1	0	0
7	0	0	0	1	1	1	07	0	0	1	39	1	0	0	1	1	1	47	1	0	0
8	0	0	1	0	0	0	10	0	0	1	40	1	0	1	0	0	0	50	1	0	0
9	0	0	1	0	0	1	11	0	0	1	41	1	0	1	0	0	1	51	1	0	0
10	0	0	1	0	1	0	12	0	0	1	42	1	0	1	0	1	0	52	1	0	0
11	0	0	1	0	1	1	13	0	0	1	43	1	0	1	0	1	1	53	1	0	0
12	0	0	1	1	0	0	14	0	0	1	44	1	0	1	1	0	0	54	1	0	0
13	0	0	1	1	0	1	15	0	0	1	45	1	0	1	1	0	1	55	1	0	0
14	0	0	1	1	1	0	16	0	0	1	46	1	0	1	1	1	0	56	1	0	0
15	0	0	1	1	1	1	17	0	0	1	47	1	0	1	1	1	1	57	1	0	0
16	0	1	0	0	0	0	20	0	0	0	48	1	1	0	0	0	0	60	1	0	0
17	0	1	0	0	0	1	21	0	0	1	49	1	1	0	0	0	1	61	1	0	0
18	0	1	0	0	1	0	22	0	0	0	50	1	1	0	0	1	0	62	1	0	0
19	0	1	0	0	1	1	23	0	0	1	51	1	1	0	0	1	1	63	1	0	0
20	0	1	0	1	0	0	24	0	0	0	52	1	1	0	1	0	0	64	1	0	0
21	0	1	0	1	0	1	25	0	0	1	53	1	1	0	1	0	1	65	1	0	0
22	0	1	0	1	1	0	26	0	0	0	54	1	1	0	1	1	0	66	1	0	0
23	0	1	0	1	1	1	27	0	0	1	55	1	1	0	1	1	1	67	1	0	0
24	0	1	1	0	0	0	30	0	1	0	56	1	1	1	0	0	0	70	1	0	0
25	0	1	1	0	0	1	31	0	1	0	57	1	1	1	0	0	1	71	1	0	0
26	0	1	1	0	1	0	32	0	1	0	58	1	1	1	0	1	0	72	1	0	0
27	0	1	1	0	1	1	33	0	1	0	59	1	1	1	0	1	1	73	1	0	0
28	0	1	1	1	0	0	34	1	0	0	60	1	1	1	1	0	0	74	1	1	0
29	0	1	1	1	0	1	35	1	0	0	61	1	1	1	1	0	1	75	1	1	0
30	0	1	1	1	1	0	36	1	0	0	62	1	1	1	1	1	0	76	1	1	0
31	0	1	1	1	1	1	37	1	0	0	63	1	1	1	1	1	1	77	1	1	0

Die Phasenzustand-Zeit-Tabelle ist eine Art geometrischer Sprache (ein Ausdruck von E. Wittmann[2]): Ein zeitliches Muster wird in ein räumliches Muster übersetzt.

Zu (3),(4):
Die Zeitelemente (z.B. Sekunden), zunächst dezimal charakterisiert, werden durch Dualzahlen dargestellt; dadurch wird eine Entsprechung zu den Zuständen des Binärzählers hergestellt. Jeder Dualstelle ($2^0, 2^1, 2^2, \ldots$) wird eine Boolesche Variable (A,B,C,...) zugeordnet; der Binärzähler wird so zu einem Wahrheitstafelgenerator.
Die Vollkonjunktionen lassen sich sehr übersichtlich durch Oktalindizes darstellen, da sich Oktalzahlen mühelos in Dualzahlen umschreiben lassen.

Beispiel:

dezimal	19
oktal	23
dual	010011
Vollkonjunktion	$\overline{F}E\overline{D}\,\overline{C}BA$

Zu (5),(6):
Die disjunktive Normalform für die Grünphase lautet

$$
\begin{aligned}
T_{\text{grün}} = \ & \overline{A}\overline{B}\overline{C}\overline{D}\overline{E}\overline{F} + A\overline{B}\overline{C}\overline{D}\overline{E}\overline{F} + \overline{A}B\overline{C}\overline{D}\overline{E}\overline{F} + AB\overline{C}\overline{D}\overline{E}\overline{F} + \overline{A}\overline{B}C\overline{D}\overline{E}\overline{F} + \\
& A\overline{B}C\overline{D}\overline{E}\overline{F} + \overline{A}BC\overline{D}\overline{E}\overline{F} + ABC\overline{D}\overline{E}\overline{F} + \overline{A}\overline{B}\overline{C}D\overline{E}\overline{F} + A\overline{B}\overline{C}D\overline{E}\overline{F} + \\
& \overline{A}B\overline{C}D\overline{E}\overline{F} + AB\overline{C}D\overline{E}\overline{F} + \overline{A}\overline{B}CD\overline{E}\overline{F} + A\overline{B}CD\overline{E}\overline{F} + \overline{A}BCD\overline{E}\overline{F} + \\
& ABCD\overline{E}\overline{F} + \overline{A}\overline{B}\overline{C}\overline{D}E\overline{F} + A\overline{B}\overline{C}\overline{D}E\overline{F} + \overline{A}B\overline{C}\overline{D}E\overline{F} + AB\overline{C}\overline{D}E\overline{F}
\end{aligned}
$$

Um diese Funktion durch eine Schaltung zu realisieren, würde man 20 UND-Glieder mit je 6 Eingängen und ein ODER-Glied mit 20 Eingängen benötigen. Die sich daraus ergebende Kostenfrage ist ein starkes Motiv, Verfahren zur Minimierung von Booleschen Funktionen zu suchen.

Zu (7):
Die algebraischen Methoden zur Vereinfachung Boolescher Funktionen sind meist aufwendig und langweilig; sie nehmen nicht selten die Freude am Lösen sonst interessanter Probleme.

Zu (8): <u>Projektion eines 6-dimensionalen Würfels in die Ebene</u>

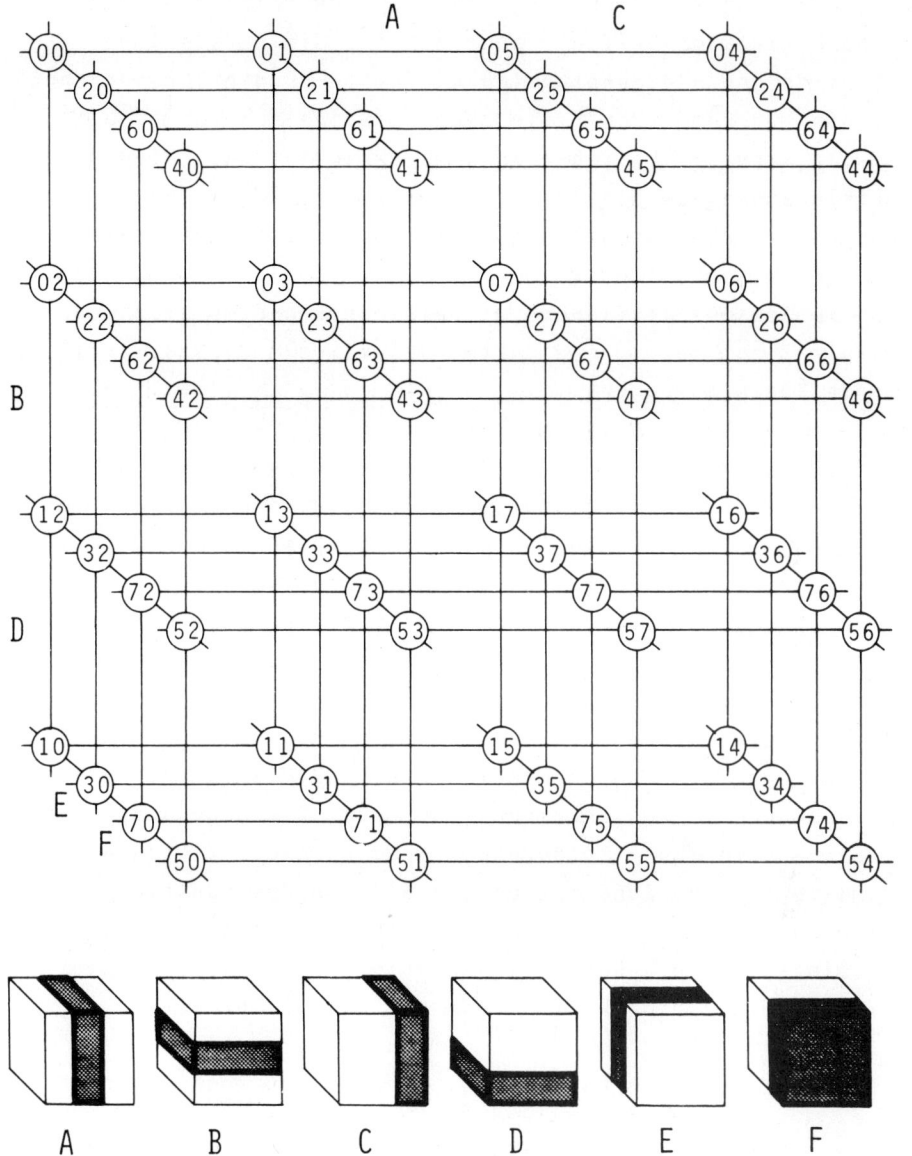

Die Würfelknoten sind mit den Oktalindizes der entsprechenden Vollkonjunktionen bezeichnet.

Es gibt im wesentlichen zwei graphische Verfahren zur
Vereinfachung Boolescher Ausdrücke. Einerseits die Methode nach Karnaugh-Veitch[3], andererseits die Darstellung
mit Hilfe des n-dimensionalen Würfels. Für die Vereinfachun
der hier vorkommenden Booleschen Funktionen wurde bewußt
auf das Karnaugh-Veitch-Diagramm verzichtet zugunsten des
Würfelgraphen, da dieser viel mehr Einsichten in die
kombinatorischen Verhältnisse bei der Darstellung Boolescher Funktionen liefert.
Das Problem des Verfahrens mittels eines n-dimensionalen
Würfels liegt darin, geeignete Projektionen dieses Würfels
in die Ebene anzugeben.
Durch einen Versuch von M. Karnaugh[3], ein 3-dimensionales
Gebilde zur Darstellung von Booleschen Funktionen bis zu
6 Variablen zu konstruieren, angeregt, wird hier eine Pro-
jektion des 6-dimensionalen Würfels vorgeschlagen. Wichtig
bei dieser Darstellung ist, daß die unterste Würfelfläche
der obersten, die linke Würfelfläche der rechten und die
vordere der hinteren Würfelfläche als benachbart zu betrachten ist. Geht man von einem Knoten zu einem benachbarten Knoten über, also nach oben, unten, rechts, links,
hinten, vorne, so ändert dabei nur eine Variable der entsprechenden Vollkonjunktion ihren Wert. Die Anwendung dieses
Verfahrens verläuft entsprechend dem Karnaugh-Veitch-Dia-
gramm-Verfahren: Zunächst werden alle in der Funktion vorkommenden Vollkonjunktionen im Würfelgraphen markiert. Dann
ist ein Satz von größtmöglichen Unterwürfeln aufzusuchen,
der alle markierten Knoten (und nur diese) enthält.

Fußnoten: [1] J. S. Bruner u. a., Studien zur kognitiven
Entwicklung, Stuttgart 1971, S. 21

[2] E. Wittmann, Grundfragen des Mathematikunterrichts, 4.Aufl., Braunschweig 1976, S. 70

[3] E. W. Veitch, A Chart Method for Simplifying
Truth-Functions, Proc., Association for Computing Machinery Conf., May 2-3 1952, p. 127-13.

M. Karnaugh, The Map Method for Synthesis of
Combinational Logic Circuits, Communications
and Electronics, Nov. 1953, p. 593-599

Zu (8),(9): <u>Würfelgraphen der Schaltfunktionen</u>

T_{rot} = $\underline{\overline{F} + C.D.E}$

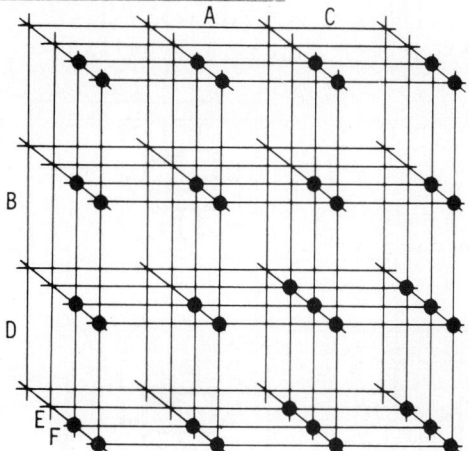

T_{gelb} = C.D.E.F + $\overline{C}$.D.E.$\overline{F}$

= $\underline{(C.F + \overline{C}.\overline{F}).D.E}$

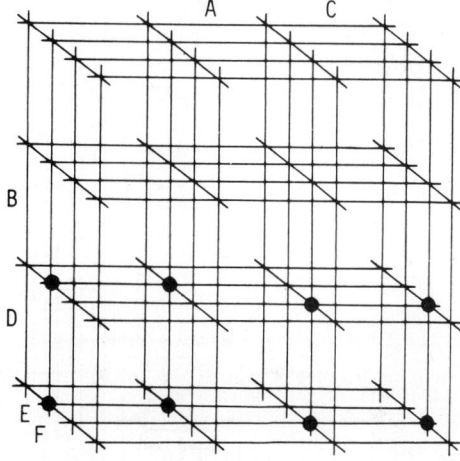

$T_{grün}$ = $\overline{E}.\overline{F}$ + A.$\overline{D}.\overline{F}$

= $\underline{(\overline{E} + A.\overline{D}).\overline{F}}$

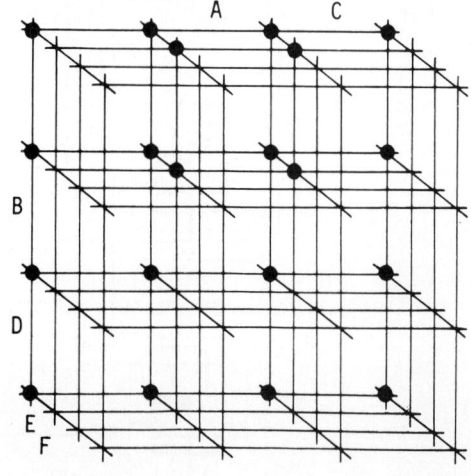

119

Zu (10),(11): <u>Schaltplan für die Ampelsteuerung</u>

Taktgeber   Binärzähler   Steuer-   Ampel
             (Wahrheitstafel- logik
             generator)

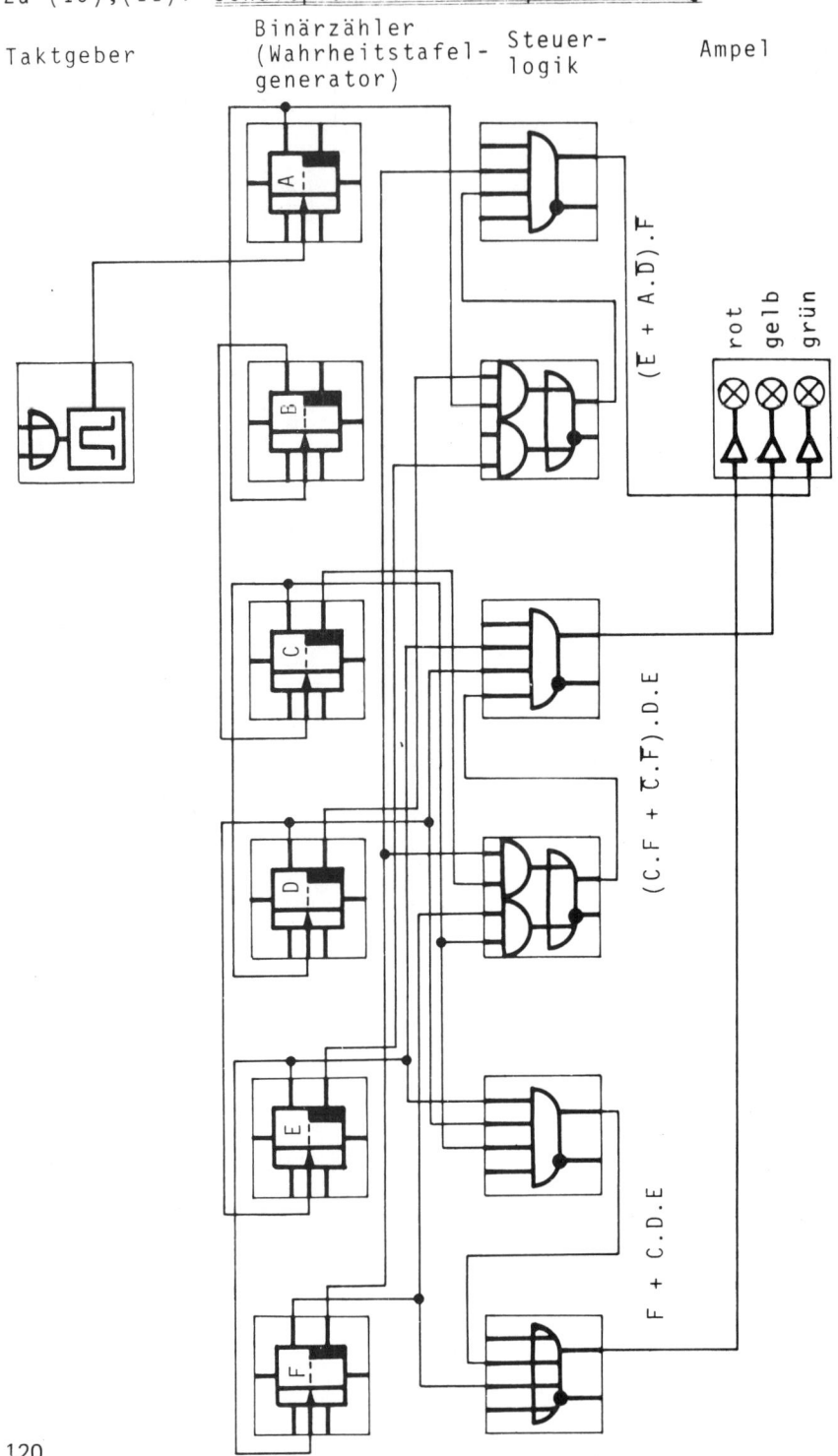

W. Kranzer

MEHR MOTIVATION, FASZINATION UND QUERVERBINDUNGEN IM MATHEMATIKUNTERRICHT

Die Extreme taugen nichts! Weder im Leben noch in der Schule! Zwar hat der einseitige Aufgabenbetrieb im Mathematikunterricht zugunsten der Begriffsbildung und der Beweisstrenge an Boden verloren, trotzdem fehlt noch fast gänzlich jene Darstellungskomponente, die das Fach motiviert, seine Reichweite erkennen läßt und es für den Schüler interessant gestaltet.

Vielleicht 80 % der Maturanten haben später nichts mehr mit der Mathematik zu tun. Daher hängt es vom Mathematiklehrer ab, welche Einstellung sie zu dieser Wissenschaft gewinnen und welche sie bewahren werden. Es ist niederschmetternd, wenn durchaus ernst zu nehmende, mit der Materie gut vertraute Menschen die Befürchtung äußern, das Fach Mathematik könnte eines Tages mit dem Altgriechischen hinsichtlich der Beliebtheit konkurrieren.

Die Extreme taugen nichts! Der sture Aufgabenbetrieb, häufig in reine Dressurakte ausartend, ist ebenso abzulehnen wie einseitiges Theoretisieren ohne Anwendungen. Erst die anspruchsvolle Rückkoppelung zwischen Theorie und Problemsubstrat läßt neue Definitionen als sinnvoll und unentbehrlich erkennen.

Ohne die ständige Wechselwirkung mit der mathematisierbaren Wirklichkeit fehlt den Begriffen und Lehrsätzen für den Lernenden der greifbare Inhalt, der erst die Mathematik für den Schüler aus einem blutleeren Gerippe zu einem lebensnahen Betätigungsfeld wandelt.

Der Unterricht soll aber nicht nur wirklichkeitsbezogen, d. h. im gegenständlichen Falle, mit reichen und sinnfälligen Querverbindungen vor allem zur P h y s i k ausgestattet sein, er muß sich auch ständig um das I n t e r e s s e der Schüler bemühen und sie die Mathematik in einem größeren Zusammenhang zu sehen lehren.

Wie sieht die Wirklichkeit aus? Nun, die Querverbindungen sind mehr als mäßig. Absurde Fachkombinationen wie M-Lü oder M-F usw. schneiden lehrerseitig die ergiebigsten Querverbindungen ab. Ebenso sind die immer häufiger werdenden Verbindungen des Hauptfaches Mathematik mit dem Nebenfach Physik oder umgekehrt der gegenseitigen Ergänzung der Fächer höchst abträglich. Dennoch bestehen, wenn auch schwache, interdisziplinäre Kontakte. Der mir gesetzte Zeitrahmen verbietet, die konkreten Querverbindungen zur Physik anzuführen.

Gar nichts geschieht hingegen, um das Fach attraktiv zu machen und seine geistesgeschichtliche Stellung durch große Ausblicke und überraschende Einblicke zu präzisieren. Gewiß, eine Reihe von Lehrern arbeitete schon immer in dieser Richtung. In der augenblicklichen Phase, in der die Schule im Umbruch begriffen ist, sollte die Erfüllung dieser Aufgabe ausdrücklich in den Lehrplänen gefordert, das Wie in den zugehörigen Kommentaren erläutert und die hiefür nötigen fachlichen Voraussetzungen im Rahmen der Lehrerausbildung geschaffen werden.

Leider wurden manche Ansätze im Zuge der laufenden Lehrplanrevisionen wieder zerstört, z.T. wohl deshalb, weil anstelle von Überblicken, die möglich gewesen wären, man den Schülern eine Fülle abprüfbarer aber unwichtiger Einzelheiten geboten hat. Dabei wurde leider öfter das Kind mit dem Bade ausgegossen.

So bereitet das Rechnen mit Restklassen, wenn richtig durchgeführt, den Schülern größten Spaß, liefert einfache Beispiele für endliche Gruppen und vermittelt einen Hauch von
Zahlentheorie. Wenn der Lehrer die Existenz von echten
Nullteilern beim Multipliplizieren mod 6 als Sensation hin-
stellt, kurz den Wilsonschen Satz <u>erwähnt</u> und auf gewisse
zahlentheoretische Sachverhalte (lediglich berichtend!) eingeht, dann darf er des Interesses der meisten Schüler gewiß
sein. Besonders die Primzahlen üben einen magischen Reiz aus
(Verteilungsdichte, Zwillinge, Goldbachtheorem u.a.), der
manche Jugendliche der Mathematik näher bringt, ev. zu eigenem Denken anregt.

Sollte man nicht die dzt. bekannte größte Primzahl $2^{19937}-1$
(606 Ziffern) nennen, auf die Zirkel-Lineal-Konstruktionen
von regelmäßigen Vielecken in Verbindung mit den Fermatschen
Primzahlen $2^{2^n}+1$ und die einschlägigen Leistungen von Gauß
eingehen? Gleichzeitig ließe sich das Problem anschneiden,
wann das Urteil "Unmöglich" endgültigen Charakter hat. (Rek-
tifikation und Quadratur des Kreises, Winkeldreiteilung,
Würfelverdopplung mit Zirkel und Lineal, Perpetuum mobile,
Kriterium für die Zerlegbarkeit eines Polynoms mit rationalen Koeffizienten in $K(1)$ usw.)

Bedauerlich ist auch die Streichung des Cantorschen Diago-
nalverfahrens, das sicher rascher verstanden wird als man-
cher andere Beweis. Lehrer, denen es nicht gelingt, die Ungleichung $2^x > x$ so zu präsentieren, daß sie den Schülern zum
staunenswerten Erlebnis wird, haben ihren Beruf verfehlt.
Wenn der Schüler die Cantorsche Definition der Kardinalzah-
len begreift, dann ist mehr für seine mathematische Bildung
geleistet, als wenn man ihm beibrigt, mit dreireihigen De-
terminanten mechanisch zu jonglieren.

Außerordentlich reiche Möglichkeiten zur Motivation bietet
die - an sich recht langweilige - Proportionenlehre. Man

reduziere doch die Distanzen im System

$$\text{Sonne} \underbrace{\quad\rule{2cm}{0.4pt}\quad}_{1\,m} \text{Erde} \rule{2cm}{0.4pt} \alpha\text{-Cen}$$

Sonne ——————1 m—————— Erde ——————— α -Cen
(1 cm)   (0,1 mm)   (≈ 1 cm)
Wien   Salzburg

um den Faktor $1,5.10^{13}$ zwecks Verdeutlichung der wahren Verhältnisse oder vergleiche die Analyse der Proton-Struktur
(10^{-15} m) durch den Menschen (1,7 m) mit der Analyse einer
Kirsche (1 cm) durch einen Übergiganten, dessen Größe den
Plutobahndurchmesser (ca. $1,2.10^{15}$ m) übertrifft.

Die Potenzen von 10 sind ebenfalls ergiebige Quellen bildungs-
trächtiger Informationen, sobald man sie auf astronomische
oder atomistische Bereiche anwendet, wird doch dadurch die
Stellung des Menschen relativ zu den extremen Dimensionen be-
leuchtet. (In dichtester Lagerung würden - falls dies möglich wäre - 10^{129} Protonen das überschaubare Universum erfüllen, denn 10^{10} Lichtjahre sind 10^{43} Protonenradien.) Man
könnte ferner nach der Bedeutung des Rundens von großen Exponenten fragen, etwa 10^{43437} auf 10^{43440}.

Oder: Was bedeutet die von Radio- und Intensitätsinterfero-
metern erreichte Winkelauflösung von 0,001"? Die mm-Striche
eines in München stehenden Lineals erscheinen von Wien aus
unter diesem Winkel! Oder: Der Winkeldurchmesser eines LKW-
Reifens auf dem Mond könnte von irdischen Beobachtern bestimmt werden.

In unserem Sinne ertragreich sind auch die komplexen Zahlen.
Sie sind mit allen Schwingungsvorgängen innigst verbunden,
ohne sie wären die Rechnungen in der Wechselstromtechnik ein
Alptraum. Man sage den Schülern doch, daß diese Geschöpfe der
abstrakten Mathematik in der Strömungslehre, bei Flugzeug-
profilen (konforme Abbildung) eine ebenso hervorragende Rolle
spielen wie in der Potentialtheorie. Daß die Lorentz-Trans-
formation als "simple" Drehung um einen imaginären Winkel

aufzufassen ist, dürfte kaum gleichgültig hingenommen werden!

Schon von der Fragestellung her läßt die Aufgabe, vom Mittelpunkt eines Kreises an ihn die Tangenten zu ziehen, aufhorchen. Die Antwort, gefunden mit der Berührbedingung $d^2 = r^2(1+k^2)$ und $d = 0$ liefert die isotropen Geraden (Gleichungen: $y = \pm i.x$), deren jede zu sich selbst orthogonal ist ($k_1 \cdot k_1 = i^2 = -1$). Die Verallgemeinerung auf isotrope Kurven liegt nahe (alle "Bogenlängen" = 0). Die handgreifliche physikalische Anwendung (Seifenhaut beim Händewaschen) befreit den Gedankengang vom Odium des "abstrakten Unsinns", denn jede Minimalfläche ist als Schiebefläche zweier isotroper Kurven darstellbar! (Lösung des Plateauschen Problems über das Komplexe.)

Man erwähne doch auch die Existenz sinnvoll verwendbarer hyperkomplexer Zahlen, etwa beim leicht begreiflichen Waringschen Problem (Darstellung jeder natürlichen Zahl als Summe von höchstens vier Quadraten natürlicher Zahlen) oder bei der theoretischen Entdeckung der Potronen durch Dirac (Cliffordsche Zahlen mit 15 "i-Sorten").

Die Möglichkeit, die Zahl π durch Werfen von Stricknadeln auf ein Parallelengitter zu ermitteln, verfehlt sicher ebensowenig seinen Eindruck auf die Klasse wie das statistische Verfahren, welches über Histogramme von Massensummen der aus einer Teilchenreaktion hervorgehenden Sekundärpartikeln mittlere Lebensdauern von etwa 10^{-24} sec der Größenordnung nach sogar zuverlässig zu bestimmen gestattet. (Welchen Weg legt das Licht in dieser Zeit zurück?)

Der Sinussatz erlaubt zu entscheiden, wieviele absolut unverrückbare Kugeln gemäß der Skizze (Abb. 1) bei einer Zielgenauigkeit von 1'' noch durch gutes Zielen getroffen werden können. (Die fünfte zu treffen ist nur mehr Sache des

des Zufalls.) Die Verbindung zu den irreversiblen Vorgängen und damit zum II. Hauptsatz der Wärmelehre liegt auf der Hand. Ebenso könnte der Physiker später, bei Diskussion der Unbestimmtheitsrelation, auf dieses Beispiel verweisen.

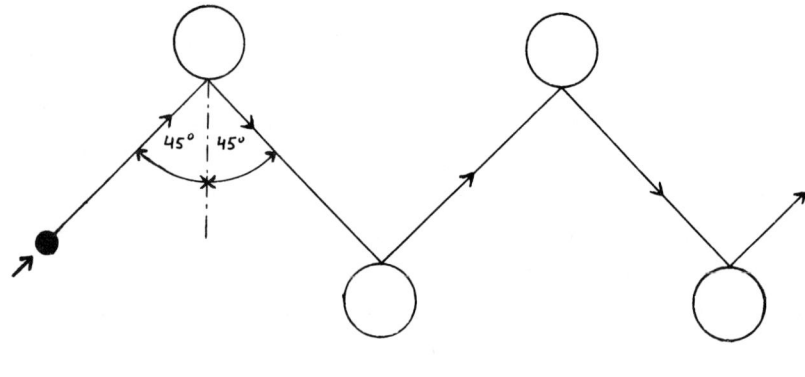

Abb. 1

Die Topologie ist zu interessant, als daß sie lediglich mit dem Umgebungsbegriff in rein verbalen Zusammenhang gebracht werden sollte, der dem Schüler weiter nichts sagt. Berichten wir doch, daß es endliche Flächenstücke mit nicht erreichbaren Randpunkten (siehe Abb. 2), daß es Flächen mit nichtzerstückenden Rückkehrschnitten (Autoreifen, Torus), einseitig und einrandige Flächen (Möbiussches Band), drei Gebiete mit durchwegs gemeinsamer Randmenge und nirgends glatte Kurven gibt (von Kochsche Kurve).

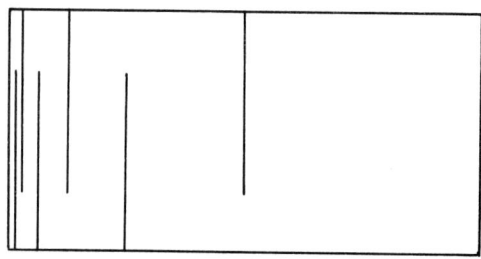

Abb. 2

Der Zweck dieser Beispiele liegt nicht nur in der von ihnen erzeugten Verblüffung, sondern vor allem in der Weckung des Mißtrauens gegen den Augenschein. So läßt sich sehr überzeugend die Notwendigkeit streng logischer Beweisführungen unter totalem Verzicht auf die Anschauung dartun.

Sagen wir doch, daß jeder R_n nach geeigneter stetiger Deformation stets in einen euklidischen R_{2n+1} eingebettet werden kann! Oder, wenn das vermutlich auf Schwierigkeiten stößt, daß jede noch so komplizierte Kurve aus einem 100- oder 1000-dimensionalen Raum keine anderen topologischen Eigenschaften besitzt als eine "gewöhnliche" Raumkurve. D.h., das Studium der Raumkurven genügt, um über beliebige Kurven in höherdimensionalen Räumen alle geometrischen Eigenschaften zu erforschen, die sich bei stetigen Deformationen nicht ändern. Welch treffender Beleg für die Reichweite des mathematischen Denkens!

Nicht weniger erstaunlich ist der Satz von Banach-Hausdorff, daß sich die Kugel in drei paarweise fremde, paarweise kongruente Teilmengen A, B, C zerlegen läßt, derart, daß zugleich A zur Vereinigung von B und C kongruent ist. Mit anderen Worten, daß man theoretisch eine beliebig große Kugel, etwa den Mond, durch wiederholtes Zerlegen und Neuzusammensetzen beliebig verkleinern kann, bis sie (er) in der Rocktasche Platz findet.

Wer wollte schließlich die Bemerkung unterdrücken, daß R^1, R^2, R^3, ... R^n, ..., als Punktmengen aufgefaßt, die gleiche Mächtigkeit haben wie das winzigste Bogenstück einer Kurve?

Natürlich müßte den letzten Bemerkungen ein kurzer (beweisfreier) Exkurs in die mehrdimensionale Geometrie vorangehen, der, so auf den R^4 beschränkt, lebhaftesten Widerhall begegnet. In 2 Stunden wäre das sicher zu bewältigen und eine wertvolle Hilfe für den Physiker beim Thema Kosmologie.

Ich halte es für einen schweren Bildungsmangel, wenn jemand nichts über die nichteuklidische Geometrie gehört hat. Die verschiedenen Verknüpfungsarten sind ja seinerzeit auch in der Absicht zur Aufnahme in den Lehrplan vorgeschlagen worden, um durch die Hinlenkung des Schülers auf andere als die mit den Grundrechnungsarten allein operierenden Abbildungsverfahren, seinen Geist für das Konzept der nichteuklidischen Geometrie reif zu machen. Dabei kommt es lediglich auf die tragenden Ideen an, auf gar keinen Fall auf irgendwelche Beweise! Eine Schule, die das Attribut "modern" für sich beansprucht, darf nicht die fundamentalen Wendepunkte der menschlichen Geistesgeschichte ausklammern, die mit den Namen Kopernikus, Bolyai-Lobatschewskij-Klein, Darwin, Planck und Einstein untrennbar verbunden sind.

Um aber die Idee der nichteuklidischen Geometrie, keineswegs ihren Inhalt, kennen zu lernen, ist die zeitgerechte Einführung des Jugendlichen in abstraktere Denkweisen unerläßlich. Dem dient die Mengenalgebra ebenso wie die Kapitel über Abbildungen und Verknüpfungen, auch dazu sind sie ja eingeführt worden. Für diese Feststellung halte ich mich als einer der ganz wenigen befugt, die von der Stunde Null an an den Reformbestrebungen und -arbeiten beteiligt war.

Manches wäre noch in der gleichen Richtung hinzuzufügen, doch möge das Russellsche Paradoxon den Reigen des Angebotenen beschließen. Es möge zeigen, in welchem Maße das kritische Denken die Grundlage wissenschaftlicher Betätigung analysiert und problematisiert hat.

Natürlich läßt sich die Fülle der aufgezeigten Möglichkeiten weder im Rahmen der geltenden noch im Rahmen der neuentworfenen Lehrpläne unterbringen. Aber man sollte ernstlich nachdenken, ob nicht ein Teil des Mathematikunterrichtes auf diese Geleise umgeleitet werden müßte. Zwar liefern die skizzierten Themen keine ergiebigen Prüfungskonzepte (mechani-

sches Auswendiglernen wäre nur eine widerliche Karikatur
des angestrebten substantiellen Erfassens!), doch würde sie
- und das ist meine durch viele positive Erfahrungen ge-
stützte Überzeugung - dem Gros der später nicht mehr mathematisch engagierten Schüler ein hohes Bildungsgut vermitteln,
das ihnen die Mathematik in schönerem und freundlicherem
Licht erscheinen und stärker in ihrer überragenden Bedeutung erkennen ließe als dies bei einem sturen Nur-Aufgaben-
betrieb oder einer durch pausenlose Iteration der Folge
<Definition, Behauptung, Beweis> gekennzeichneten Unter-
richtsgestaltung im "Landau-Stil" der Fall wäre.

Von Seite des Verständnisses sind keine Schwierigkeiten zu
erwarten, soferne der Lehrer mit innerer Begeisterung, Freude und Sorgfalt an diese schöne Aufgabe herangeht! Auch im
Unterricht macht der Ton die Musik. Leider wird noch herz-
lich wenig getan, um den Mathematikunterricht interessant
zu gestalten. Das anzuregen war die Intention beim Abfassen
dieser Zeilen.

O. Kuropatwa

BOGENLÄNGE AN REGULÄREN VIELECKEN

1. Einleitung

Zu den wesentlichsten methodischen Instrumenten eines auf
Transfer, Mobilität und Selbsttätigkeit des Schülers ausgerichteten mathematischen Unterrichts gehören die verschiedenen Formen der Variation eines Lerninhalts, wie z.
B. die Numeralvariation, die Variation des Kontextes, die
Generalisation und Spezifikation oder ganz allgemein die
Variation von Parametern und Bedingungen. Insbesondere ermöglichen diese Verfahren die Konstruktion von Übungsauf-
gaben. An Hand eines Beispiels soll gezeigt werden, daß
sich so auch breitere mathematische Trainingsfelder er-
schließen lassen, wie sie vor allem dem Oberstufenschüler
regelmäßig angeboten werden sollten, um ihm Gelegenheit zu
geben, den Einsatz seiner Kenntnisse und Fertigkeiten in
einem größeren Zusammenhang selbständig zu üben.

Ausgangspunkt für dieses Thema ist die bereits aus dem
Mittelstufenunterricht geläufige Formel für die Bogenlänge
am Kreis, speziell die Beobachtung, daß der in diesem Zusammenhang wesentliche Begriff des Zentriwinkels bei Bestimmung der Bogenlänge von Teilstücken geschlossener Figuren mit Mittelpunkt auf den Kreis beschränkt bleibt. Der
– zunächst fragwürdige – Versuch einer entsprechenden Übertragung etwa auf reguläre Vielecke erweist sich als mathematisch sinnvoll und didaktisch nützlich, insofern als neben grundlegenden Aktivitäten aus Bereichen der Analysis
und der analytischen Geometrie insbesondere die Beschäftigung mit gewissen trigonometrischen und rationalen Funktionen gefördert wird. Didaktisch bemerkenswert dürfte auch
das – zumindest in der ersten Bearbeitungsphase typische
Zusammenspiel zwischen geometrischer Anschauung einerseits

und analytischer Praxis andererseits sein.

2. Bogenlänge am Kreis und am regulären n-Eck

Die bekannte Formel für die Bogenlänge am Kreis

$$b(r;\alpha) = \frac{2\pi}{360^\circ}\, r\alpha$$

ordnet jedem Paar (Radius; Zentriwinkel) eindeutig die zugehörige Bogenlänge zu;

$$b:\ (r;\alpha) \longmapsto b(r;\alpha)$$

ist daher eine Funktion. Dabei fällt auf:

(i) b ist eigentlich eine dreistellige
Funktion mit den Variablen Radius r,
Punkt P auf der Peripherie und orien-
tierter Zentriwinkel $\widehat{\alpha}$. (Abb. 1)

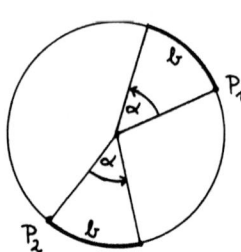

(ii) Bei konstantem α liegt eine Proportionalität zwischen r und b vor, da
alle Kreise untereinander ähnlich sind.

(iii) Auch bei konstantem r ist die Abbildung $\alpha \longmapsto b$ eine Proportionalität.

Abb. 1

Was läßt sich aus der eben geschilderten Perspektive über
die Bogenlängenfunktion sagen, wenn der Kreis durch ein
reguläres n-Eck ersetzt wird? Dabei sei der Ähnlichkeits-
parameter r als der Inkreisradius interpretiert.

Zu (i): b ist jetzt eine echt dreistellige Funktion:

$$b:\ (r;\, P;\, \alpha) \longmapsto b(r;\, P;\, \alpha)$$

Insbesondere ist hier für α eine Orientierung zu vereinbaren, etwa die mathematisch positive. (Abb. 2)

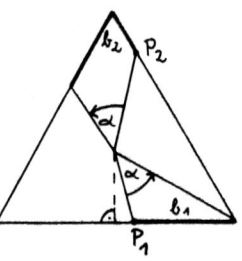

Sei r und α konstant. Für welche Punkte P ist die Bogenlänge gleich? Be -
zeichnet man mit Q den Endpunkt des zu
P gehörigen Bogenstückes der Länge b,

Abb. 2

so ist b nur für solche Punkte in-
variant, die entweder aus P durch
eine gleichsinnige oder aus Q
durch eine gegensinnige Abbildung
hervorgehen. (Abb. 3)

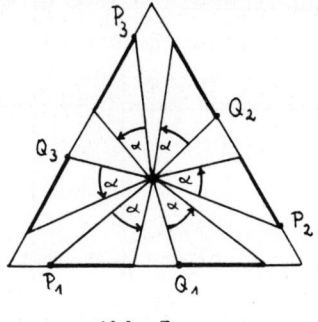

Zu (ii): Sei α konstant und "P konstant", d.h., P liege bei allen
Vielecken der betrachteten Klasse
an korrespondierenden Stellen.

Abb.3

Dann besteht zwischen r und b wie
im Fall des Kreises eine Proportionalität. Für die weiteren
Ausführungen kann man daher r als konstant voraussetzen.

Zu (iii): Für konstantes P und r ist die Abbildung $\alpha \longmapsto$ b
im allgemeinen keine Proportionalität mehr, abgesehen von
denjenigen Werten für α , die natürliche Vielfache von

$$\omega = \frac{360^{\circ}}{n}$$

sind: $b(k\,\omega) = k\,b(\omega)$, $k \in \mathbb{N}$. In diesem Fall ist sogar
b von P unabhängig. (Abb. 4)

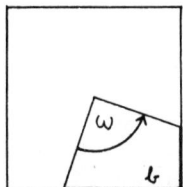 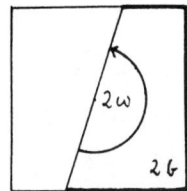 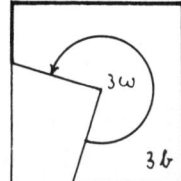 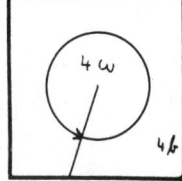

Abb. 4

3. Funktion für die Bogenlänge am Quadrat

Wir befassen uns nun eingehender mit der Bogenlängenfunktion für das Quadrat. Es zeigt sich nämlich, daß die Behandlung des Quadrates grundlegend ist für die allgemeine-
ren Untersuchungen am n-Eck.
Wir wählen r = 1, d.h., ein Quadrat mit der Seitenlänge 2.
Auf Grund der Symmetrieeigenschaften können wir uns auf den

Winkelbereich $0^o < \alpha < 90^o$ beschränken.

Die Kennzeichnung der Lage von P erfolgt durch eine Skalierung gemäß Abb. 5: $P \longmapsto x$ mit $-1 \leqq x < +1$.

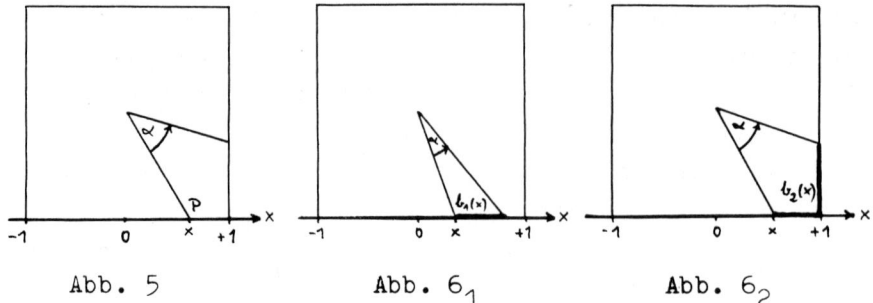

Abb. 5   Abb. 6_1 Abb. 6_2

Hier und im folgenden fassen wir α als Parameter auf. Je nach Bedarf schreiben wir für die Bogenlängenfunktion b oder auch b_α und bezeichnen mit B die Menge der Abbildungen b_α.

Die Abbildung $b: x \longmapsto b(x)$ ist auf Grund ihrer geometrischen Herleitung (Abb. 6_1 und 6_2) eine zusammengesetzte Funktion:

$$b = b_1 \cup b_2$$

Es gilt:

$$(1') \quad b: \begin{cases} b_1(x) = \tan(\alpha + \arctan x) - x \\ \qquad \text{mit} \quad -1 \leqq x < \tan(45^o - \alpha) \\[2mm] b_2(x) = 2 - x - \cot(\alpha + \arctan x) \\ \qquad \text{mit} \quad \tan(45^o - \alpha) \leqq x < +1 \end{cases}$$

Durch Anwendung der Additionstheoreme für tan und cot erhält man schließlich:

$$(1) \quad b: \begin{cases} b_1(x) = \dfrac{k + k x^2}{1 - k x} \qquad \Big| -1 \leqq x < \bar{k} \\[4mm] b_2(x) = \dfrac{2k - (1-x)^2}{x + k} \quad \Big| \ \bar{k} \leqq x < +1 \end{cases}$$

$$\text{mit} \quad k := \tan\alpha \ , \quad \bar{k} = \frac{1-k}{1+k} \ ; \quad 0 < k < +\infty.$$

Man kann nun wie üblich vorgehen:

(a) Für ein bestimmtes α (etwa $\alpha = 15^o$) wird die Funktion

134

tabelliert und graphisch dargestellt. Dabei erweist sich
ein entsprechend ausgestatteter Taschenrechner als wertvolles Hilfsmittel.
(b) Man stellt fest, daß b an der Nahtstelle einmal stetig
differenzierbar ist. Während die Stetigkeit anschaulich
völlig klar ist, kann dies von der Differenzierbarkeit
nicht ohne weiteres gesagt werden.
(c) Es lassen sich die Extremalpunkte bestimmen sowie die
relative Schwankungsbreite

$$\sigma_\alpha := \frac{b(x_{max}) - b(x_{min})}{b(x_{min})} = \bar{u}$$

mit $u := \tan \frac{\alpha}{2}$, $\bar{u} := \frac{1 - u}{1 + u}$. Ihr Maximum liegt bei $\alpha = 45^o$
und hat den Wert $\sigma_{45^o} = \tan 22,5^o \approx 41,4 \%$.
(d) Weiterhin kann man die anschaulich einsichtigen Grenzwerte von b_α verifizieren:

$$\lim_{\alpha \to 0^o} b_\alpha(x) = 0 \quad \text{und} \quad \lim_{\alpha \to 90^o} b_\alpha(x) = 2 .$$

Zur Ableitung b' sei noch bemerkt, daß ihre Ausführung insofern didaktisch reizvoll ist, als diese nicht erst durch Be-
zugnahme auf (1), sondern schon an (1') erfolgen kann. Der
Schüler hat so die Möglichkeit, die Differentiation trigonometrischer Funktionen bzw. deren Umkehrungen zu üben und
das Resultat an Hand des auf einem anderen Wege gewonnenen
Ergebnisses zu prüfen, und zwar unter Anwendung einschlägi-
ger trigonometrischer Identitäten.

4. Funktionsgraphen

Zunächst stellen wir die analytisch ermittelten wichtigsten
Informationen für die graphische Darstellung der Funktionen-
schar B zusammen. (Abb. 7)
1) Zwei Kurven der Schar B schneiden sich nicht.
2) Die Nahtstellen (na) liegen auf der Geraden mit der
   Gleichung $x + y = 1$.

3) Die Minima (mi) liegen auf der Geraden mit der Gleichung y = -2 x .
4) Die Maxima (ma) liegen auf der Geraden mit der Gleichung y = 2(1-x) .
5) Die Funktionswerte stimmen genau
an der Nahtstelle und den Rändern
überein.

Mit diesen Hinweisen ist man in der
Lage, ein qualitatives Bild der Kur-
verschar zu entwerfen. (Abb. 8)

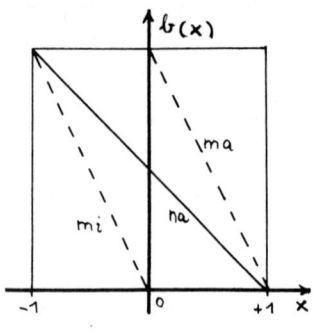

Abb. 7

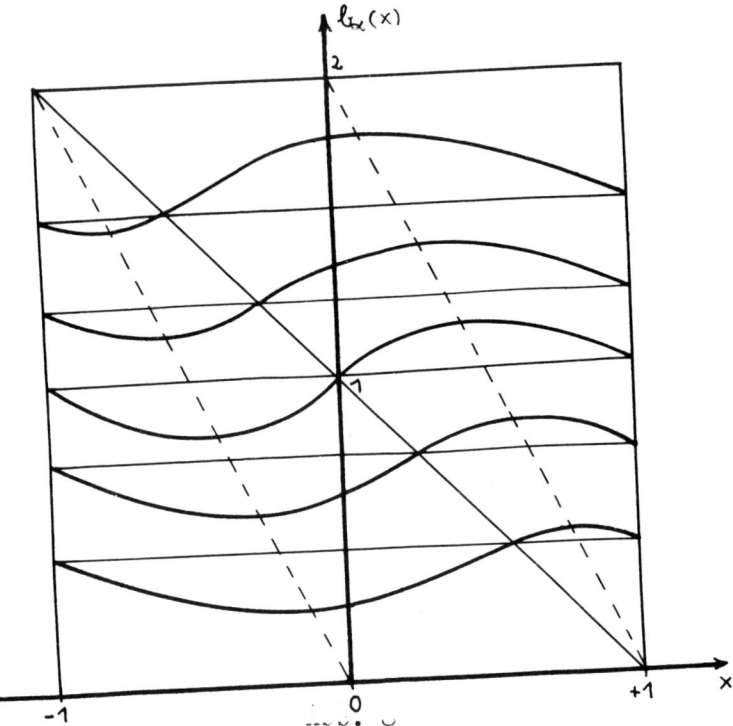

Die Anschauung legt die folgenden beiden Vermutungen nahe:
1. b_α geht durch Punktspiegelung an (0/1) in $b_{90°-\alpha}$ über.
(Abb. 9) Die Rechnung bestätigt dies, denn es gilt:

$$b_{90°-\alpha} (x) = 2 - b_\alpha (-x)$$

136

2. b_1 geht durch zentrische Streckung in b_2 über. Streckzentrum ist dabei die zugehörige Nahtstelle, der Strek-
kungsfaktor ist k. (Abb. 10) Demnach besteht die Identität

$$b_1(x) = 2 - \frac{1}{k} b_2(1 - k - k\,x) \ .$$

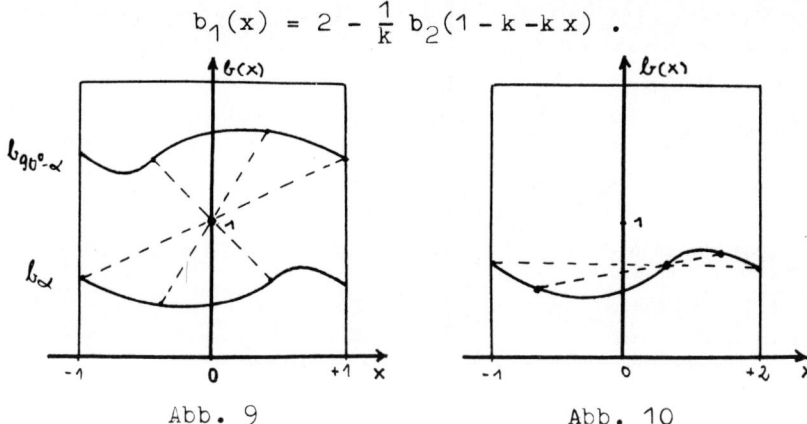

Abb. 9   Abb. 10

Interessant ist die Frage nach der Deutung dieser Resultate unmittelbar am Quadrat. Darüber hinaus ergeben sich einige weitere Probleme, die mit den Stichworten parallele
Tangenten, Flächeninhalte, Mittelwert, Wahrscheinlichkeit
für Abweichungen vom Mittelwert hier nur angedeutet seien.

5. Geometrische Analyse der Funktionsgraphen

Der geometrische Charakter der in Abb. 8 dargestellten
Kurven soll näher untersucht werden. Dazu genügt – wegen
der bestehenden Symmetrie – die Beschränkung auf den
Funktionsteil b_1. Mit $y = b_1(x)$ ergibt sich aus (1)

(2) $$x^2 + x\,y - \frac{1}{k}\,y + 1 = 0 \ .$$

Durch die Koordinatentransformation

$$\begin{pmatrix} \bar{x} \\ \bar{y} \end{pmatrix} = \frac{1}{2} \begin{pmatrix} \sqrt{2 - \sqrt{2}} & -\sqrt{2 + \sqrt{2}} \\ \sqrt{2 + \sqrt{2}} & \sqrt{2 - \sqrt{2}} \end{pmatrix} \begin{pmatrix} x - \frac{1}{k} \\ y + \frac{2}{k} \end{pmatrix}$$

geht (2) über in

$$\frac{\bar{x}^2}{\sqrt{2} + 1} - \frac{\bar{y}^2}{\sqrt{2} - 1} = 2\left(\frac{1}{k^2} + 1\right)$$

137

Der Graph von b_1 ist also Teilstück einer Hyperbel H_α .
(Abb. 11)

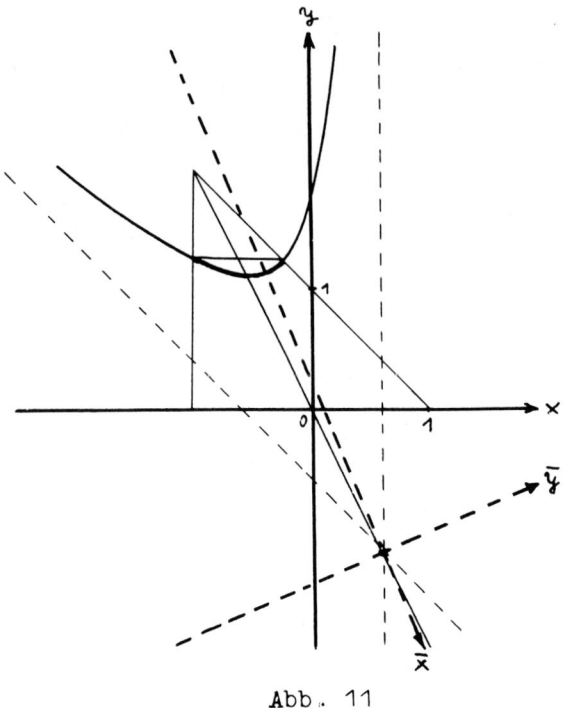

Abb. 11

Im folgenden sind die wichtigsten Resultate zusammengefaßt.
1. Die Achsen dieser Hyperbeln sind für variierendes α im
   x,y-Koordinatensystem zueinander parallel.
2. Die Asymptoten haben die Richtung der y-Achse bzw. der
   Winkelhalbierenden des 2. und 4. Quadranten.
3. Die Hyperbeln sind alle zueinander ähnlich. Der Ähnlich-
   keitsfaktor bei Abbildung von H_α auf H_β ist $\frac{\sin\alpha}{\sin\beta}$.
4. Nur für H_α , $H_{90^\circ-\alpha}$ sind die an der Kurvenschar B beteiligten Segmente der Hyperbeln zueinander ähnlich.

Es sei noch erwähnt, daß auf einem höheren Unterrichtsni-
veau durch Einführung geeigneter projektiver Abbildungen
sich weitere Untersuchungsmöglichkeiten für die Kurvenschar B ergeben.

6. Bogenlänge am n-Eck

Zur Aufstellung der Bogenlängenfunktion für das reguläre n-Eck verfahren wir
völlig analog wie im Fall
des Quadrats. (Abb. 12)
Wir wählen den Inkreisra-
dius 1 und beschränken
uns auf den Winkelbereich

$$0° < \alpha < \omega := \frac{360°}{n} \; .$$

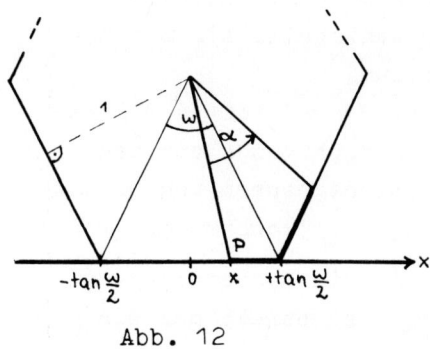

Abb. 12

Für die Bogenlängenfunktion s erhält man dann:

$$(3) \quad s: \begin{cases} s_1(x) = \dfrac{\tan\alpha + x^2 \tan\alpha}{1 - x\tan\alpha} \\[2mm] \text{für} \quad -\tan\frac{\omega}{2} \leqq x < \tan(\frac{\omega}{2} - \alpha) \\[4mm] s_2(x) = \dfrac{x - \tan(\omega - \alpha)}{1 + x\tan(\omega - \alpha)} - x + 2\tan\frac{\omega}{2} \\[2mm] \text{für} \quad \tan(\frac{\omega}{2} - \alpha) \leqq x < \tan\frac{\omega}{2} \end{cases}$$

Eine kleine Schwierigkeit bereitet der Fall n = 3, die sich
aber durch Grenzwertbildung beheben läßt.
Beim Vergleich von (3) mit (1) fällt auf, daß sich s_1 und b_1
lediglich im Definitionsbereich unterscheiden. Diese Beobachtung führt zur Gewinnung von s aus b.

Wir stellen nun die wichtigsten Eigenschaften der Funktion
s zusammen. Sie entsprechen weitestgehend den bekannten
Ergebnissen im Fall des Quadrats.
1) Die Lage der Nahtstellen (na), der Minima (mi) und der
Maxima (ma) zeigt die Abb. 13. (Vgl. Abb. 7)
2) Die Funktion s ist an der Nahtstelle einmal stetig differenzierbar.
3) Die Graphen von s_α und $s_{\omega-\alpha}$ sind zueinander punkt-
symmetrisch. Symmetriezentrum ist $(0/\tan\frac{\omega}{2})$.

4) s_1 geht über in s_2 durch zentrische Streckung mit der Nahtstelle als Streckzentrum.

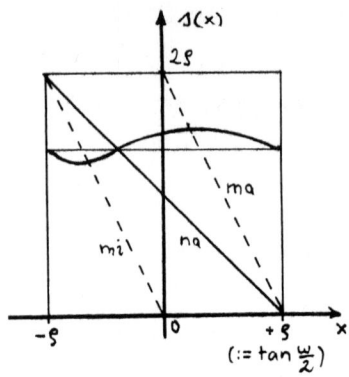

Abb. 13

5) Für $n > 3$ ist der Funktionsgraph von s aus den Funktionsgraphen von b_α und $b_{90°+\alpha-\omega}$ konstruierbar:

s_1 ist ein Ausschnitt von $b_{1/\alpha}$, s_2 erhält man als Ausschnitt aus $b_{2/90°+\alpha-\omega}$

und vertikaler Verschiebung an die Nahtstelle. (Abb. 14)

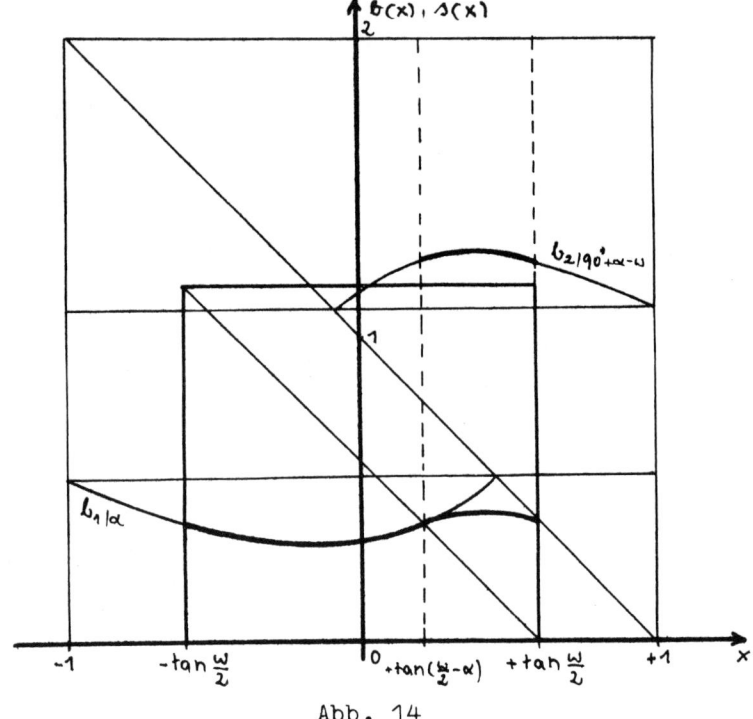

Abb. 14

Abschließend sei noch darauf hingewiesen, daß man bei der Ausführung der Rechnungen auf weitere Gesichtspunkte stößt, die hier nicht mehr aufgegriffen werden können.

140

P. Lesky

GRUNDBEGRIFFE DER FUNKTIONALANALYSIS UND APPROXIMATIONSTHEORIE IM SCHULUNTERRICHT

1. Metrische Begriffe

1.1 Metrische Räume. Bekannte Eigenschaften der Abstand-
messung (z.B. bei Landkarten) führen zur Erklärung einer
Abstandsfunktion. Ein metrischer Raum (M,d) besteht aus
einer Trägermenge M und einer Abstandsfunktion (Metrik)
$d : M \times M \to \mathbb{R}_0^+$ mit folgenden Eigenschaften:

$$d(a,b) = 0 \Leftrightarrow a = b \qquad (a,b \in M) \ , \qquad (1.1)$$

$$d(a,b) = d(b,a) \qquad (a,b \in M) \ , \qquad (1.2)$$

$$d(a,b) \leq d(a,c) + d(c,b) \qquad (a,b,c \in M) \ . \qquad (1.3)$$

Beispiel 1.1.1: Die Menge $\mathbb{R}^n$ der geordneten n - tupel
$(a_1,a_2,\dots,a_n), (b_1,b_2,\dots,b_n),\dots \quad (a_i,b_i \in \mathbb{R})$ wird mit

$$d_1((a_1,a_2,\dots,a_n),(b_1,b_2,\dots,b_n)) = \sum_{i=1}^{n} |b_i - a_i| \ ,$$

$$d_2((a_1,a_2,\dots,a_n),(b_1,b_2,\dots,b_n)) = \sqrt{\sum_{i=1}^{n} (b_i - a_i)^2},$$

$$d_3((a_1,a_2,\dots,a_n),(b_1,b_2,\dots,b_n)) = \underset{i=1,2,\dots,n}{\text{Max}} |b_i - a_i|$$

jeweils zu einem metrischen Raum.

Beispiel 1.1.2: Die Menge $C[a,b]$ der auf $[a,b]$ $(a < b)$ erklärten reellwertigen stetigen Funktionen $f,g,\dots$ wird
mit

$$d_1(f,g) = \int_a^b |g(x) - f(x)| \ dx \ ,$$

$$d_2(f,g) = \sqrt{\int_a^b (g(x) - f(x))^2 \ dx} \ ,$$

$$d_3(f,g) = \underset{a \leq x \leq b}{\text{Max}} |g(x) - f(x)| \ ,$$

jeweils zu einem metrischen Raum.

Beispiel 1.1.3: Den beliebigen Elementen a und b einer vorgegebenen Menge M wird

$$d(a,b) = \begin{cases} 1 & \text{für} \quad a \neq b \\ 0 & \text{für} \quad a = b \end{cases}$$

zugeordnet; (M,d) stellt einen metrischen Raum dar.

Das letzte Beispiel mit der diskreten Metrik zeigt, daß
bei metrischen Räumen noch ein wesentlicher Mangel gegenüber unserer Anschauung besteht: Je zwei verschiedene Elemente aus M haben immer denselben Abstand eins. Wir sind
jedoch gewohnt, daß auch Abstände zwischen je zwei verschiedenen Elementen hinsichtlich ihrer Größe unterscheidbar sind. Zur Behebung dieses Mangels werden wir jetzt Mengen V verwenden, die so strukturiert sind, daß eine "Vielfachenbildung" ihrer Elemente möglich ist. Solche Mengen V
sind zum Beispiel Trägermengen von Vektorräumen. In diesen
wird über die Norm eine Abstandsfunktion eingeführt, wobei
sich die Vielfachenbildung auch auf die Abstände überträgt.

1.2 Normierte Vektorräume. Wir legen einen reellen Vektorraum V zugrunde und weisen jedem Vektor $\vec{a}$ eine Norm (Länge)
$\|\vec{a}\|$ zu. Bei deren Einführung können wir zum Beispiel die
Erfahrungen mit Vektoren aus dem Anschauungsraum verwenden,
wobei stets im Auge behalten wird, daß die Länge des Dif-
ferenzvektors $\vec{b} - \vec{a}$ den Abstand $d(\vec{a},\vec{b})$ der Vektoren $\vec{a}$
und $\vec{b}$ liefern soll. Ein reeller normierten Vektorraum
$(V, \| \ \|)$ besteht aus einem reellen Vektorraum V und einer
Normfunktion (Längenfunktion $\| \ \| : V \to \mathbb{R}_0^+$ mit folgenden
Eigenschaften:

$$\|\vec{a}\| = 0 \Leftrightarrow \vec{a} = \vec{o} \qquad (\vec{a} \in V) , \qquad\qquad (1.4)$$

$$\|r \cdot \vec{a}\| = |r| \ \|\vec{a}\| \qquad (r \in \mathbb{R}, \ \vec{a} \in V) , \qquad\qquad (1.5)$$

$$\|\vec{a} + \vec{b}\| \leq \|\vec{a}\| + \|\vec{b}\| \qquad (\vec{a}, \ \vec{b} \in V) . \qquad\qquad (1.6)$$

Die Vielfachenbildung von Vektoren, die in V erklärt ist, überträgt sich wegen (1.5) auf die Länge der Vektoren. Man überprüft jetzt leicht, daß (V,d) mit

$$d(\vec{a},\vec{b}) = \|\vec{b} - \vec{a}\| \quad (\vec{a}, \vec{b} \in V) \tag{1.7}$$

einen metrischen Raum darstellt, in dem der oben genannte Mangel behoben ist.

<u>Beispiel 1.2.1</u>: Im reellen Vektorraum $\mathbb{R}^n$ entsteht für jeden Vektor $\vec{a} = (a_1, a_2, \ldots, a_n)$ mit Hilfe von

$$\|\vec{a}\|_1 = \sum_{i=1}^{n} |a_i| \, ,$$

$$\|\vec{a}\|_2 = \sqrt{\sum_{i=1}^{n} a_i^2} \, ,$$

$$\|\vec{a}\|_\infty = \underset{i=1,2,\ldots,n}{\text{Max}} |a_i|$$

jeweils eine Norm. Es handelt sich der Reihe nach um die Betragnorm, Quadratnorm (euklidische Norm) und die Maximumnorm.

Allgemein liefert $\|\vec{a}\|_p = [\sum_{i=1}^{n} |a_i|^p]^{\frac{1}{p}}$ für $1 \leq p < \infty$ eine Norm auf $\mathbb{R}^n$. Ist $|a_k| = \underset{i=1,2,\ldots,n}{\text{Max}} |a_i|$, dann erhalten wir

$$(\underset{i=1,2,\ldots,n}{\text{Max}} |a_i| =)$$

$$\sqrt[p]{|a_k|^p} \leq \|\vec{a}\|_p \leq \sqrt[p]{n|a_k|^p}$$

$$(= \sqrt[p]{n} \underset{i=1,2,\ldots,n}{\text{Max}} |a_i|)$$

und daher $\lim\limits_{p \to \infty} \|\vec{a}\|_p = \underset{i=1,2,\ldots,n}{\text{Max}} |a_i|$. Damit ist für die Maximumnorm die Schreibweise $\|\vec{a}\|_\infty$ begründet.

Für die drei angegebenen Normen läßt sich leicht die Gültig-keit der Ungleichungskette

$$\|\vec{a}\|_\infty \leq \|\vec{a}\|_2 \leq \|\vec{a}\|_1 \leq \sqrt{n}\,\|\vec{a}\|_2 \leq n\|\vec{a}\|_\infty \qquad (1.8)$$

nachweisen, der besondere Bedeutung beim Vergleich von Approximationen zukommt.

Beispiel 1.2.2: Im reellen Vektorraum (Funktionenraum) C[a,b] erklärt man für jede Funktion f mit Hilfe von

$$\|f\|_1 = \int_a^b |f(x)|\ dx\ ,$$

$$\|f\|_2 = \sqrt{\int_a^b f^2(x)\ dx}\ ,$$

$$\|f\|_\infty = \underset{a\leq x\leq b}{\operatorname{Max}} |f(x)|$$

jeweils eine Norm. Auch hier spricht man von Betragnorm, Quadratnorm und Maximumnorm.

Jetzt läßt sich für die drei angegebenen Normen nur die Gültigkeit von

$$\|f\|_1 \leq \sqrt{b-a}\,\|f\|_2 \leq (b-a)\,\|f\|_\infty \qquad (1.9)$$

zeigen.

Beispiel 1.2.3: Ist in einem reellen Vektorraum V eine Abstandsfunktion

$$d(\vec{a},\vec{b}) = \begin{cases} 1 & \text{für}\ \ \vec{a} \neq \vec{b} \\ 0 & \text{für}\ \ \vec{a} = \vec{b} \end{cases}$$

erklärt, dann läßt sich diese - wie zu erwarten - nicht nach (1.7) aus einer Norm gewinnen. Das geht schon aus der Gegenüberstellung von

$$d(\vec{o},\vec{a}) = 1 \quad \text{und} \quad d(\vec{o},r\cdot\vec{a}) = 1 \qquad (r \neq 0,\ \vec{a} \neq \vec{o})$$

hervor.

1.3 Skalarprodukträume. Neben der Längenmessung von Vektoren fehlt uns noch die Winkelmessung zwischen je zwei Vektoren; diese werden wir mit Hilfe eines Skalarproduktes ermöglichen. Wir legen wieder einen reellen Vektorraum V zugrunde und weisen je zwei Vektoren $\vec{a}$ und $\vec{b}$ ein Skalarprodukt zu. Bei dessen Einführung können wir zum Beispiel Erfahrungen aus der analytischen Geometrie, die im Zusammenhang mit der Winkelmessung stehen, verwenden. Ein reeller Skalarproduktraum $(V, \langle \ \rangle)$ besteht aus einem reellen Vektorraum V und einem Skalarprodukt $\langle \ \rangle : V \times V \to \mathbb{R}$ mit folgenden Eigenschaften

$$\langle \vec{a}, \vec{a} \rangle > 0 \quad \text{für} \quad \vec{a} \neq \vec{o} \qquad\qquad (\vec{a} \in V) , \qquad (1.10)$$

$$\langle \vec{a}, \vec{b} \rangle = \langle \vec{b}, \vec{a} \rangle \qquad\qquad (\vec{a}, \vec{b} \in V) , \qquad (1.11)$$

$$\langle \vec{a}, r \cdot \vec{b} + s \cdot \vec{c} \rangle = r \langle \vec{a}, \vec{b} \rangle + s \langle \vec{a}, \vec{c} \rangle \quad (r, s \in \mathbb{R}; \vec{a}, \vec{b}, \vec{c} \in V). \quad (1.12)$$

Nun läßt sich zeigen, daß in jedem reellen Skalarproduktraum die CAUCHY - SCHWARZsche Ungleichung

$$|\langle \vec{a}, \vec{b} \rangle| \leq \sqrt{\langle \vec{a}, \vec{a} \rangle \langle \vec{b}, \vec{b} \rangle} \qquad\qquad (\vec{a}, \vec{b} \in V) \qquad (1.13)$$

gilt; das Gleichheitszeichen tritt genau dann auf, wenn $\vec{a}$ und $\vec{b}$ linear abhängig sind.

Für den Winkel ϕ zwischen zwei Vektoren kann man daher einfach

$$\cos \phi = \frac{\langle \vec{a}, \vec{b} \rangle}{\sqrt{\langle \vec{a}, \vec{a} \rangle \langle \vec{b}, \vec{b} \rangle}} \qquad (0 \leq \phi \leq \pi) \qquad (1.14)$$

einführen. Von besonderer Bedeutung ist der Fall, daß $\langle \vec{a}, \vec{b} \rangle = 0$ mit $\vec{a} \neq \vec{o}$ und $\vec{b} \neq \vec{o}$ gilt. Dann hat man $\phi = \frac{\pi}{2}$ und sagt, die Vektoren $\vec{a}$ und $\vec{b}$ seien zueinander orthogonal. Darüber hinaus wird auch dem Nullvektor $\vec{o}$ die Orthogonalitätseigenschaft bezüglich jeden Vektors zugeschrieben.

Unter Verwendung der CAUCHY - SCHWARZschen Ungleichung läßt sich jetzt zeigen, daß jeder reelle Skalarproduktraum $(V, \langle \ \rangle)$ durch Einführung der Norm

$$\|\vec{a}\| = \sqrt{\vec{a},\vec{a}} \qquad (\vec{a} \in V) \qquad\qquad (1.15)$$

zu einem reellen normierten Vektorraum $(V,\|\ \|)$ wird. Umgekehrt läßt sich in einem reellen normierten Vektorraum $(V, \|\ \|)$ genau dann ein Skalarprodukt einführen, das nach (1.15) mit der vorgegebenen Norm zusammenhängt, wenn die <u>Parallelogrammgleichung</u> gilt:

$$\|\vec{a}+\vec{b}\|^2 + \|\vec{a}-\vec{b}\|^2 = 2\|\vec{a}\|^2 + 2\|\vec{b}\|^2 \qquad (\vec{a},\vec{b} \in V). \qquad (1.16)$$

<u>Beispiel 1.3.1</u>: Es zeigt sich, daß von den Normen, die im Beispiel 1.2.1 eingeführt wurden, nur die Quadratnorm die Parallelogrammgleichung erfüllt. Aus

$$\|\vec{a}+\vec{b}\|_2^2 - \|\vec{a}-\vec{b}\|_2^2 = \langle \vec{a}+\vec{b},\ \vec{a}+\vec{b}\rangle - \langle \vec{a}-\vec{b},\ \vec{a}-\vec{b}\rangle = 4\langle \vec{a},\vec{b}\rangle$$

findet man für das Skalarprodukt

$$\langle \vec{a},\vec{b}\rangle = \tfrac{1}{4}\big[\|\vec{a}+\vec{b}\|_2^2 - \|\vec{a}-\vec{b}\|_2^2\big] = \sum_{i=1}^{n} a_i b_i \ . \qquad (1.17)$$

<u>Beispiel 1.3.2</u>: Von den Normen aus dem Beispiel 1.2.2 erfüllt wieder nur die Quadratnorm die Parallelogrammgleichung; wir erhalten entsprechend dem vorhergehenden Beispiel für das Skalarprodukt

$$\langle f,g\rangle = \int_a^b f(x)\,g(x)\,dx \ . \qquad (1.18)$$

Abschließend sei noch auf das SCHMIDTsche Orthogonalisierungsverfahren hingewiesen, mit dem eine sukzessive Orthogonalisierung und Normierung von linear unabhängigen Vektoren erfolgen kann.

2. Approximation in endlichdimensionalen Vektorräumen

<u>2.1 Abweichungsmaß bei der Approximation von Meßserien.</u> Die aus Messungen hervorgegangenen n geordneten Paare (x_i,y_i) $(x_i \neq x_k$ für $i \neq k$, $n \geq 2)$ fassen wir in einer Meßserie zusammen. Nun sollen durch die Meßserie "möglichst günstig"

einfache Näherungsfunktionen f gelegt werden. Die mathematische Erfassung des Begriffes "möglichst günstig" kann über die Gesamtheit der _Abweichungen_ $f(x_i) - y_i$ $(i = 1,2,\ldots,n)$ erfolgen. Die einfachsten derartigen Versuche, bei denen anschauliche Argumente wieder eine entscheidende Rolle spielen, führen auf die _Abweichungsmaße_

$$A_1 = \sum_{i=1}^{n} |f(x_i) - y_i| \quad , \quad A_2 = \sqrt{\sum_{i=1}^{n} (f(x_i) - y_i)^2}$$

$$A_\infty = \underset{i=1,2,\ldots,n}{\text{Max}} |f(x_i) - y_i| \quad ;$$

die Funktionen f sind so zu wählen, daß diese Abweichungsmaße möglichst klein werden.

Schon bei der Gewinnung der Abweichungsmaße zeigt sich, daß deren Eigenschaften formal mit gewissen Normeigenschaften übereinstimmen. Wir versuchen daher, normierte Vektorräume zu finden, die unseren Approximationsaufgaben angepaßt sind. Dann können alle Eigenschaften von normierten Vektorräumen zur Behandlung unserer Aufgaben herangezogen werden.

Beim Entstehen einer Meßserie werden zu beliebig gewählten und dann festgehaltenen x_i die y_i gemessen $(i = 1,2,\ldots,n)$. Wegen der festgehaltenen x_i können wir die ganze Meßserie allein durch das geordnete n - tupel $(y_1,y_2,\ldots,y_n)$ beschreiben. Verschiedene Meßserien, die sich stets auf dieselben vorgegebenen x_i beziehen, gehören dann dem reellen Vektorraum $\mathbf{R}^n$ an. Zu einer Funktion f gehört in diesem Vektorraum das geordnete n - tupel $(f(x_1), f(x_2), \ldots , f(x_n))$.

Führen wir auf dem reellen Vektorraum $\mathbf{R}^n$, der zu den festgehaltenen x_i gehört, wie im Beispiel 1.2.1 die Betragnorm, Quadratnorm oder Maximumnorm ein, dann entsprechen die Abweichungsmaße der Länge der Differenzvektoren $(f(x_1), \ldots \ldots , f(x_n)) - (y_1,\ldots , y_n)$ in den verwendeten Normen. Unsere Approximationsaufgaben bestehen also in der Sprache der normierten Vektorräume darin, f so zu wählen, daß der Vektor $(f(x_1), \ldots, f(x_n))$ vom Vektor $(y_1, \ldots, y_n)$ möglichst kleinen Abstand hat.

2.2 Approximation von Meßserien mit Hilfe von Polynomen. Es empfiehlt sich nun, an zahlreichen Aufgaben, in denen mit $x \mapsto c$, $x \mapsto ax$ und $x \mapsto d_1 x + d_o$ bezüglich der drei angegebenen Normen möglichst günstig approximiert wird, die allgemeinen Gesetzmäßigkeiten bei der Approximation mit Hilfe von Polynomfunktionen zu erarbeiten. Wir greifen einen Spezialfall, der sich auf die Approximation in der Quadratnorm bezieht, heraus.

Beispiel 2.1.1: Die Meßserie besteht aus (x_1, y_1) und (x_2, y_2) . Unter allen reellwertigen Näherungsfunktionen $x \mapsto ax$ $(a \in \mathbb{R})$ ist diejenige Funktion $x \mapsto a'x$ zu suchen, für die das Abweichungsmaß

$$A_2 = \sqrt{\sum_{i=1}^{2} (ax_i - y_i)^2}$$

minimal wird.

Wir halten x_1 und x_2 fest und beschreiben die zugehörigen Meßwerte y_1 und y_2 durch den Meßvektor $\vec{y} = (y_1, y_2)$. Die zu x_1 und x_2 gehörenden Näherungswerte werden durch den allgemeinen Näherungsvektor $\overrightarrow{ax} = (ax_1, ax_2)$ erfaßt ($\overrightarrow{ax}$ ist das a - fache des speziellen Näherungsvektors $\vec{x} = (x_1, x_2)$) . Durchläuft a alle reellen Zahlen, dann erzeugen die Vektoren $\overrightarrow{ax}$ einen eindimensionalen Unterraum des $\mathbb{R}^2$.

In diesem Unterraum müssen wir denjenigen Vektor $\overrightarrow{a'x} = (a'x_1, a'x_2)$ suchen, der vom Vektor $\vec{y} = (y_1, y_2)$ den kleinesten Abstand hat (bzw. der Vektor $\overrightarrow{a'x} - \vec{y}$ muß unter allen Vektoren $\overrightarrow{ax} - \vec{y}$ die kleinste Länge haben). Von der geometrischen Anschauung her wissen wir, daß $\overrightarrow{a'x} - \vec{y}$ mit der kleinsten Länge zu allen Vektoren $\overrightarrow{ax}$ des Unterraumes (zum Unterraum) orthogonal ist. Wir müssen also

$\langle \vec{a'x} - \vec{y}, \vec{x} \rangle = 0$ fordern

und erhalten daraus

$$a' = \frac{\langle \vec{x}, \vec{y} \rangle}{\langle \vec{x}, \vec{x} \rangle} = \frac{\sum\limits_{i=1}^{2} x_i y_i}{\sum\limits_{i=1}^{2} x_i^2}$$

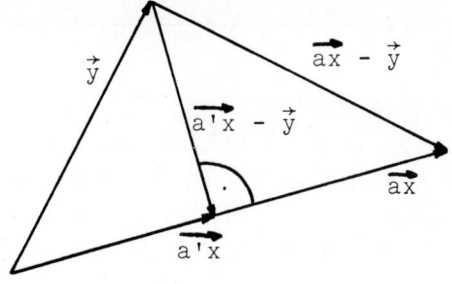

Es zeigt sich, daß eine derartige Orthogonalitätseigenschaft bei Skalarprodukträumen $(V, \langle \rangle)$ unter gewissen Voraussetzungen zum bestapproximierenden Element führt. Die Näherungsvektoren erzeugen einen Unterraum $(U, \langle \rangle)$, aus dem derjenige Vektor $\vec{u}'$ gesucht wird, der vom Meßvektor $\vec{y}$ den kleinsten Abstand hat (bzw. $\vec{u}' - \vec{y}$ muß unter allen $\vec{u} - \vec{y}$ mit $\vec{u}$ aus U die kleinste Länge haben). Ist U endlichdimensional (oder wenigstens vollständig), dann kommt dieser Eigenschaft stets dem Differenzvektor $\vec{u}' - \vec{y}$ zu, der zu allen Vektoren des Unterraumes U (zum Unterraum U) orthogonal ist (HILBERTscher Projektionssatz).

Für endliche Meßräume V läßt sich der erforderliche Beweis ganz einfach (Schulniveau) führen, denn alle beteiligten Vektoren können als endliche Linearkombination von orthogonalen und normierten Basisvektoren ausgedrückt werden.

Neben dieser "Vektorraummethode" steht zum Vergleich auch eine "direkte Methode" zur Verfügung, bei der mit Hilfe quadratischer Ergänzung das bestapproximierende Element bezüglich der Quadratnorm gefunden werden kann.

Die oben genannten Einführungsbeispiele führen bei der Approximation mit Hilfe von Polynomen in der Betragnorm bzw. Maximumnorm ebenfalls zu interessanten Aussagen. So erkennt man, daß bei der Approximation der Meßwerte $y_1, y_2, \ldots, y_n$ mit Hilfe von $d_m x^m + \ldots + d_o$ $(d_i \in \mathbb{R})$ in der Betragnorm aus der Bedingung

$$\sum_{i=1}^{n} (d_m x_i^m + \ldots + d_o)\operatorname{sign}(d_m' x_i^m + \ldots + d_o' - y_i) = 0 \qquad (2.1)$$

das bestapproximierende Polynom $d_m' x^m + \ldots + d_o'$ hervorgeht.
Man beachte, daß hier trotz der Verwendung des normierten
Raumes $(\mathbb{R}^n, \|\ \|_1)$ das bestapproximierende Polynom aus einer
Orthogonalitätsforderung, die sich auf den Skalarprodukt-
raum $(\mathbb{R}^n, \langle\ \rangle)$ bezieht, hervorgeht.

Bei den entsprechenden Approximationsaufgaben in der Maximumnorm lassen sich bestapproximierende Polynome höchstens
m - ten Grades finden, wenn m + 2 <u>Alternantenpunkte</u> vorliegen;
in diesen tritt die Maximalabweichung der Polynomwerte von
den Meßwerten mit alternierenden Vorzeichen auf.

3. Approximation in unendlichdimensionalen Vektorräumen.

3.1 Begriffe der Analysis in metrischen Räumen. Zur Vorbe-
reitung der Approximation in unendlichdimensionalen Vektorräumen wird zunächst gezeigt, wie die aus der Analysis bekannten Begriffe "Grenzwerte von Folgen" und "Stetigkeit
von Funktionen" in metrischen Räumen zu formulieren sind.
Hier spielen die <u>CAUCHY - Folgen</u> ("Konvergenz ohne Grenzwert")
und die Vollständigkeitsfrage eine entscheidende Rolle. Ein
metrischer Raum (M,d) heißt <u>vollständig</u>, wenn jede CAUCHY -
Folge mit Elementen aus M gegen ein Grenzelement aus M konvergiert.

Handelt es sich bei einem metrischen Raum um einen vollstän-
digen normierten Vektorraum, wobei die Metrik nach (1.7) aus
der Norm hervorgeht, dann spricht man von einem <u>BANACH-Raum</u>.
So ist zum Beispiel der Raum $(\mathbb{R}, |\ |)$, in dem die Vektoren
einfach die reellen Zahlen sind, mit $d(a,b) = |b - a|$
$(a,b \in \mathbb{R})$ ein BANACH - Raum, während das für den Raum $(\mathbb{Q}, |\ |)$
wegen mangelnder Vollständigkeit nicht zutrifft.

Liegt sogar ein vollständiger Skalarproduktraum vor, in dem
die Metrik über (1.15) und (1.7) aus dem Skalarprodukt her-

vorgeht, dann handelt es sich um einen HILBERT - Raum.

3.2 Approximation von stetigen Funktionen. Wir approximieren
jetzt im reellen (unendlichdimensionalen) Raum C [a,b] der
über [a,b] erklärten reellwertigen stetigen Funktionen, in
dem wie im Beispiel 1.2.2 die Betragnorm, Quadratnorm oder
Maximumnorm eingeführt ist.

Im Falle der Quadratnorm, die als einzige nach (1.15) aus ei-
men Skalarprodukt hervorgeht, gilt wieder der HILBERTsche
Projektionssatz. Das bestapproximierende Element kann, falls
der Unterraum der Näherungsfunktionen endlichdimensional
oder wenigstens vollständig ist, wieder mit Hilfe der Ortho-
gonalität zum Unterraum berechnet werden.

Soll eine Funktion f aus C [a,b] mit Hilfe von Polynomen
$d_m x^m + \ldots + d_o$ ($d_i \in \mathbb{R}$) höchstens m - ten Grades in x in der
Quadratnorm möglichst günstig approximiert werden, dann for-
dert man, daß das Abweichungsmaß

$$A_2(d_m,\ldots,d_o) = \sqrt{\int_a^b [d_m x^m + \ldots + d_o^n - f(x)]^2 dx}$$

möglichst klein wird. Hier empfiehlt es sich, von vornherein
die x - Potenzen im Intervall [a,b] zu orthogonalisieren und
zu normieren, d.h. man stellt Polynome $p_i(x)$ mit der Eigenschaft

$$\int_a^b p_i(x) p_k(x) dx = \begin{cases} 0 & \text{für } i \neq k \\ 1 & \text{für } i = k \end{cases} \qquad (3.1)$$

her. Anstelle des obigen Abweichungsmaßes ist dann

$$A_2(u_m,\ldots,u_o) = \int_a^b [\sum_{i=o}^m u_i p_i(x) - f(x)]^2 dx$$

möglichst klein zu machen. Jetzt ist es sehr einfach, die u_i
so zu bestimmen, daß A_2 minimal wird. Mit Hilfe quadratischer
Ergänzungen erhalten wir

$$A_2^2(u_m,\ldots,u_o) = \sum_{i=o}^m u_i^2 - 2 \sum_{i=o}^m u_i \underbrace{\int_a^b f(x) p_i(x) dx}_{u_i'} + \int_a^b f^2(x) dx$$

$$= \sum_{i=0}^{m} (u_i - u_i')^2 + \int_a^b f^2(x)\, dx - \sum_{i=0}^{m} u_i'^2 \, .$$

Da nur noch die u_i frei gewählt werden können, sieht man unmittelbar, daß für $u_i = u_i'$ das Abweichungsmaß minimal wird. Die

$$u_i' = \int_a^b f(x)\, p_i(x)\, dx \qquad (i = 0,1,\ldots,m)$$

heißen <u>Fourierkoeffizienten</u> der Funktion f bezüglich des normierten Orthogonalsystems $\{p_o(x),\ p_1(x),\ldots,p_m(x)\}$ über $[a,b]$.

Früher hat man vorwiegend mit Hilfe von trigonometrischen Funktionen in der Quadratnorm approximiert, da diese automatisch Orthogonalitätseigenschaften besitzen. Man sieht aber sehr rasch, daß den Polynomen wesentlich bessere Approximationseigenschaften zukommen.

Nun ergibt sich die Frage, ob man bei entsprechender Erweiterung des normierten Orthogonalsystems die Approximation beliebig genau machen kann (das Abweichungsmaß A_2 nimmt gegen null ab). Damit in Zusammenhang steht der Begriff der Fourierreihe

$$\sum_{i=1}^{\infty} u_i\, p_i(x)$$

und die Konvergenz im Mittel

$$\lim_{m \to \infty} \int_a^b \left[\sum_{i=1}^{m} u_i\, p_i(x) - f(x)\right]^2 dx = 0 \, .$$

Bei der Approximation einer Funktion f aus C[a,b] mit Hilfe von Polynomen $q_m(x)$ höchstens m-ten Grades in x kann das bestapproximierende Polynom $q_m'(x)$ mit Hilfe der Bedingung

$$\int_a^b q_m(x) \operatorname{sign}(q_m'(x) - f(x))\, dx = 0 \qquad\qquad (3.2)$$

gewonnen werden. Approximiert man in der Maximumnorm, dann ist das bestapproximierende Polynom über m+2 Alternantenpunkte, in denen alternierend die Maximalabweichungen

$\underset{a \leq x \leq b}{\text{Max}} |q_m'(x) - f(x)|$ auftreten, zu ermitteln.

Beispiel 3.1: Die Funktion $x \longmapsto e^x$ ist in $[0,1]$ mit Hilfe von Polynomen höchstens ersten Grades in x in der Quadrat-norm, Betragnorm und Maximumnorm möglichst günstig zu appro-ximieren.

a) Quadratnorm: Die Orthogonalisierung und Normierung von $x \longmapsto 1$ und $x \longmapsto x$ in $[0,1]$ liefert $p_o(x) = 1$ und $p_1(x) =$ $= 2\sqrt{3}\,(x - \frac{1}{2})$. Aus den Fourierkoeffizienten

$$u_o' = \int_0^1 e^x dx = e - 1 \ ,$$

$$u_1' = \int_0^1 e^x \, 2\sqrt{3}(x - \frac{1}{2}) \, dx = \sqrt{3}(3 - e)$$

geht das bestapproximierende Polynom $6(3 - e)x + 2(2e - 5)$ in der Quadratnorm hervor.

b) Betragnorm: Aus der Bedingung (3.2) berechnen wir die
Punkte ξ und η. Da für $q_m(x)$
alle Polynome ersten Grades
in Frage kommen, genügt es,
die Bedingung (3.2) mit den
Polynomen 1 und x zu erfüllen.
Somit fordern wir

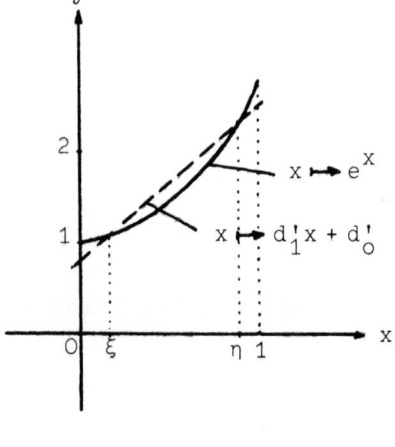

$\int_0^{\xi}(-1)dx + \int_{\xi}^{\eta}dx + \int_{\eta}^1 (-1) \, dx = 0$

$\int_0^{\xi}x(-1)dx + \int_{\xi}^{\eta}x \, dx + \int_{\eta}^1 x(-1)dx = 0$.

Daraus ergeben sich $2\eta - 2\xi = 1$ und $2\eta^2 - 2\xi^2 = 1$, woraus $\xi = \frac{1}{4}$ und $\eta = \frac{3}{4}$ folgen. Die bestapproximierende lineare Funk-tion muß also die geordneten Paare $(\frac{1}{4}, e^{1/4})$ und $(\frac{3}{4}, e^{3/4})$ enthalten; somit entsteht als bestapproximierendes Polynom

$$2(e^{3/4} - e^{1/4})x + \frac{1}{2}(3e^{1/4} - e^{3/4}) .$$

c) <u>Maximumnorm</u>: Die Maximalabweichung c muß in den Randpunkten und in ξ alternierend auftreten; das liefert

$$1 - d_0' = c$$

$$d_1'\xi + d_0' - e^\xi = c$$

$$e - d_1' - d_0' = c .$$

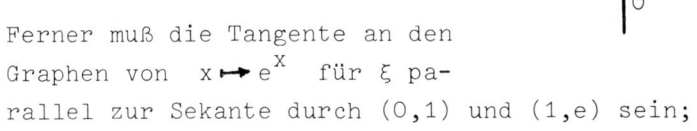

Ferner muß die Tangente an den
Graphen von $x \mapsto e^x$ für ξ pa-
rallel zur Sekante durch $(0,1)$ und $(1,e)$ sein; daraus ergibt
sich

$$d_1' = e^\xi .$$

Aus den vier Gleichungen ermittelt man $d_1' = e - 1$, $\xi = \ln(e-1)$, $d_0' = \frac{1}{2}[e - (e - 1)\ln(e - 1)]$ und $c = \frac{1}{2}[2 - e + (e - 1)\ln(e - 1)]$. Das bestapproximierende Polynom ist also

$$(e - 1) x + \frac{1}{2}[e - (e - 1)\ln(e - 1)] .$$

Literatur

L. COLLATZ - J. ALBRECHT: Aufgaben aus der angewandten
              Mathematik, Vieweg (1972)
H. HEUSER: Funktionalanalysis, Teubner (1975)
I.P. NATANSON: Konstruktive Funktionentheorie,
              Akademie-Verlag (1955)
I.S. BERESIN - N.P. SHIDKOW: Numerische Methoden,
              Deutscher Verlag der Wissenschaften (1970)

G. Malle

ZUR BEHANDLUNG DER KIRCHHOFFSCHEN GESETZE IM UNTERRICHT

Dieser Beitrag entstammt dem Wunsch, eine gemeinsame Anwendung der Graphentheorie und der linearen Algebra auf einen gängigen Stoff der Schulphysik zu finden. Die folgende Aufgabe wird behandelt : Ein elektrisches Netzwerk sei als gerichteter Graph dargestellt. Für jede Kante e_j $(1 \leq j \leq m)$ sei ihr elektrischer Widerstand R_j (>0) und ihre Treibspannung U_j (in der Richtung von e_j gemessen) gegeben. Zu berechnen sind die Stromstärken I_j in den einzelnen Kanten e_j (in der Richtung von e_j gemessen).

Es werden die mathematischen Grundlagen dieser Aufgabe in einer Weise angeboten, die Ansatzpunkt für die schulische Behandlung sein kann. Die eher deduktiv gehaltene Darstellung dürfte jedoch in dieser Form noch nicht direkt in die Schulstube übertragbar sein, sondern einer weiteren, genetischen Aufbereitung bedürfen.

1. Büschelvektoren

Wir betrachten einen zusammenhängenden, gerichteten Graphen X (ohne Mehrfachkanten und ohne Schlingen) und denken uns die Knoten und die Kanten von X irgendwie (in einer festen Reihenfolge) durchnumeriert. Die Knotenmenge des Graphen sei etwa $V(X) = \left\{ v_1, v_2, \ldots v_n \right\}$, die Kantenmenge des Graphen sei $E(X) = \left\{ e_1, e_2, \ldots e_m \right\}$. Unter dem <u>Büschel mit dem Zentrum v</u> verstehen wir die Menge der mit dem Knoten v inzidierenden Kanten. Unter dem <u>Büschelvektor des Knotens v</u> verstehen wir ein m-tupel $\mathscr{b} = (b_1, b_2, \ldots b_m)$, wobei

$$b_j = \begin{cases} 0, & \text{wenn die Kante } e_j \text{ nicht mit dem Knoten v inzidiert} \\ 1, & \text{wenn die Kante } e_j \text{ zum Knoten v hinführt} \\ -1, & \text{wenn die Kante } e_j \text{ vom Knoten v wegführt} \end{cases}$$

Betrachten wir z.B. den Graphen der Abbildung 1. Die Büschelvektoren der einzelnen Knoten sind :

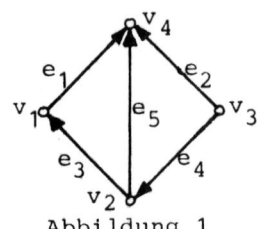

Knoten v_1 : ℓ_1 = (-1, 0, 1, 0, 0)

Knoten v_2 : ℓ_2 = (0, 0,-1, 1,-1)

Knoten v_3 : ℓ_3 = (0,-1, 0,-1, 0)

Knoten v_4 : ℓ_4 = (1, 1, 0, 0, 1)

Abbildung 1

<u>Hilfssatz 1</u> : $\sum\limits_{i=1}^{n} \ell_i = o$

<u>Beweis</u> : Führt eine Kante e_j $(1 \le j \le m)$ vom Knoten v_p zum Knoten v_q, so ist die j-te Koordinate von ℓ_p gleich -1, die j-te Koordinate von ℓ_q gleich 1, während die j-ten Koordinaten aller anderen Büschelvektoren null sind. Daraus folgt die Behauptung. $\quad\square$

<u>Hilfssatz 2</u> : $\lambda_1 \ell_1 + \lambda_2 \ell_2 + \dots + \lambda_n \ell_n = o \iff \lambda_1 = \lambda_2 = \dots = \lambda_n$

<u>Beweis</u> : I.) Sei $\lambda_1 = \lambda_2 = \dots = \lambda_n = \lambda$. Dann gilt nach Hilfssatz 1 $\lambda_1 \ell_1 + \lambda_2 \ell_2 + \dots + \lambda_n \ell_n = \lambda \cdot \sum\limits_{i=1}^{n} \ell_i = o$.

II.) Sei $\sum\limits_{i=1}^{n} \lambda_i \ell_i = o$. Führt eine Kante e_j $(1 \le j \le m)$ vom Knoten v_p zum Knoten v_q, so lautet die j-te Koordinaten-gleichung dieser Vektorgleichung $\lambda_q - \lambda_p = 0$, d.h. $\lambda_p = \lambda_q$. Die Koeffizienten, die zu den Endknoten einer beliebigen Kante gehören, sind also gleich. Daraus folgt wegen des Zusammenhanges des Graphen $\lambda_1 = \lambda_2 = \dots = \lambda_n$. $\quad\square$

<u>Satz 1</u> : Je n-1 der n Büschelvektoren eines Graphen bilden eine Basis für die Menge der Büschelvektoren.

<u>Beweis</u> : a) Wir betrachten n-1 der Büschelvektoren, etwa $\ell_1, \ell_2, \dots \ell_{n-1}$. Diese sind linear unabhängig, denn wäre

$$\lambda_1 \ell_1 + \lambda_2 \ell_2 + \dots + \lambda_{n-1} \ell_{n-1} = o \, ,$$

wobei nicht alle $\lambda_i = 0$ $(1 \le i \le n-1)$, dann wäre

$$\lambda_1 \ell_1 + \lambda_2 \ell_2 + \dots + \lambda_{n-1} \ell_{n-1} + 0 \cdot \ell_n = o \, .$$

Daraus folgt nach Hilfssatz 2 $\lambda_1 = \lambda_2 = \dots = \lambda_{n-1} = 0$.

b) Aus $\sum\limits_{i=1}^{n} \ell_i = o$ folgt $\ell_n = - \ell_1 - \dots - \ell_{n-1}$. $\quad\square$

2. Zyklenvektoren

Unter einem __Zyklenvektor eines Kreises__ verstehen wir ein m-tupel $\mathcal{L} = (c_1, c_2, \ldots c_m)$, wobei bei einem willkürlich festgesetzten Durchlaufungssinn des Kreises

$$c_j = \begin{cases} 0, \text{ wenn die Kante } e_j \text{ im Kreis nicht vorkommt} \\ 1, \text{ wenn die Richtung von } e_j \text{ mit dem Durchlaufungssinn} \\ \qquad\qquad\qquad \text{des Kreises übereinstimmt} \\ -1, \text{ wenn die Richtung von } e_j \text{ mit dem Durchlaufungssinn} \\ \qquad\qquad\qquad \text{des Kreises nicht übereinstimmt} \end{cases}$$

Klarerweise gehören zu jedem Kreis zwei Zyklenvektoren $\mathcal{L}$ und $-\mathcal{L}$, entsprechend den beiden Möglichkeiten des Durchlaufungssinns.

Betrachten wir z.B. den Graphen in Abbildung 1. Die Zyklenvektoren der Kreise sind, wenn alle Kreise im Gegenuhrzeigersinn durchlaufen werden :

$$\begin{array}{lll} \text{Kreis } v_1 v_2 v_4 & : & \mathcal{L}_1 = (-1,\ 0,-1,\ 0,\ 1) \\ \text{Kreis } v_2 v_3 v_4 & : & \mathcal{L}_2 = (\ 0,\ 1,\ 0,-1,-1) \\ \text{Kreis } v_1 v_2 v_3 v_4 & : & \mathcal{L}_3 = (-1,\ 1,-1,-1,\ 0) \end{array}$$

__Hilfssatz 3__ : Ist $\mathcal{b}$ ein Büschelvektor eines Knotens und $\mathcal{L}$ ein Zyklenvektor eines Kreises in einem Graphen, so gilt $\mathcal{b} \cdot \mathcal{L} = 0$

__Beweis__ : Es ist $\mathcal{b} \cdot \mathcal{L} = b_1 c_1 + b_2 c_2 + \ldots + b_m c_m$. Dabei ist ein Summand $b_j c_j$ genau dann $\neq 0$, wenn sowohl $b_j \neq 0$ als auch $c_j \neq 0$, d.h. wenn die Kante e_j sowohl im Büschel als auch im Kreis vorkommt. Haben das Büschel und der Kreis keine Kante gemeinsam, so ist jeder Summand $b_j c_j = 0$ und folglich $\mathcal{b} \cdot \mathcal{L} = 0$. Haben das Büschel und der Kreis gemeinsame Kanten, so haben sie genau zwei adjazente Kanten, etwa e_k und e_l , gemeinsam. In Abbildung 2 sind die vier möglichen Richtungskombinationen dieser beiden Kanten gezeichnet und die Kanten sind mit den entsprechenden Werten von b_k, b_l, c_k, c_l beschriftet, wobei die Durchlaufung des Kreises von links nach rechts gedacht wird. In allen vier Fällen gilt $\mathcal{b} \cdot \mathcal{L} = b_k c_k + b_l c_l = 0$. $\qquad\square$

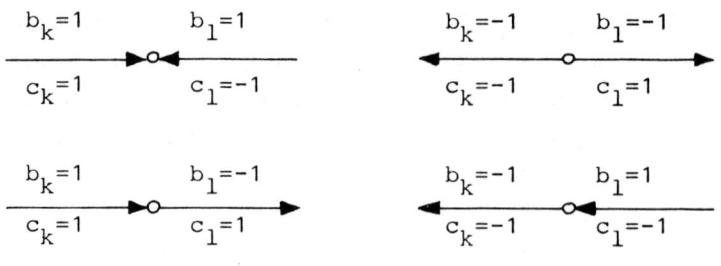

Abbildung 2

Unter einem <u>Gerüst</u> (spannenden Baum) eines Graphen versteht man einen im Graphen enthaltenen Baum, der alle Knoten des Graphen enthält. Diejenigen Kanten des Graphen, die einem betrachteten Gerüst nicht angehören, heißen die zu dem Gerüst gehörigen <u>Sehnen</u> . Jeder zusammenhängende Graph besitzt mindestens ein Gerüst (vgl. [1] , wo auch ein Verfahren zur Konstruktion eines Gerüstes angegeben wird). Enthält der Graph n Knoten und m Kanten, so enthält jedes Gerüst des Graphen n-1 Kanten und folglich gibt es zu jedem Gerüst m-(n-1) = m-n+1 Sehnen. Jede zu einem Gerüst gehörige Sehne bildet zusammen mit gewissen Kanten des Gerüsts einen Kreis. Die so entstehenden m-n+1 Kreise bilden ein <u>Fundamentalsystem von Kreisen</u> (im folgenden kurz Fundamentalsystem genannt). Vorschläge zur Einführung dieser Begriffe im Unterricht findet man in [1] .

<u>Satz 2</u> : Wählt man zu jedem Kreis eines Fundamentalsystems einen der beiden möglichen Zyklenvektoren, so bilden diese Zyklenvektoren eine Basis für die Menge der Zyklenvektoren der Kreise des Graphen.

<u>Beweis</u> : a) Seien $C_1, C_2, \ldots C_\nu$ die Kreise eines Fundamental-systems (ν = m-n+1) und $\ell_1, \ell_2, \ldots \ell_\nu$ die dazu gewählten Zyklenvektoren. Wären die $\ell_1, \ell_2, \ldots \ell_\nu$ linear abhängig, dann gäbe es eine Beziehung

(1) $\quad \lambda_1 \ell_1 + \ldots + \lambda_k \ell_k + \ldots + \lambda_\nu \ell_\nu = 0$ mit $\lambda_k \neq 0$

für mindestens ein k mit $1 \leq k \leq \nu$. Der Kreis C_k enthält

158

mindestens eine Kante e_j, die in den übrigen Kreisen des Fundamentalsystems nicht enthalten ist, nämlich die Sehne. Also ist die j-te Koordinate von ℓ_k gleich ± 1, während die j-ten Koordinaten der übrigen Zyklenvektoren null sind. Daher lautet die j-te Koordinatengleichung von (1) $\pm \lambda_k = 0$, im Widerspruch zur Voraussetzung $\lambda_k \neq 0$. Also sind die Zyklenvektoren ℓ_1, ℓ_2, ... ℓ_ν linear unabhängig.

b) Es sei ℓ ein beliebiger Zyklenvektor, der zum Kreis C des Graphen gehört.

Jeder der Kreise C_k enthält genau eine Sehne s_k $(1 \leq k \leq \nu)$. Wir betrachten

(2) $\alpha = \varepsilon_1 \ell_1 + \varepsilon_2 \ell_2 + \cdots\cdots + \varepsilon_\nu \ell_\nu - \ell$, wobei

$$\varepsilon_k = \begin{cases} 0, \text{ wenn die Sehne } s_k \text{ in C nicht vorkommt} \\ 1, \text{ wenn } s_k \text{ in C und } C_k \text{ im gleichen Sinn durchlaufen wird} \\ -1, \text{ wenn } s_k \text{ in C und } C_k \text{ im entgegenges. Sinn durchlaufen wird} \end{cases}$$

Wir zeigen, daß $\alpha = \sigma$ ist. Nehmen wir $\alpha \neq \sigma$ an. Aus (2) entnimmt man, daß die den Sehnen entsprechenden Koordinaten von α alle null sind. Die von null verschiedenen Koordinaten von α entsprechen daher gewissen Kanten des Gerüsts. Der von diesen Kanten gebildete Graph A ist ein Teilgraph des Gerüsts und enthält daher sicher eine Endkante e_j mit dem Endknoten v. b sei der Büschelvektor von v. Durch skalare Multiplikation von (2) mit b ergibt sich

$$\alpha \cdot b = \varepsilon_1 \ell_1 b + \varepsilon_2 \ell_2 b + \cdots\cdots + \varepsilon_\nu \ell_\nu b - \ell b$$

Nach Hilfssatz 3 sind alle Summanden auf der rechten Seite null, also $\alpha b = a_1 b_1 + a_2 b_2 + \ldots + a_m b_m = 0$. Da der Graph A mit dem Büschel von v genau die Kante e_j gemeinsam hat, reduziert sich diese Gleichung auf $a_j b_j = 0$. Dies ist ein Widerspruch, da $a_j \neq 0$ (e_j gehört dem Graphen A an) und $b_j \neq 0$ (e_j gehört dem Büschel von v an). Daraus folgt $\alpha = \sigma$ und aus (2) folgt

$$\ell = \varepsilon_1 \ell_1 + \varepsilon_2 \ell_2 + \cdots + \varepsilon_\nu \ell_\nu \qquad \qquad \square$$

3. Bewertete Zyklenvektoren

Ordnet man jeder Kante e_j eines (gerichteten) Graphen eine positive reelle Zahl R_j $(1 \leq j \leq m)$ zu, erhält man einen bewerteten Graphen . Man kann die R_j als elektrische Widerstände der einzelnen Kanten deuten. Ist $\iota = (c_1, c_2, \ldots c_m)$ ein Zyklenvektor eines Kreises, so nennen wir das m-tupel $\iota^* = (c_1 R_1, c_2 R_2, \ldots c_m R_m)$ einen bewerteten Zyklenvektor dieses Kreises . Zu jedem Kreis gibt es klarerweise zwei bewertete Zyklenvektoren ι^* und $-\iota^*$.

Bewertet man z.B jede Kante e_j des Graphen in Abbildung 1 mit R_j $(1 \leq j \leq 5)$, so sind die bewerteten Zyklenvektoren der Kreise, die alle im Gegenuhrzeigersinn durchlaufen werden, die folgenden :

$$\text{Kreis } v_1 v_2 v_4 \quad : \quad \iota_1^* = (-R_1, \quad 0, -R_3, \quad 0, \quad R_5)$$
$$\text{Kreis } v_2 v_3 v_4 \quad : \quad \iota_2^* = (\quad 0, \quad R_2, \quad 0, -R_4, -R_5)$$
$$\text{Kreis } v_1 v_2 v_3 v_4 \quad : \quad \iota_3^* = (-R_1, \quad R_2, -R_3, -R_4, \quad 0)$$

Satz 3 : Wählt man zu jedem Kreis eines Fundamentalsystems einen der beiden möglichen bewerteten Zyklenvektoren, so bilden diese bewerteten Zyklenvektoren eine Basis für die Menge der bewerteten Zyklenvektoren der Kreise des bewerteten Graphen.

Beweis : a) Daß die gewählten bewerteten Zyklenvektoren ι_1^* , ι_2^* , $\ldots \iota_\nu^*$ linear unabhängig sind, überlegt man sich dem Teil a) des Beweises von Satz 2 analog.

b) Sei $\iota^* = (c_1 R_1, c_2 R_2, \ldots c_m R_m)$ ein beliebiger bewerteter Zyklenvektor und $\iota = (c_1, c_2, \ldots c_m)$ der dazugehörige Zyklenvektor. $C_1, C_2, \ldots C_\nu$ seien die Kreise des Fundamentalsystems, ι_1^* , ι_2^* , $\ldots \iota_\nu^*$ die dazu gewählten bewerteten Zyklenvektoren und $\iota_1, \iota_2, \ldots \iota_\nu$ die dazugehörigen Zyklenvektoren. Nach Satz 2 gilt $\iota = \lambda_1 \iota_1 + \lambda_2 \iota_2 + \ldots + \lambda_\nu \iota_\nu$. Multipliziert man die j-te Koordinatengleichung mit R_j, ergibt sich daraus $\iota^* = \lambda_1 \iota_1^* + \lambda_2 \iota_2^* + \ldots + \lambda_\nu \iota_\nu^*$. $\qquad \square$

4. Anwendung auf die Elektrizitätslehre

Wir lösen jetzt die zu Beginn gestellte Aufgabe mit Hilfe der beiden Kirchhoffschen Gesetze.

Das erste Kirchhoffsche Gesetz lautet : Für einen beliebigen Knoten des Graphen gilt

$$b_1 I_1 + b_2 I_2 + \dots + b_m I_m = 0 \quad ,$$

wobei $\mathscr{b} = (b_1, b_2, \dots b_m)$ der Büschelvektor des Knotens ist. Setzt man das erste Kirchhoffsche Gesetz für jeden Knoten des Graphen an, erhält man ein Gleichungssystem (I), bestehend aus n Gleichungen. Wählt man n-1 Gleichungen aus diesem System aus, so erhält man ein Gleichungssystem (I'). Nach Satz 1 bilden die Koeffizientenvektoren von (I') eine Basis für die Menge der Koeffizientenvektoren von (I) und folglich die Gleichungen von (I') eine Basis für (I).

Das zweite Kirchhoffsche Gesetz lautet : Für einen beliebigen Kreis des Graphen gilt

$$c_1 R_1 I_1 + c_2 R_2 I_2 + \dots + c_m R_m I_m = c_1 U_1 + c_2 U_2 + \dots + c_m U_m ,$$

wobei $\overset{*}{\mathscr{z}} = (c_1 R_1, c_2 R_2, \dots c_m R_m)$ ein bewerteter Zyklenvektor des Kreises ist. Setzt man dieses Gesetz für jeden Kreis des Graphen an, erhält man ein Gleichungssystem (II), das aus so vielen Gleichungen besteht, als Kreise im Graphen vorhanden sind. Beschränkt man sich auf die Kreise eines Fundamentalsystems, erhält man ein Gleichungssystem (II'), das aus m-n+1 Gleichungen besteht. Nach Satz 3 bilden die Koeffizientenvektoren von (II') eine Basis für die Menge der Koeffizientenvektoren von (II). Das System (II) ist sicher lösbar, eine Lösung ist nämlich $I_j = \frac{U_j}{R_j}$ (j=1,2,...m). Durch Einsetzen dieser Lösung ergibt sich sofort, daß sich jede lineare Abhängigkeitsbeziehung der Koeffizientenvektoren von (II) auf die absoluten Glieder von (II) überträgt. Daraus folgt, daß die Gleichungen von (II') eine Basis für (II) bilden.

Vereinigt man die Systeme (I') und (II'), erhält man ein System (I',II') aus (n-1)+(m-n+1) = m Gleichungen.

<u>Satz 4</u> : Die Koeffizientenvektoren des Gleichungssystems
(I',II') sind linear unabhängig.

<u>Beweis</u> : Indirekt ! Angenommen

(1) $\quad \lambda_1 \mathscr{b}_1 + \ldots + \lambda_{n-1} \mathscr{b}_{n-1} + \mu_1 \mathscr{l}_1^* + \ldots + \mu_\nu \mathscr{l}_\nu^* = \sigma$, wobei
ν = m-n+1 und nicht alle Koeffizienten null sind. Die
$\mu_1, \ldots \mu_\nu$ können nicht alle null sein, da sonst die
$\mathscr{b}_1, \ldots \mathscr{b}_{n-1}$ linear abhängig wären. Wir setzen :

(2) $\mathscr{v} = -\mu_1 \mathscr{l}_1^* - \ldots - \mu_\nu \mathscr{l}_\nu^*$, $\mathscr{w} = -\mu_1 \mathscr{l}_1 - \ldots - \mu_\nu \mathscr{l}_\nu$, $\mathscr{w} = \lambda_1 \mathscr{b}_1 + \ldots + \lambda_{n-1} \mathscr{b}_{n-1}$.
Für die j-ten Koordinaten von $\mathscr{v}$ und $\mathscr{w}$ ergibt sich $a_j = R_j \cdot v_j$.

Nach Hilfssatz 3 gilt $\mathscr{w} \cdot \mathscr{w} = (-\mu_1 \mathscr{l}_1 - \ldots - \mu_\nu \mathscr{l}_\nu)(\lambda_1 \mathscr{b}_1 + \ldots + \lambda_{n-1} \mathscr{b}_{n-1}) = 0$,

also $\sum\limits_{j=1}^{m} v_j w_j = 0$. Wegen $v_j = \dfrac{a_j}{R_j}$ folgt daraus $\sum\limits_{j=1}^{m} \dfrac{a_j w_j}{R_j} = 0$.

Wegen (1) ist aber $\mathscr{w} = \mathscr{v}$, d.h. $w_j = a_j$ für $1 \le j \le m$. Daraus

folgt $\sum\limits_{j=1}^{m} \dfrac{a_j^2}{R_j} = 0$. Wegen $R_j > 0$ folgt daraus $a_1 = a_2 = \ldots = a_m = 0$,

d.h. $\mathscr{v} = \sigma$. Daraus folgt nach (2), daß die $\mathscr{l}_1^*, \ldots \mathscr{l}_\nu^*$
linear abhängig sind. Widerspruch !   □

   Somit ist das System (I',II'), bestehend aus m Gleichungen
in den Unbekannten $I_1, I_2, \ldots I_m$, eindeutig lösbar und die
gesuchten Stromstärken können berechnet werden.

<u>Beispiel</u> : Im elektrischen Netzwerk der Abbildung 1 gelte
$U_1 = 10$ V, $U_2 = 30$ V, $U_3 = 7$ V, $U_4 = -27$ V, $U_5 = 4$ V,
$R_1 = 1\,\Omega$, $R_2 = 5\,\Omega$, $R_3 = 4\,\Omega$, $R_4 = 10\,\Omega$, $R_5 = 2\,\Omega$.
Wir setzen das erste Kirchhoffsche Gesetz für die Knoten
v_1, v_2, v_3 an. Ein Gerüst besteht aus den Kanten e_1, e_4, e_5 und
deren Endknoten, ein Fundamentalsystem aus den Kreisen
$v_1 v_2 v_4$ und $v_2 v_3 v_4$. Dies liefert folgendes Gleichungssystem :

$$\begin{cases} -I_1 & + I_3 & & & = 0 \\ & -I_3 + I_4 - I_5 & & = 0 \\ -I_2 & - I_4 & & = 0 \\ -I_1 & -4I_3 & +2I_5 & = -13 \\ 5I_2 & & -10I_4 -2I_5 & = 53 \end{cases}$$

Lösung : $I_1 = 1$ A
$I_2 = 3$ A
$I_3 = 1$ A
$I_4 = -3$ A
$I_5 = -4$ A

<u>Literatur</u> : [1] G.Malle, Bäume. In: Mathematik (Beiträge z.
Fortbildung der Lehrer an AHS),Öst.Bundesverl.,Wien(in Vorb.)

162

Lennart Råde

PROBABILITY, SIMULATION AND PROGRAMMABLE CALCULATORS

1. Introduction

We are approaching a new epoch in the teaching of mathematics, the epoch of the calculator. Even if we are starting to see how the calculator will influence mathematics teaching, we know on the whole very little about how to use the epoch-making device which a successful technology has given us.

The calculators can influence the teaching of mathematics in many ways. The most obvious aspect of this is of course that the calculator can be used as a tool for making numerical calculations. And in this respect the calculator is far superior to the slide rule, mainly because it provides digital information. It is however a great mistake to consider the calculator only as an efficient slide-rule. The calculator can be used in the teaching of mathematics in a much more varied way than the slide-rule.

Much thought has been given to the use of the calculator within present day mathematics curricula. The calculator can of course give insight and understanding of methods and concepts in our present mathematics courses but more essential might be that the calculator can make it possible to give a radical new aproach and a radical new content to our mathematics courses. It is for instance very challenging to speculate about how the calculator can be used with low achievers. Unfortunately we know very little about these things today. Hopefully ongoing research will soon provide us with useful information.

One of the most exciting aspects of this development is the fact that programmable calculators are or will soon be available to a reasonable price. It has been predicted that within 5 - 10 years time the programmable calculators will be as common as the convential calculators are today. The future programmable calculator will also have a much higher capacity than those existing today. In order to meet this development it is important that we now start to think about how to use this tool. For schools who are planning to invest money in expensive computers it might be much better to get (to a much lower price) a set of programmable calculators. They can be used for an individualized teaching much better than computers, they do not require special installations and they have compared to computers many didactic advantages.

The aim of this paper is not to give a full analysis of how programmable calculators can be used in mathematics teaching. Only a sketch will be given of how probability and statistics can be taught with the aid of programmable calculators.

2. About simulations in probability in statistics

Simulations are very important in probability and statistics. They have always been an essential tool in these fields. Already the pioneers in probability and statistics in the beginning of this century used much time to do simulations with paper and pencil of random experiments. This was done partly to verify results from theoretical investigations and partly to investigate random situations which were too complicated for a theoretical analysis. Simulations have also been important as a didactic tool to demonstrate random variations and stability in a sequence of random trials. A difficulty then has been that such simulations take much time and thus has not been very challenging for the students. It is not so very exciting to toss a thumbtack 1000 times!

Now, however, with the programmable calculator we have a very efficient and motivating tool which can be used to simulate random experiments. Thus we can let simulations be an essential part in the teaching or probability and statistics already at the school level. It is true that the programmable calculators are slow but from a didactic point of view this is an advantage. By writing pauses in a simulation

164

program it is possible for the students to follow what happens in a random experiment. This makes it possible to build up in the students a concrete understanding of what random variations means, what the law of large numbers means, what it means that an experiment has no expectation and so on. Simulations also give concrete background for and motivate theoretical investigations in probability theory and statistics.

3. Sketch of a simulation oriented course in probability and statistics

In the following is given an outline of a course in probability and statistics where simulations are an essential ingredience throughout the course. As it is written the outline does not refer to a well defined level. It can be adopted to many different school levels. It is based on the assumption that the students can learn to program a calculator. At what level this kind of programming can be introduced in the schools is an open question. It should be possible to do it, at least with bright students, at the level of grades 7 - 9. The statistical analysis of the results from the simulations and the theoretical analysis of the random experiment, which are simulated, must of course be adopted to the mathematical knowledge of the students.

It can be mentioned that probability theory perhaps more than any other area of mathematics offers examples of very interesting programming exercises which are a strong motivation for learning the art of programming. It is recommended that a course like the one advocated here is organized so that the students learn to program on the same time that they are made familiar with the elements of probability and statistics. The programming of simulation problems very often requires instructive mathematical and logical analysis and very often involves ingenious mathematical problem solving. Already the fact that present programmable calculators only permit short programs is a challenge to shorten program by ingenious tricks.

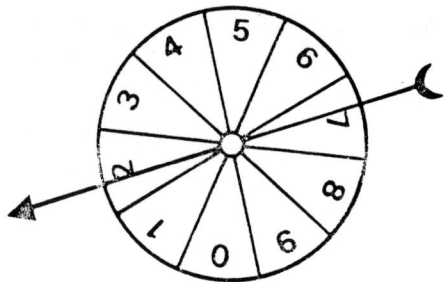

Figure 1

As a start one can choose the experiment of spinning the spinner shown in figure 1, that is the experiment of generating random digits from the alphapet

$$\{0,\ 1,\ 2,\ 3,\ 4,\ 5,\ 6,\ 7,\ 8,\ 9\}\ .$$

Can this random experiment be simulated on a programmable calculator? As a matter of fact it can, and in a very simple way! One such simple way is the "147-generator". How it works is described in figure 2.

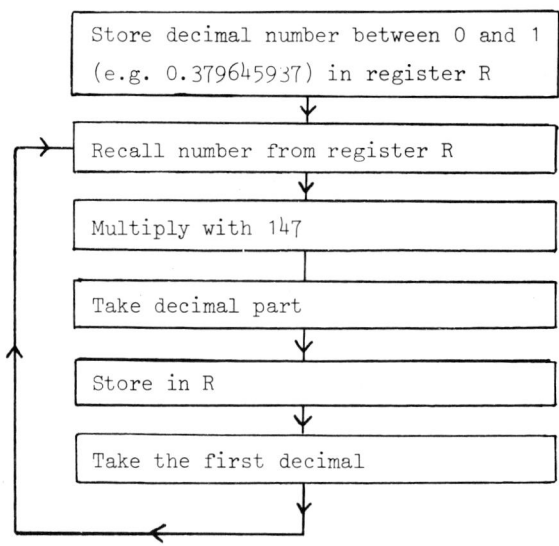

Figure 2

If the decimal number 0.379645937 is used as the starting number, the next decimal number is 0.807952740, which gives the random digit 8. Continued use of the 147-generator in this case gives the following sequence of random digits

$$8\ 7\ 0\ 4\ 9\ 3\ 3\ 7\ 6\ 4\ 1\ 9\ 8\ 7\ 3...\ .$$

It is also possible to use the first four decimals from each decimal number. This can be better when a non-programmable calculator is used. Instead of the factor 147 the following factors can be used

$$83,\ 117,\ 123,\ 133,\ 163,\ 173,\ 187\ \text{and}\ 197.$$

These factors are recommended because they give sequences with maximum period. The author has also found that the number 147 is a very useful factor even if it does not give maximum period.

It is important to give the students confidence in the random digit generator they are using, if the 147-generator or some other generator. This can be done by applying different tests to generated sequences. A very simple test is the frequency test, where the calculator is programmed to generate (say) 1000 random digits and to sort the digits and to find the frequencies of zeroes, one's, two's and so on. Another more sophisticated test is the poker test, which is described in [1] and [3].

The 147 generator can more formally be described as follows. Decimal numbers x_0, x_1,... are generated by the recursive formula

$$x_{n+1} = \text{FRAC}(147x_n)\ ,$$

where "FRAC" denotes the decimal part of a number. The random digits are then obtained by taking the first decimal of each number x_n. This means that the formula $\text{INT}(10x_n)$ is applied to each number x_n. Here "INT" denotes the integer part.

Now when the experiment of spinning the spinner in figure 1 can be simulated, also many other random experiments can be simulated for instance tosses of one or several dice. One possiblity to do this is to spinn the spinner in figure 1 and to ignore the outcomes 0, 7, 8 and 9.

Another possibility is to generate decimal numbers between 0 and 1 as in connection with the 147-generator and to use the formula

$$[6x_n] + 1,$$

where $[6x_n]$ is the integer part of $6x_n$.

It is also possible to simulate successive tosses of two symmetric dice and to study the random behaviour of the relative frequency of some event like "sum more than 7". The calculator can be programmed to show, after each ten tosses, the frequency of the event in the last ten tosses and also the relative frequency in all the trials made so far. This gives insight both into the random fluctuations and the stability of this random experiment.

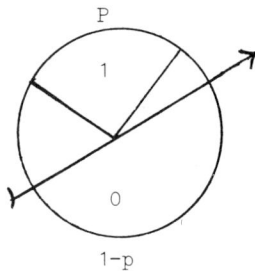

Figure 3

The calculator can be programmed to simulate other spinners for instance the one in figure 3. To do so the calculator is programmed to generate decimal digits x_n as in connection with the 147-generator and to calculate $[x_n + p]$ for each number x_n. Each trial will then produce the outcome 1 with probability p and the outcome 0 with probability $1 - p$. This is a very important random experiment which can be used to simulate other random experiments for instance involving the geometric distribution (spin until the outcome 1 is obtained), the binomial distribution (count the number of outcomes 1 in a fix number of trials) and so on. For other experiments see [1]. Thus it is possible to simulate a variety of random experiments. These should be selected so that

they give intuitiv background to probability concepts and the laws for
handling probabilities and should motivate the introduction of concepts
like independent events and conditional probabilities. Some experiments
should be such that it is possible for the students to analyse them
before the simulation so that the simulation can serve as a check of
the theoretical analysis of the experiment. Other experiments should be
such that they give insight and understanding of the experiment which
will facilitate a later theoretical analysis. Other experiments should
be such that the students are not able to analyse them theoretically
but such that the students can study them by simulation. Several
examples of experiments in these categories are found in [3].

It is also easy to study by simulation the random variation of the
mean. One can for instance simulate the random experiment of tossing a
die until a six is obtained and find the mean of the required number
of tosses. (When the tossing of dice is simulated one should of course
a few times also toss real dice and compare the obtained results with
simulated results.) Such experiments can be used to motivate the notion
of expectation. Later on one can simulate random experiments where the
mathematical knowledge of the students will not allow a derivation of
the expectation. Consider for instance the experiment of tossing a
symmetric coin until three successive tosses all give heads. What is
the expected number of tosses required to get this pattern?

It is also very instructive to simulate experiments such that the
expectation does not exist and to investigate what that means for the
random fluctuation of the mean. Consider for instance a random walk on
the set of integer number point on the line. Let a particle start in
the origin and make successive jumps to one of the nearest integer
points with probability 1/2 for h each of the two possible directions.
What is the expected number of jumps until the particle returns to the
origin? Even if it is somewhat difficult to show that the expectation
does not exist in this case so is it very easy to simulate this random
walk. It can be mentioned that on the whole so do random walks provide
very interesting programming exercises. Several examples are given in
[3].

The problem to estimate an unknown probability or an unknown expectation from observations obtained by simulation is a basic statistical problem. Thus with this approach do the students get acquainted with statistics from the very beginning. It is furthermore possible to simulate statistical estimation procedures with a programmable calculator. Consider for instance the problem of estimating an unknown probability p. It is then possible to make the calculator spin the spinner in figure 3 with an unknown probability p. This can be arranged by asking somebody else to store the unknown probability in a register. But it is probably better to let the calculator do this, which can be arranged in the following way. Generate decimal numbers x_0, x_1,.. as in connection with the 147-generator and use (say) x_9 as the value of the unknown probability p. Then let the calculator spin the spinner in figure 3 with this probability a number of times and estimate p by the relative frequency of the outcome 1. It is then interesting to confront the estimate with the actual value of p. It is then also possible to study what the size of the sample will mean for the precision of the estimate. Interval estimation by confidence interval can be made in a similar way. Also other estimation procedures can be simulated, see [3].

REFERENCES

1   A. Engel, Wahrscheinlichkeitsrechnung und Statistik, Band 1.
    Stuttgart 1973.

2   A. Engel, Computing and Probability. In "Statistics at the School
    Level", Almqvist-Wiksell International, Stockholm 1975.

3   L. Råde, Take A Chance With Your Calculator. Probability Problems
    for a programmable calculator. Gothenburg 1976.

H. Schauer

DER ALLGEMEINBILDENDE ASPEKT EINER PROGRAMMIERAUSBILDUNG

Die Einführung des Freigegenstandes "Datenverarbeitung" an allgemeinbildenden Höheren Schulen gibt Anlaß zu der Fragestellung, welcher Beitrag zur Allgemeinbildung durch dieses neue Fach geleistet werden kann. Sicher ist es wünschenswert, künftige Generationen möglichst frühzeitig mit den Möglichkeiten und auch den Gefahren der technologischen Entwicklung vertraut zu machen. Wie zahllose Beispiele zeigen, neigen jedoch unter diesem Titel angekündigte Lehrgänge allzu leicht dazu, durch einen Ballast von Oberflächlichkeiten und gerätetechnischen Details den Blick für das Wesentliche zu trüben.

Die Gründe für diese Entwicklung sind leicht einzusehen, haben doch die Computersysteme des vorigen Jahrzehnts eine Generation von "Fachleuten" hervorgebracht, deren Wissensvorsprung in der Kenntnis einer Fülle unsystematischer Eigenschaften von Programmiersprachen, Betriebssystemen und Hardwarekomponenten sowie der zugehörigen Tricks bestand, die nötig waren, ebendiese Eigenschaften zu überlisten. Obwohl die Industrie sicherlich noch einige Jahre in der Lage sein wird, Fachleute dieses Genres zu beschäftigen, kann es nicht Aufgabe einer allgemeinbildenden Höheren Schule sein, solche Pseudobildung zu vermitteln.

Abstrahiert man jedoch von diesen technologisch und historisch bedingten Ungereimtheiten, so vermittelt die Informatik Einblicke in eine Denkweise, die der der Mathematik weder in Bezug auf Exaktheit noch an Abgeschlossenheit nachsteht.

Insbesonders das Erstellen und Beschreiben von Algorithmen als kreativer Bestandteil des Programmierens ist ein wertvolles Hilfsmittel zur Schulung des logischen und strukturellen Denkvermögens. Während sich jedoch die Mathematik im wesentlichen auf die Beschreibung statischer Relationen zwischen einzelnen Variablen beschränkt, liegt der Schwerpunkt der Informatik in der Behandlung von dynamischen Abläufen und den dabei auftretenden Strukturen.

Die einfachste Art der Strukturierung besteht in der sequentiellen Aufeinanderfolge einzelner Algorithmenteile:

BEGIN A_1; A_2; ... A_n END

Die Zusammengehörigkeit dieser Folge wird durch die Klammerung in BEGIN und END zum Ausdruck gebracht. Der Strichpunkt dient zum Trennen der einzelnen Algorithmenteile A_i.

Sollen zwei Algorithmenteile A_1 und A_2 in Abhängigkeit von einer Bedingung B alternativ ausgeführt werden, so kann dies folgendermaßen ausgedrückt werden:

IF B THEN A_1 ELSE A_2

Bei der Wiederholung eines Algorithmenteiles A in Abhängigkeit von einer Bedingung B sind prinzipiell zwei Fälle möglich:

WHILE B DO A

bedeutet, daß der Algorithmenteil A solange wiederholt wird, als die Bedingung B erfüllt ist. Die Ausführung von A kann nullmal oder öfter erfolgen.

REPEAT A UNTIL B

bedeutet, daß der Algorithmenteil A solange wiederholt wird,
bis die Bedingung B erfüllt ist. Der Algorithmenteil A kann
somit einmal oder öfter ausgeführt werden.

Jede der gezeigten Strukturen kann selbst wieder Bestandteil
einer übergeordneten Struktur sein. Dadurch ist es möglich,
einen komplexen Algorithmus in einfachere Teilalgorithmen
aufzuspalten, zum Beispiel

WHILE B_1 DO IF B_2 THEN A_1 ELSE A_2

Als Grundbaustein für einen mathematisch orientierten
Algorithmus kann die Wertzuweisung an eine Variable der Form

Variable := Ausdruck

verwendet werden. Insbesonders diese Wertzuweisung zeigt den
irreversiblen dynamischen Aspekt des Algorithmus. Der
Operator := symbolisiert, daß der links vom Operator
stehenden Variablen der Wert des rechts stehenden Ausdrucks
zugewiesen wird. Der ursprüngliche Wert der Variablen geht
dabei verloren. So wird etwa die Erhöhung des Wertes einer
Variablen X um 1 durch die Wertzuweisung

X := X+1

ausgedrückt. (In Worten: "x ergibt sich zu x plus eins").
Dieses Beispiel zeigt den grundlegenden Unterschied zwischen
dem durch die Wertzuweisung beschriebenen dynamischen Ablauf
und den statischen Relationen, wie sie durch das Gleichheits-
zeichen der Mathematik ausgedrückt werden. (Da in manchen
Programmiersprachen leider das gleiche Zeichen für beide
Operationen verwendet wird, muß auf diesen semantischen
Unterschied besonders hingewiesen werden.)

Anhand einer einfachen Aufgabenstellung soll nun die Methodik
der Entwicklung und Beschreibung von Algorithmen gezeigt werden.
Dabei wird besonderer Wert auf eine systematische Vorgangsweise
bei der Problemlösung gelegt. Diese besteht in der Zerlegung
des Problems in mehrere einfachere und voneinander unabhängige
Teilaufgaben. Entsprechend der Komplexität dieser Teilaufgaben
können diese nach demselben Prinzip solange weiter zerlegt
werden, bis der gewünschte Grad der Detaillierung erreicht ist.
Daß sowohl für die Grobstruktur wie auch für die Details dieselben Beschreibungsmechanismen verwendet werden können, wird
durch den rekursiven Aufbau der verwendeten Schreibweise gewährleistet.

Beispiel:

Alle Primzahlen ≤N sollen berechnet werden.

Zur Lösung dieser Aufgabe wird das Siebverfahren des
Eratosthenes verwendet. Der Algorithmus kann verbal auf die
folgende Weise ausgedrückt werden:

* Bilde die Menge der ganzen Zahlen zwischen 2 und N.

* Danach betrachtet man von der Zahl 2 ausgehend der Reihe
  nach sämtliche Elemente der Menge und entfernt alle
  Vielfachen dieser Elemente.

* Die verbleibenden Elemente sind die gesuchten Primzahlen.

Mit Hilfe einer an eine Programmiersprache angelehnten halb-
verbalen Beschreibung kann dieser Algorithmus präziser
formuliert werden. Gleichzeitig wird eine Variable M zur
Bezeichnung der Menge sowie eine ganzzahlige Hilfsvariable I
eingeführt.

```
M := Menge aller ganzen Zahlen zwischen 2 und N;
I := 2;
REPEAT{M enthält keine Elemente mit Primfaktoren <I,
       somit sind alle Elemente von M≤I Primzahlen}
       IF I in M enthalten THEN {I ist Primzahl}
                entferne alle Vielfachen von I;
       I := I+1
UNTIL  I≥N  {alle Elemente von M sind Primzahlen}
```

Der in geschwungene Klammern eingeschlossene Kommentar gibt
Bedingungen an, die an dieser Stelle des Programms sicher
erfüllt sind. Solche Bedingungen sind zur Dokumentation, aber
auch zur weiteren Entwicklung, Verbesserung und Änderung von
Algorithmen von großer Bedeutung. Darüber hinaus kann mit
ihrer Hilfe auch die Korrektheit des Algorithmus skizziert
werden.

Nachdem die Grobstruktur des Algorithmus festgelegt ist, werden
nun die Teilalgorithmen näher beschrieben. Die Entfernung aller
Vielfachen von I zum Beispiel kann folgendermaßen erfolgen:

```
J := 2*I;     { J ist kleinstes Vielfaches von I }
WHILE J≤N DO
        BEGIN { J ist Vielfaches von I }
        entferne J aus M;
        J := J+I
        END
```

Dieser Algorithmus nimmt keine Rücksicht darauf, ob das
Element J bereits früher aus der Menge M entfernt worden
ist, oder nicht. Da jedoch sichergestellt ist, daß die Menge
M keine Elemente mit Primfaktoren <I enthält, genügt es,
sämtliche Vielfache $\geq I^2$ zu berücksichtigen. Da für $I^2 > N$
keine Elemente entfernt werden, braucht der Algorithmus
nur solange wiederholt zu werden, bis $I^2 > N$ gilt.

Der verbesserte Algorithmus hat somit die folgende Form:

```
M := Menge aller ganzen Zahlen zwischen 2 und N;
I := 2;
REPEAT IF I in M enthalten THEN
            BEGIN J := I*I;
            WHILE J≤N DO
                    BEGIN  entferne J aus M;
                    J := J+I
                    END
            END;
        I := I+1
UNTIL I*I>N
```

Das Beispiel zeigt, daß die verwendete Notationsform tief-
gehende Überlegungen über die strukturelle und inhaltliche
Richtigkeit des Algorithmus auf einer von den Details eines
Computerprogramms abstrahierten Ebene des Betrachtungsniveaus
erlaubt. Erst nachdem der Algorithmus auf diese Weise entworfen wurde, sollte er in einer Programmiersprache formuliert
werden, die eine automatische Auswertung durch einen Computer
ermöglicht. Viele Programmiersprachen - leider gerade die am
weitesten verbreiteten - neigen dazu, die in den Algorithmen
enthaltenen Strukturen eher zu verschleiern, als sie klar zum
Ausdruck zu bringen. Um diese Schwierigkeit zu vermeiden, wird
für den Schulunterricht die Verwendung einer speziell für den
Programmierunterricht entwickelten Programmiersprache empfohlen.

Der folgende Computerausdruck zeigt das vollständige Programm
zur Lösung der obigen Aufgabe. Die verwendete Programmiersprache PASCAL wurde an der ETH Zürich entwickelt und hat sich
während des ersten Jahres, in dem die gesamte Programmier-
ausbildung an der Technischen Universität Wien auf diese Sprache
abgestimmt wurde, hervorragend bewährt. Die Verwendung der
Mengenoperationen, die Vereinbarung der Variablen und die
Programmierung der Ausgabe ist unmittelbar verständlich.

```
000006     1    PROGRAM ERATOSTHENES(OUTPUT);
000235     2    CONST N=50;
000235     3    VAR M: SET OF 2..N;
000236     4        I,J: INTEGER;
000240     5    BEGIN
000240     6    M:=[2..N];
000016     7    I:=2;
000017     8    REPEAT IF I IN M THEN
000022     9                   BEGIN J:=I*I;
000023    10                   WHILE J<=N DO
000025    11                       BEGIN M:=M-[J]; J:=J+I END
000032    12                   END;
000032    13            I:=I+1
000032    14    UNTIL I*I>N;
000036    15    FOR I:=2 TO N DO IF I IN M THEN WRITE(I:3)
000045    16    END.
```

2   3   5   7 11 13 17 19 23 29 31 37 41 43 47

Die Verwendung der Programmiersprache PASCAL bietet für den
Unterricht an allgemeinbildenden Höheren Schulen die folgenden Vorteile:

* Die in den Algorithmen enthaltenen Strukturen kommen im
  Programm klar zum Ausdruck.

* Die Sprache ist herstellerneutral.

* Das Erlernen der Sprache erfordert einen minimalen Aufwand.
  Dieser Umstand ist insbesonders für allgemeinbildende
  Höhere Schulen von Bedeutung, an denen ja keine Ausbildung
  von professionellen Programmierern erfolgen soll.

* Für diejenigen Schüler, die im späteren Beruf Programmier-
  kenntnisse benötigen, ist es leicht, die gelernte Programmiermethodik auf gängige Programmiersprachen (wie PL/I
  und COBOL) aber auch auf maschinenorientierte Sprachen
  (wie FORTRAN oder Assemblersprachen) anzuwenden. Die
  Ergebnisse sind sogar besser, als wenn die Ausbildung
  unmittelbar in einer dieser Sprachen erfolgt.

Über die propagierte Programmiermethodik sowie über die
verwendete Programmiersprache ist die folgende Literatur
empfehlenswert:

Jensen K., Wirth N.: PASCAL, User Manual and Report,
    Springer 1974 (Handbuch für den Benutzer der
    Programmiersprache PASCAL)

Schauer H.: PASCAL für Anfänger, Oldenbourg 1976
    (Einführender, für den Schulunterricht geeigneter
    Text)

Schnupp P., Floyd C.: Software, Programmentwicklung
    und Projektorganisation, De Gruyter 1976
    (Verwendung von PASCAL als Grundlage kommerzieller
    Programmiermethoden)

Wirth N.: Systematisches Programmieren, Teubner 1972
    (Einführung in das Programmieren)

Wirth N.: Algorithmen und Datenstrukturen, Teubner 1975
    (Such- und Sortieralgorithmen, dynamische
    Datenstrukturen, Rekursionen)

P. Schrammel

VERMITTLUNG VON GRUNDWISSEN FÜR DIE DV-PRAXIS

EINLEITUNG

Die ständige Ausweitung der maschinellen Datenverarbeitung
auf immer mehr Arbeitsgebiete macht es erforderlich, daß
auch die Kenntnisse über die DV immer größere Verbreitung
finden. Dabei ist die fundierte Ausbildung von DV-Fachleuten
ebenso notwendig wie die ausreichende Information der All-
gemeinheit.

Da es bisher in den öffentlichen Schulen erst Ansätze zu
einer systematischen Grund- und Fachausbildung gibt, wird
EDV - Ausbildung hauptsächlich von den Geräteherstellern
oder privaten Instituten getragen. Darüberhinaus sind einige
Benützer dazu übergegangen, eine eigene Schulungsaktivität
aufzubauen. So hat auch PHILIPS eine EDV-Schulungsabteilung
eingerichtet, deren Ausbildungskonzept hier vorgestellt
werden soll.

EDV-AUSBILDUNG BEI PHILIPS

Die Ausgangssituation war durch die folgenden Probleme gekennzeichnet:

- die EDV-Abteilung erfährt durch das ständige Fortschreiten der Automation in immer mehr Bereiche des Unternehmens eine starke Ausweitung ihrer Aktivitäten in quantitativer ebenso wie in qualitativer Hinsicht

- die Schulung erfolgt bisher ausschließlich extern, ist unsystematisch und fachlich mangelhaft; sie ist den steigenden Anforderungen nicht mehr gewachsen

- die Termingestaltung der externen Kursveranstalter entspricht nicht den Bedürfnissen des Unternehmens bezüglich rechtzeitiger und kontinuierlicher Ausbildung; es entstehen Leerläufe für ungenügend geschulte Mitarbeiter

- die Anzahl der Auszubildenden ist insgesamt gesehen groß, teilt sich aber in mehrere verschiedene Themenkreise auf, sodaß die Teilnehmerzahl je Fachkurs beschränkt ist; der Aufwand je Fachkurs soll also wirtschaftlich vertretbar sein

- die Aus- und Weiterbildung soll einen integrierten, logisch fortlaufenden Aufbau haben, trotzdem aber modulär sein, um den Mitarbeitern mit unterschiedlichem Niveau und Erfahrungsgrad Ein- und Ausstiege zu ermöglichen (Nachholbedarf)

- die Schulung soll auch eine entsprechende Ausbildung der EDV-Benützer beinhalten, um ihnen ein Verständnis für die Probleme der EDV zu vermitteln, und sie so zur positiven Mitarbeit bei der Ein- und Durchführung ihrer EDV-Projekte zu gewinnen

Aufgrund dieses Problemkatalogs wurde der Ausbildungsplan entwickelt.

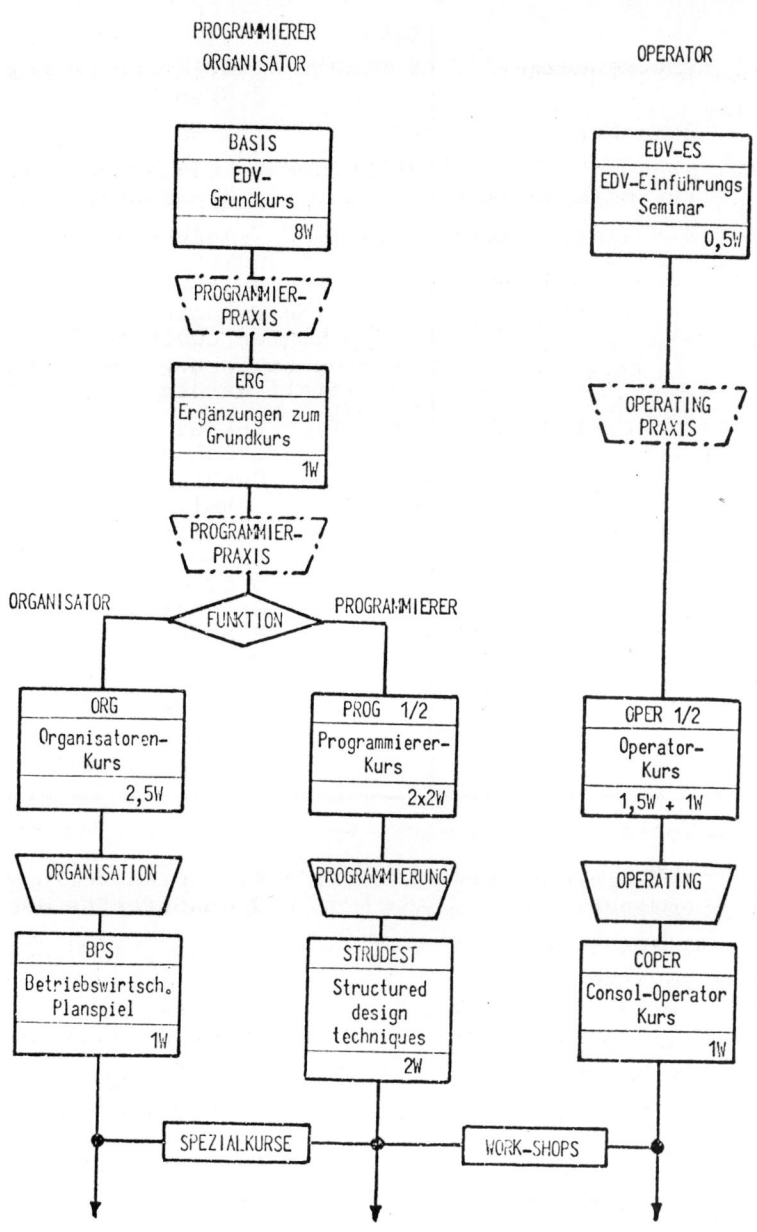

KURSE FÜR EDV-MITARBEITER
GRUNDSCHULUNG

<table>
<tr><td>

B A S I S

KURSART: EDV-Grundkurs

DAUER: 8 Wochen

TEILNEHMER: Neue
EDV-Mitarbeiter

LEHRZIELE: Dem Neuling soll
grundlegendes Wissen für
seine Arbeit als EDV-Mit-
arbeiter vermittelt
werden

INHALT: * Grundbegriffe der
    EDV
    * Grundbegriffe der
    Programmierung
    * COBOL-Programm.
    * externe Speicher-
    medien
    * Arbeitsweise des
    Systems (Hardware)
    * Betriebssystem
    * Abschlußbeispiel

</td><td>

E R G

KURSART: Ergänzungen zum
Grundkurs

DAUER: 1 Woche

TEILNEHMER: Absolventen des
Grundkurses

LEHRZIEL: Aufbauend auf
dem Grundkurs und einer
kurzen Programmierpraxis
sollen Techniken zur
optimalen COBOL-
Programmierung über-
mittelt werden

INHALT: * Ergänzungen zur
    COBOL-PU
    * COBOL: Report
    Writer, Indexing,
    Testhilfen
    * Einsatz von Unter-
    programmen
    * Richtlinien, Tips,
    Standardlösungen,
    Tricks zur COBOL-
    Programmierung
    * Wiederholung:
      Steuerkarten
    * Übungsbeispiel

</td></tr>
</table>

E D V - E S

<table>
<tr><td>

KURSART: EDV-Einführungs-
seminar

DAUER: 1 Woche halbtags

TEILNEHMER: Neue EDV-Mitar-
beiter f.Operating

LEHRZIEL: Dem Neuling soll
ein Überblick über die
EDV-Abteilung und ihre
Tätigkeit, sowie eine
Einführung in die elek-
tronische Datenverarbei-
tung geboten werde

</td><td>

INHALT: * Die EDV-Abteilung
    * Grundbegriffe der
    EDV
    * Ein/Ausgabe Geräte
    * Zentraleinheit
    * Programm
    * externe Speicher-
    medien
    * Prüfung und
    Kontrollen
    * Software-Überblick
    * Demonstration am
    Computer

</td></tr>
</table>

KURSE FÜR EDV-MITARBEITER
FACHAUSBILDUNG

O R G

KURSART:	Organisatorenkurs
DAUER:	2,5 Wochen
TEILNEHMER:	Organisatoren nach Grund- schulung

LEHRZIEL: Aufbauend auf dem Grundkurs samt Ergän- zung und einer längeren Programmierpraxis soll Spezialwissen für die Arbeit als Organisator vermittelt werden

INHALT: * Grundlagen, Techniken, Hilfsmittel
* Entstehung eines Projektes
* Implementierung eines Projektes
* Fallstudie

P R O G 1/2

KURSART:	Programmierkurs
DAUER:	2 x 2 Wochen
TEILNEHMER:	Programmierer nach Grund- schulung

LEHRZIEL: Aufbauend auf dem Grundkurs samt Ergänzung und einer längeren Programmier- praxis soll Spezial- wissen für die Arbeit als Programmierer vermittelt werden

INHALT: * Assembler- Programmierung
* Programmieren mit logischen E/A- Routinen
* Programmieren mit physischen E/A- Routinen
* Utilities
* Multiprogramming, Multitasking
* Übungsbeispiele

O P E R 1/2

KURSART:	Operatorkurs
DAUER:	1 Woche + 1,5 Wochen
TEILNEHMER:	Operators nach EDV-Einführungs- seminar

LEHRZIEL: Vermittlung von Grundwissen über die EDV und Einführung in ver- schiedene Sachgebiete insbesondere in das Betriebssystem

INHALT: * Grundbegriffe der EDV
* Definition des Betriebssystems
* Verständigung mit dem System
* Systemstart
* Virtueller Speicher
* Operator Befehle
* Job Control
* Utilities

KURSE FÜR EDV-MITARBEITER
WEITERBILDUNG

B P S

KURSART: Betriebswirt-
schaftliches
Planspiel

DAUER: 1 Woche

TEILNEHMER: Organisatoren
nach Organisato-
renkurs

LEHRZIEL: Nach Fachausbildung zum EDV-Organisator
sollen anhand eines ver-
einfachten, aber dynami-
schen Modells die
Zusammenhänge und der
Informationsfluß inner-
halb eines Unternehmens
und die Relationen mit
seiner Umwelt deutlich
gemacht werden

INHALT: * Betriebsorgani-
sation
* Fabriksorgani-
sation
* Betriebswirt-
schaftliche
Grundlagen
* Planspiel

S T R U D E S T

KURSART: Structured
Programming and
Design Techniques

DAUER: 2 Wochen

TEILNEHMER: Programmierer
nach Program-
miererkurs

LEHRZIEL: Vermittlung von
Kenntnissen über die
Ziele und Grundlagen der
"Strukturierten
Programmierung" mit
praktischen Übungen

INHALT: * Historische
Entwicklung
* Definition
* Grundstrukturen
* Vergleich:
Top-Down-Entw.
Bottom-Up-Entw.
* Nested Virtual
Machines
* Michael Jackson
Technik
* HIPO-Technik
* Struktogramm
* SP-Formeln
* Praktische Übung

C O P E R

KURSART: Console-
Operator-Kurs

DAUER: 1 Woche

TEILNEHMER: Operators nach
Operatorkurs

LEHRZIEL: Vermittlung von
Kenntnissen, die notwen-
dig sind, um ein System
im Multiprogramming-
betrieb zu steuern

INHALT: * Systemsteuerung
* "Trouble Shooting"
* Hilfsmittel für
Fehleranalyse und
Korrektur
* Fallstudie

KURSE FÜR EDV-MITARBEITER
WEITERBILDUNG

SPEZIALKURSE

KURSART: Kurse über
           spezielle Themen

DAUER: Je nach Thema

TEILNEHMER: Einzelne EDV-
           Mitarbeiter

LEHRZIEL: EDV-Mitarbeiter
sollen das für ein be-
stimmtes Projekt benö-
tigte Fachwissen erwerben
oder ihre Allgemeinbil-
dung erweitern

THEMEN: * Fachkurse über
           Arbeitsgebiete,
           die automatisiert
           werden sollen
         * EDV-Fachkurse
         * Einführung in
           Applikationssoft-
           ware
         * Einführung in
           Systemsoftware
         * Allgemeine Fort-
           bildungskurse

WORKSHOPS

KURSART: Kurzseminare
           über aktuelle
           Themen

DAUER: Je nach Thema

TEILNEHMER: Alle EDV-
           Mitarbeiter

LEHRZIEL: Das Fachwissen
der EDV-Mitarbeiter soll
immer auf den letzten
Stand der Entwicklung
gebracht werden

INHALT: * Betriebssystem-
           Änderungen
         * Einführung in
           neue Hardware
         * Einführung in
           neue Software
         * Information über
           EDV-Projekte
         * Erfahrungsaustausch
           über Probleme und
           Lösungen
         * Richtlinien und
           Standards

KURSE FÜR NICHT-EDV-MITARBEITER

EIT

KURSART: EDV-Informa-
           tionstag

DAUER: 1 Halbtag

TEILNEHMER: PHILIPS-
           Mitarbeiter

LEHRZIEL: Dem Nicht-EDV-
Fachmann soll ein kurzer
Überblick über die EDV-
Abteilung und ihre Tätig-
keit, sowie ein Einblick
in die Prinzipien der EDV
vermittelt werden

THEMEN: * Die EDV-Abteilung
         * Prinzipien der EDV
         * Führung im Computer-
           Raum

EDV-ES

KURSART: EDV-Einführungs-
           seminar

DAUER: 1 Woche halbtags

TEILNEHMER: PHILIPS-
           Mitarbeiter

LEHRZIEL: Dem Nicht-EDV-
Fachmann soll ein Über-
blick über die EDV-
Abteilung und ihre Tätig-
keit, sowie eine Einfüh-
rung in die elektronische
DV geboten werden

THEMEN: Siehe Kurse für
EDV-Mitarbeiter/Grund-
schulung

THEMENVORSCHLÄGE FÜR DEN SCHULUNTERRICHT

Im Rahmen des hier vorgestellten Ausbildungsmodells müssen auch Kenntnisse vermittelt werden, die heute eigentlich zur Allgemeinbildung jedes einzelnen zählen sollten. Wäre dieses Grundwissen bei jedem Schulabsolventen bereits vorhanden, könnte die Berufsausbildung bereits darauf aufbauen, anstatt von Null beginnen zu müssen. Folgende Themen sollten im Rahmen eines DV-Unterrichts jedenfalls behandelt werden:

GRUNDBEGRIFFE DER DV: Definitionen, Prinzipien, Grundelemente
ÜBERBLICK ÜBER AUFBAU UND ARBEITSWEISE DER HARDWARE:
      Zentraleinheit, Ein-/Ausgabegeräte, Speicher
GRUNDBEGRIFFE DES PROGRAMMIERENS: Problemanalyse, Blockdia-
      gramm, Entscheidungstabelle, Programmiersprachen
ÜBERBLICK ÜBER AUFBAU UND ARBEITSWEISE DER SOFTWARE:
      Betriebssystem, Softwarekomponenten, Compiler
ANWENDUNGSMÖGLICHKEITEN DER DV: Technisch/wissenschaftlich,
      kommerziell, in der Prozeßsteuerung

Wie eingehend der Themenkreis Datenverarbeitung behandelt wird, müßte dem Schultyp entsprechend festgelegt werden. Besonders wichtig wäre es auch, bei der Lehrplangestaltung neben dem theoretischen Unterricht die Möglichkeit von praktischen Übungen an einer DV-Anlage vorzusehen.

ZUSAMMENFASSUNG

Die Probleme der zukünftigen Computertechnik sind nicht dadurch zu lösen, daß nur hochwertige Computerspezialisten herangebildet werden, vielmehr muß in praktisch allen anderen Ausbildungen Verständnis für die Computeranwendung erzeugt werden (Prof. Steinbuch). Hier liegt eine wichtige Bildungs - aufgabe vor uns, die zweifellos von den öffentlichen Ausbildungsstätten übernommen werden sollte, um sie auf breiter Basis durchführen zu können. Pädagogen, Informatiker und DV-Praktiker sollten bei der Erstellung geeigneter Lehrpläne zusammenarbeiten. Die Präsentation des EDV-Ausbildungsmodells von PHILIPS könnte hiefür ein Beitrag sein.

F. *Schweiger*

VEKTOREN FÜR DIE PHYSIK

1. Einleitung

Die Verwendung von Vektoren bzw. vektorwertigen Funktionen
in der Physik ist ein gewichtiger Grund, Vektorräume frühzeitig und mit sich im Spiralprinzip vertiefender Gründlich-
keit ausführlich zu besprechen. Vektoren und Matrizen (aufgefaßt als n-tupel und nxm-tupel) spielen natürlich in vielen anderen Anwendungsgebieten eine wichtige Rolle. In diesem Vortrag soll skizziert werden, welche Modelle für den
Unterricht denkbar erscheinen, ohne daß die schwierigen Fragen der Präferenz einzelner Modelle oder deren Reihenfolge
in einer (schon in Sekundarstufe I anzubahnenden) Sequenz
diskutiert werden. Die zugrundeliegende These ist aber:
Der Begriff des Vektorraumes ist vorrangig gegenüber der
Festlegung des Begriffes Vektor durch ein spezielles Modell.
Es wird sodann die Frage der Modelle für die analytische
Geometrie gestreift. Im letzten Teil wird versucht, einige
Beispiele aus der Physik vorzustellen, wobei gezeigt werden
soll, daß der "höhere Standpunkt" (im Sinne einer intentio-
nalen Interpretation, d.h. als Antwort auf die Frage: Wie
könnte die Theorie weitergehen ?) die Theorie der Vektorfelder ist. Dieser Standpunkt ist nicht nur für die Diffe-
rentialgeometrie wichtig, sondern entspricht überraschend
gut der zeichnerischen Veranschaulichung.

2. Modelle für Vektorräume

Unter einem (reellen) Vektorraum verstehen wir eine Menge V
zusammen mit zwei Abbildungen

$$\alpha : V \times V \to V, \ \alpha(v,w) =: v + w$$
$$\mu : \mathbb{R} \times V \to V, \ \mu(\lambda,v) =: \lambda v$$

sodaß folgende Axiome erfüllt sind:

$$(v+w) + z = v + (w+z)$$

$$v + w = w + v$$

Es gibt einen Vektor o $\in$ V (Nullvektor genannt), sodaß für alle v $\in$ V gilt $v + o = v$

Zu jedem Vektor v $\in$ V gibt es einen Vektor $- v \in$ V, sodaß $v + (-v) = o$.

$$1v = v$$

$$\lambda(v+w) = \lambda v + \lambda w, \quad (\lambda+\kappa)v = \lambda v + \kappa v$$

$$(\lambda\kappa)v = \lambda(\kappa v)$$

Ein Element v $\in$ V heißt ein Vektor. Im Gegensatz zu älteren Darstellungen ist also "Vektor" lediglich ein Synonym für "Element eines Vektorraumes". Eine Festlegung auf eine bestimmte Vorstellung (etwa Vektor = gerichtete Strecke) wird vermieden. Vorrangig ist also der Begriff der "Struktur" und nicht der des einzelnen Elementes. Modelle haben hier nur Hilfscharakter: die Struktur zu veranschaulichen bzw. ihre (relative) Existenz zu sichern.

Ähnlich dienen ja die verschiedenen Modelle der Bruchrechnung nicht dazu zu erklären, was eine rationale Zahl sei (das hieße Festlegung auf ein bestimmtes Modell), sondern vor allem den Begriff des Körpers der rationalen Zahlen zu erarbeiten.

Bekanntlich ist die Dimension eines (reellen) Vektorraumes eine vollständige Invariante, d.h. zwei Vektorräume sind dann und nur dann isomorph, wenn sie gleiche Dimension besitzen. Insofern genügt es, für jede Dimension ein Modell aufzustellen, um sozusagen die (relative) Existenz der benötigten Modelle zu sichern. Im weiteren wollen wir nur Vektorräume endlicher Dimension betrachten.

Sei $n \in \mathbb{N}$ gegeben, so ist das einfachste Modell der arithmetische Vektorraum $\mathbb{R}^n$:

$$\mathbb{R}^n = \{ \ a = (a_1,\ldots,a_n) \mid a_i \in \mathbb{R}, \ 1 \le i \le n \ \}$$

$$a + b = (a_1,\ldots,a_n) + (b_1,\ldots,b_n) := (a_1+b_1,\ldots,a_n+b_n)$$

$$\lambda a = \lambda(a_1,\ldots,a_n) := (\lambda a_1,\ldots,\lambda a_n).$$

In unmittelbarer Nachbarschaft liegen die folgenden Modelle
(es sei erwähnt, daß "Modell" hier in einem naiven Sinn benutzt wird, der sowohl "mathematisches Modell" wie auch
"Interpretation" umfaßt):

Menge der Linearformen in n Variablen $\mathcal{L}(\mathbb{R}^n,\mathbb{R})$:

$$\mathcal{L}(\mathbb{R}^n,\mathbb{R}) = \{ \ L : \ \mathbb{R}^n \to \mathbb{R} \mid L(x_1,\ldots,x_n) = a_1 x_1 + \ldots + a_n x_n \ \}$$

Menge aller Polynome vom Grade $\le$ n-1:

$$\{ \ p(x) = a_o + a_1 x + \ldots + a_{n-1} x^{n-1} \ \}$$

Die reelle Zahl O bildet für sich ein Modell eines O-dimensio-
nalen Vektorraumes.

Nehmen wir ebene oder räumliche euklidische Geometrie als
gegeben an, so kann man für n = 2 bzw. n = 3 einige weitere Modelle finden, die wir für den Fall n = 3 vorstellen
wollen:

Sei Π der Raum und $A \in \Pi$ ein fester gewählter Punkt (Ursprung
oder Aufpunkt genannt), so können wir Π zu einem Vektorraum
strukturieren, den wir mit Π_A bezeichnen:

Ist $P \in \Pi_A$ und $Q \in \Pi_A$, so sei $P \oplus_A Q$ erklärt wie folgt:

Man hänge an die Strecke AP eine zu AQ parallele und gleich-
lange Strecke an ("Anhängregel"). Sind A,P und Q nicht kol-
linear, so ist $P \oplus_A Q$ der vierte Eckpunkt des von A,P und Q
begonnenen Parallelogramms ("Parallelogrammregel").

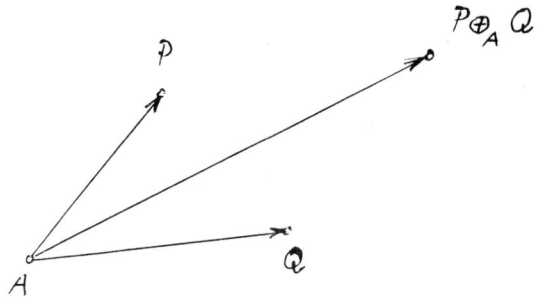

Ferner erklärt man $\lambda \odot_A P$ für $P \neq A$ wie folgt:

$\lambda \odot_A P$ liege auf der Geraden durch A und P. Die Strecke
$A\lambda \odot_A P$ habe die $|\lambda|$-fache Länge der Strecke AP. Ist $\lambda > 0$,
so liege $\lambda \odot_A P$ auf der Halbgeraden, die P enthält. Ist
$\lambda \leq 0$, so liege $\lambda \odot_A P$ auf der Halbgeraden, die P nicht
enthält.

Letztlich ist $\lambda \odot_A A = A$.
Diese (von der Wahl von A abhängige) Vektorraumstruktur
kann graphisch durch Pfeile ("Ortspfeile") hervorgehoben
werden.

Der Vektorraum $F(\Pi)$ ist wie folgt erklärt: Wir führen in
Π eine Äquivalenzrelation ("Parallelgleichheit") für Punkte-
paare ein: $(P,Q) \sim (R,S) \iff$

Es gibt eine Translation $\sigma: \Pi \to \Pi$ mit $\sigma P = R$, $\sigma Q = S \iff$

Es gibt eine Translation $\tau: \Pi \to \Pi$ mit $\tau P = Q$, $\tau R = S$.

Eine Äquivalenzklasse $[P,Q]$ heißt ein freier Vektor (eine
gerichtete Strecke). Es gilt: Ist $Q \in \Pi$ beliebig und $[R,S]$
ein freier Vektor, so gibt es genau ein Paar (Q,T) mit
$(Q,T) \sim (R,S)$

190

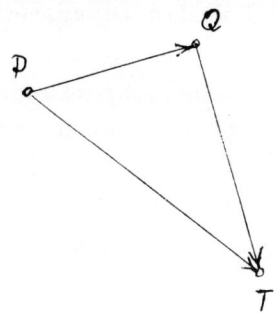

Dann kann man die Addition leicht erklären

$$[\,P,Q\,] + [\,R,S\,] = [\,P,Q\,] + [\,Q,T\,] = [\,P,T\,]$$

Die Multiplikation $\lambda\,[\,P,Q\,]$ wird ähnlich wie zuvor erklärt.

Die Menge der Translationen $T(\Pi)$ bildet ebenfalls einen Vektorraum. Man überlegt leicht, daß alle drei letztgenannten Beispiele isomorph sind. Einfache Isomorphismen sind:

$$f:\ \Pi_A \ \to \ F(\Pi)$$
$$fP \ = \ [A,P]$$

$$g:\ T(\Pi) \to \ \Pi_A$$
$$g\sigma \ = \ \sigma A$$

$$h:\ T(\Pi) \to \ F(\Pi)$$
$$h\sigma \ = \ [P,\sigma P]$$

$$j:\ \Pi_A \ \to \ T(\Pi)$$
$$jP \ = \ (X \mapsto X \overset{+}{}_A P)$$

Die Einführung einer Basis (eines Koordinatensystems) liefert Isomorphismen zu $\mathbb{R}^3$.

Man sieht deutlich, daß der Begriff des Vektorraumes (trotz seiner Armut an Modellen im mathematischen Sinn: für jede Dimension nur eine Isomorphieklasse) eine Fülle von "Repräsentationsmodi" gestattet. Dies sollte didaktisch genutzt werden (wofür man allerdings Abschied nehmen sollte von der monomorphen Gleichung "Vektor = gerichtete Strecke"). Einfache Modelle unendlichdimensionaler Vektorräume (Menge aller Polynome, Menge aller Funktionen f: $[α,β]$ → $\mathbb{R}$, Menge aller Treppenfunktionen, Menge aller reellen Zahlenfolgen etc.) liegen dann nicht so fern !

3. Bemerkungen zur analytischen Geometrie

Die Einführung eines kartesischen Koordinatensystems mit Ursprung A in der Ebene E bzw. im Raum Π liefert eine bijektive Abbildung auf die Menge $\mathbb{R}^2$ bzw. $\mathbb{R}^3$. Für die Behandlung linearer Gleichungen bzw. deren geometrischer Äquivalente (Gerade, Ebenen) ist es vorteilhaft, die Vektorraumstruktur des $\mathbb{R}^2$ bzw. $\mathbb{R}^3$ zu betrachten. Deren Übertragung führt auf die Vektorräume E_A bzw. Π_A (und könnte als Motivation der betreffenden algebraischen Verknüpfungen genutzt werden). Die Parameterdarstellung einer Geraden lautet in $\mathbb{R}^3$:

$$x = p + \lambda t, \ t \neq (0,0,0)$$

In Π_A übertragen

$$X = P \oplus_A (\lambda \odot_A T), \ T \neq A$$

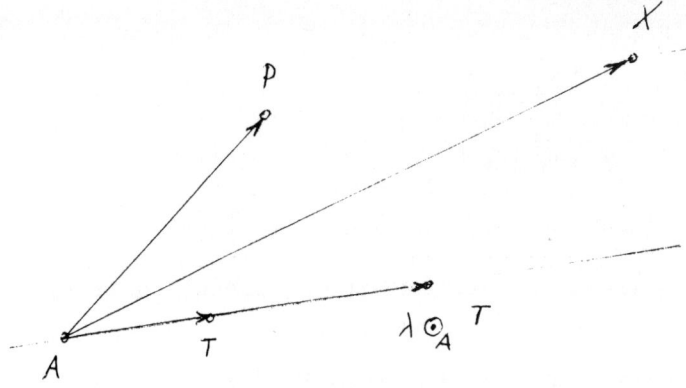

Die Interpretation von T als Punkt ist vielleicht unge-
wohnt, aber durchaus vertretbar:

Die Menge aller Punkte

$$Y = \lambda \odot_A T, \quad \lambda \in \mathbf{R}$$

spannt einen 1-dimensionalen Teilraum auf (eine Gerade
durch den Ursprung A). Die Menge

$$X = P \oplus_A (\lambda \odot_A T)$$

entsteht aus obigem Teilraum durch Parallelverschiebung
(d.h. die Translation $Y \mapsto Y \oplus_A P$ wird angewandt).

Natürlich liegt es im Wesen der analytischen Geometrie,
diesen Isomorphismus durch eine "Identifikation" zu ersetzen:

$$x = p + \lambda t$$

bedeutet die Parameterdarstellung einer Geraden im Raum Ⅱ.

Benutzt man einen Isomorphismus von $\mathbf{R}^3$ auf $F(Ⅱ)$, so erhält man aus

$$x = p + \lambda t$$

die Gleichung

$$\mathscr{C} = \mathscr{Y} + \lambda \mathscr{t}$$

wo $\mathscr{C} = [\, A,X \,]$, $\mathscr{Y} = [\, A,P \,]$, $\mathscr{t} = [\, A,T \,]$.

Wählt man für $\mathscr{t}$ einen Repräsentanten mit Anfangspunkt P, also $(P, P \oplus_A T)$, so kann man schreiben

$$[\, A,X \,] = [\, A,P \,] + \lambda [\, P, P \oplus_A T \,]$$

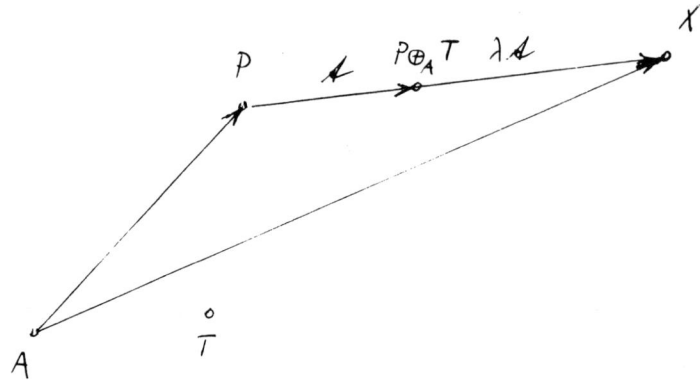

Es fällt auf, daß einerseits der Vektor $\mathscr{t}$ wohl leichter als Richtungsvektor interpretierbar ist ("ganz" frei ist er nicht, da man ihn in die Gerade verlegt), andererseits der Koordinatenursprung unvermeidlich ist (obwohl er in F(Π) keine Rolle spielt).

Es sei noch erwähnt, daß die Strukturierung des $\mathbb{R}^3$ bzw. von Π als affiner Raum eine Vermischung beider Interpretationen ($\mathbb{R}^3 \underset{\sim}{\ } \Pi_A$, $\mathbb{R}^3 \underset{\sim}{\ } F(\Pi)$) gestattet, aber die Sache nicht einfacher macht.

194

4. Vektorwertige Funktionen

In der Kinematik wird die Bahn eines Massenpunktes durch eine Funktion

$$x : I \to \mathbb{R}^3, \quad I \text{ Zeitintervall}$$

$$t \mapsto x(t) = (x_1(t), x_2(t), x_3(t))$$

beschrieben. Es ist klar, daß hier

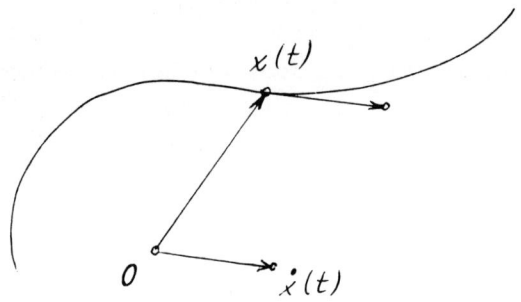

die Interpretation $\mathbb{R}^3 \underset{\sim}{} \Pi_o$ naheliegt, ja unumgänglich ist. Ist x differenzierbar, so erhält man

$$\dot{x} : I \to \mathcal{L}(\mathbb{R}, \mathbb{R}^3) \underset{\sim}{} \mathbb{R}^3$$

$$t \mapsto \dot{x}(t) = (\dot{x}_1(t), \dot{x}_2(t), \dot{x}_3(t))$$

Interpretiert man hier $\mathbb{R}^3 \underset{\sim}{} \Pi_o$, so erhält man einen Orts-pfeil von O zu einem Punkt $\dot{x}(t)$ (macht man dies für jedes t, so erhält man eine neue Kurve, die "abgeleitete" Bahn-kurve, die allerdings ungebräuchlich ist; eine gewisse Be-deutung hat die Kurve

$$t \mapsto \frac{\dot{x}(t)}{||\dot{x}(t)||} \quad \text{erlangt, die man als Kurve auf}$$

der Einheitskugel S^2 interpretieren *kann)* . Anschauli-
cher ist es jedenfalls $\mathbb{R}^3 \simeq \Pi_{x(t)}$ zu verwenden, d.h. $\dot{x}(t)$
als Pfeil mit Anfangspunkt $x(t)$ zu sehen.
Letztlich gelangt man zu folgender Neuinterpretation:

Sei Γ die Bahnkurve, so betrachtet man die Abbildung

$$v : \quad \Gamma \quad \to \quad \bigcup_{\gamma \in \Gamma} \Pi_\gamma$$

$$\gamma = x(t) \longmapsto v(\gamma) = \dot{x}(t) \in \Pi_\gamma$$

d.h. jedem Punkt γ der Kurve Γ wird die Geschwindigkeit $v(\gamma)$,
ein Vektor aus Π_γ, zugeordnet. (Dabei werden die Räume Π_γ
als disjunkt gedacht; für die graphische Veranschaulichung
wählt man einen Raum Π).

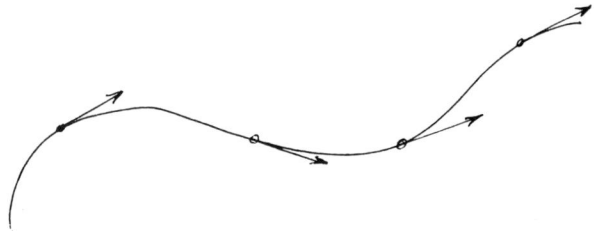

Man hat damit ein Vektorfeld längs Γ erhalten.
Folgende Tatsache verdient noch Erwähnung:

Ist $\alpha : \quad \mathbb{R}^3 \to \mathbb{R}^3$ eine Bewegung oder allgemeiner eine affi-
ne Abbildung (auch als Koordinatentransformation interpre-
tierbar !), $\alpha x = Ax + w$, wo A eine orthogonale oder allgemeiner eine reguläre Matrix ist, so wird jeder Punkt
$\gamma = x(t) \in \Gamma$ in den Punkt $\alpha\gamma = Ax(t) + w$ abgebildet, aber
der Vektor $v(\gamma) = \dot{x}(t) \in \Pi_\gamma$ in den Vektor $Av(\gamma) = A\dot{x}(t) \in \Pi_{\alpha\gamma}$.
Die Translation fällt also weg, aber die orthogonale Matrix
transformiert $v(\gamma)$ in den Vektor $v(\alpha\gamma) = Av(\gamma)$. Die Physiker nennen solche Vektorfelder kovariant. So gesehen, sind
"Punkte" und "Vektoren" nicht dasselbe.

Ähnliche Uminterpretationen sind in der gesamten Feldtheorie wichtig. Es sei etwa ein elektrostatisches Feld gegeben, d.h. eine Funktion

$$F : D \to \mathbb{R}^3$$
$$d \mapsto F(d) = (F_1(d), F_2(d), F_3(d)),$$

wo D ein Gebiet im Raum ist und der Vektor F(d) die Feldstärke beschreibt.

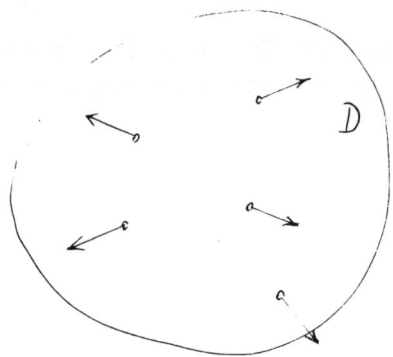

Da man nun den Vektor F(d) als Pfeil mit Anfangspunkt d einzuzeichnen pflegt, ist folgende Uminterpretation naheliegend:

$$F : D \to \bigcup_{d \in D} \Pi_d$$

$$d \mapsto F(d) \in \Pi_d$$

Man kann diesen Vorgang auch bei Skalarfeldern machen:

$$\rho : D \to \mathbb{R}$$

$$d \mapsto \rho(d)$$

Dabei kann $\rho(d)$ die Temperatur, die Dichte, den Luftdruck etc. im Punkte d bedeuten. Eine analoge Uminterpretation liefert

$$\rho : D \to \bigcup_{d \in D} \mathbb{R}_d$$

$$d \mapsto \rho(d) \in \mathbb{R}_d$$

Dabei bedeute $\mathbb{R}_d$ eine zu $\mathbb{R}$ isomorphe Kopie, die im Punkte d angehängt wird. Dies ist nicht so unvernünftig: $\mathbb{R}$ bedeutet doch eine Messung durch eine Skala, d.h. man stellt sich vor, daß man im Punkt d je eine Skala $\mathbb{R}_d$ zur Verfügung hat. Auf einer Wetterkarte bedeutet doch Berlin + 3° C auch, daß man auf einem Thermometer in Berlin die Temperatur + 3° C abgelesen hat.

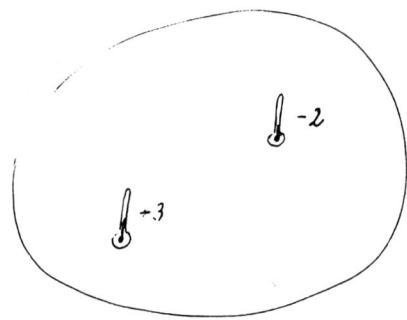

Übrigens kann man das Verfahren der "isomorphen Kopien" auch verwenden, um (unabhängig von der Anschauung) ein Modell von Π_d zu erhalten:

$$\Pi_d = \{ (x,d) \mid x \in \mathbb{R}^3 \}$$

$$(x,d) + (y,d) := (x+y,d), \quad \lambda(x,d) := (\lambda x,d)$$

Zuletzt noch einige Beispiele aus der Statik starrer Körper. Die in einem festen Punkt A angreifenden Kräfte werden durch

Vektoren beschrieben.

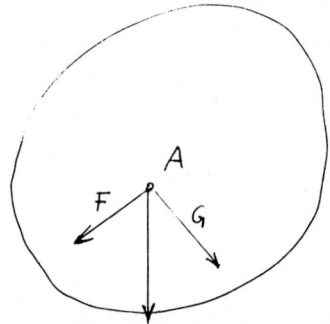

Die "lex quarta" von I.Newton besagt nun gerade, daß die Wirkung mehrerer angreifender Kräfte F,G,..... durch die Wirkung
der Einzelkraft, beschrieben durch $F \oplus_A G \oplus_A \dots$ ersetzt
werden kann. Hier ist $\mathbb{R}^3 \underset{\sim}{} \Pi_A$ naheliegend. Greifen an einen
starren Körper mehrere Kräfte mit verschiedenen Angriffspunk-
ten an, so ist die Beschreibung als Vektorfeld zweckmäßig:

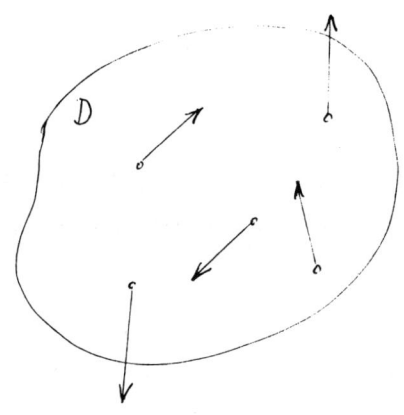

$$F : \quad D \rightarrow \bigcup_{d \in D} \Pi_d$$

$$d \longmapsto F(d)$$

Ein grundlegender Satz der (räumlichen) Statik besagt, daß
die Wirkung eines derartigen Vektorfeldes beschrieben werden

kann durch spezielle wirkungsgleiche Vektorfelder (Kräfte-
paar und Einzelkraft). Die Verwendung freier Vektoren ist
auch hier didaktisch bedenklich:
Man könnte durch die zeichnerische Veranschaulichung das Mißverständnis fördern, daß die Wirkung antiparalleler Kräfte
sich aufhebe und die Wichtigkeit des Aufpunktes (Angriffs-
punktes) übersehen. Anderseits ist die Linienflüchtigkeit
nicht das Analogon zur Parallelgleichheit.

Das Drehmoment einer Kraft, üblicherweise definiert als Vek-
torprodukt $x \wedge F = D$ ist kein kovarianter Vektor. Denn bei
Spiegelung des Raumes $x \mapsto - x$, $F \mapsto - F$ ergibt sich keineswegs $- D$. D ist ein "axialer Vektor". Besser wäre hier
die Verwendung schiefsymmetrischer Tensoren (bzw. alternie-
render Formen), wie überhaupt der ständige anschauliche Gebrauch von Vektorfeldern, zwanglos zu Tensor- oder Spinor-
feldern (Funktionen mit Werten in Räumen multilinearer Formen oder Gruppen) überleiten könnte.

S. Seyfferth

PROZESSLINIEN UND -NETZE IM MATHEMATIKUNTERRICHT DER SEKUNDARSTUFFE II

Anlaß dieses Beitrages ist der z.Z. in der Bundesrepublik Deutschland stattfindende Übergang vom Mathematikunterricht im mathematisch-naturwissenschaftlichen Zweig des Gymnasiums zum Mathematikunterricht in der "reformierten Oberstufe".

Es geht um eine mögliche, ja sogar wahrscheinliche Konsequenz dieses Übergangs:

Im früheren mathematisch-naturwissenschaftlichen Zweig war für den Schüler ein 3-jähriger, intensiv betriebener Block Mathematik-Physik obligatorisch. In diesem Block hatten sich durch die zeitliche, personelle und sonstige organisatorische Verklammerung zahlreiche Beziehungslinien und Beziehungsnetze entwickelt,

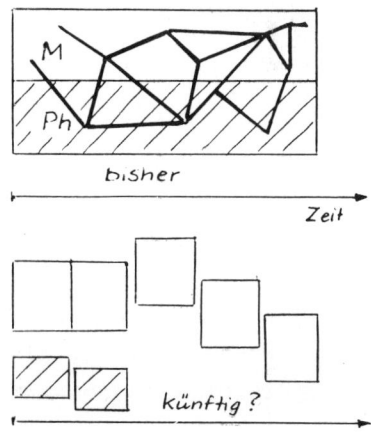

und zwar innerhalb der Mathematik und auch zur Physik. (Fig. oben). Durch die Reform werden thematische Zerlegungen in Halbjahreskurse vorgenommen. Hier liegt die Möglichkeit zur Beschädigung, wenn nicht sogar Zerstörung der genannten Beziehungslinien.

Für das Eintreten einer derartigen Entwicklung spricht:

1. Die wechselnden Teilnehmerkreise legen es dem Lehrer nahe, im Interesse einer bei allen Schülern gleichen Ausgangsbasis auf das explizite Herstellen von kursübergreifenden Beziehungen möglichst zu verzichten.

2. Isolierte Kursthemen können den Lehrer dazu verleiten, kursübergreifende Gesichtspunkte zunehmend als "nicht zur Sache gehörig" anzusehen (die Entwicklung der Hochschulmathematik hat hierfür schlagende Exempel geliefert).

3. Das Stichwort "Kooperation" zwischen Kursleitern der Mathematik untereinander und mit denen der Physik bezeichnet nicht so sehr einen empirischen Begriff als vielmehr ein Postulat.

Eine Beschädigung innermathematischer und mathematisch-physikalischer Beziehungslinien hätte ihrerseits weitreichende Konsequenzen:

1. Sie kann den Vorbereitungsgrad derjenigen Abiturienten beeinträchtigen, die das mathematisch-naturwissenschaftlich-technische Studienfeld anstreben, also dasjenige Studienfeld, das wie kein anderes auf gut organisierte mathematische Vorkenntnis angewiesen ist.

2. Sie enthält die Möglichkeit zum Verschweigen von physikalischen Zugängen zur Analysis und damit zum Verschütten wichtiger Quellen, und damit auch zum Verdunkeln der Tatsache, daß Analysis und Analytische Geometrie immer schon anwendungsorientiert waren.

Diese Entwicklungsmöglichkeit veranlaßt dazu,repräsentative
Beziehungsnetze der genannten Art darzustellen; auf dieser
Grundlage kann dann vielleicht präziser nach den Bedingungen
ihrer künftigen Realisierung gefragt werden.

Einen wichtigen Stellenwert haben m.E. folgende 6 Beziehungslinien bzw. -netze:

1. Das Anfangswertproblem des freien Falls

2. Harmonische Schwingungen

3. Zeigerdarstellung

4. Exponentielle Vorgänge

5. Gedämpfte und erzwungene Schwingungen

6. Ebene und räumliche Kinematik

Der 1. Abschnitt ist eine Beziehungslinie im Zusammenhang
mit der DGl y = - g; wegen ihrer Einfachheit ist sie geeignet, die Begriffe "DGl", "Integrieren einer DGl", "allgemeine Lösung", "Anfangsbedingung" und "Anfangswertproblem" einzuführen.

Die übrigen Abschnitte sind echte Beziehungsnetze; die Netze
2, 3, 5 und 6 werden nachstehend in Gestalt von Diagrammen
dargestellt; eine mögliche zeitliche Reihenfolge der Details
im Unterricht ist durch die in Kreise gesetzten Zahlen gegeben. Auf den Abschnitt 4 wurde der Kürze halber verzichtet
- er ist auch weitgehend "kanonisch".

Eine Anmerkung zur Spalteneinteilung der Diagramme.
Die Übergänge zwischen 1. und 2. Spalte stellen mathematisch-
physikalische Beziehungen her (Pfeile nach rechts sind Moti-
vationen, Anstöße, Pfeile nach links Erfolge, Ergebnisse

Harmonische Schwingungen

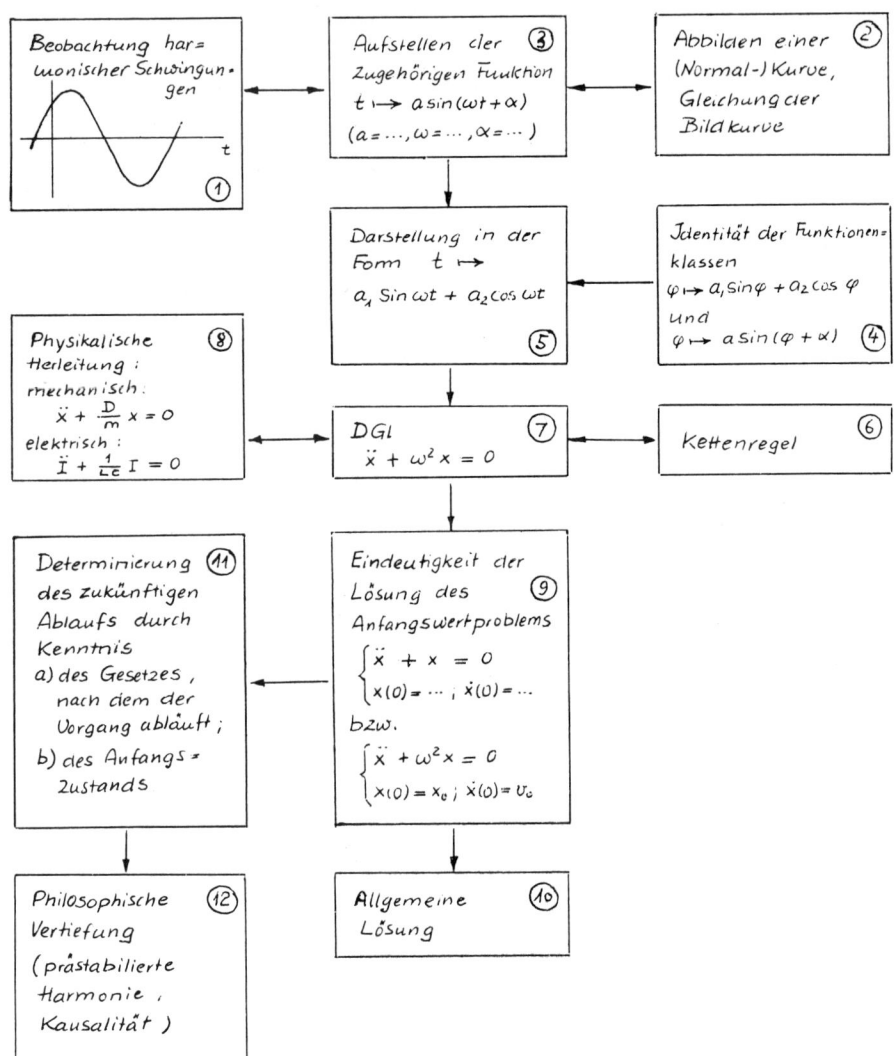

(1) Beobachtung harmonischer Schwingungen

(3) Aufstellen der zugehörigen Funktion
$t \longmapsto a\sin(\omega t + \alpha)$
$(a = \ldots, \omega = \ldots, \alpha = \ldots)$

(2) Abbilden einer (Normal-)Kurve, Gleichung der Bildkurve

(5) Darstellung in der Form $t \longmapsto$
$a_1 \sin \omega t + a_2 \cos \omega t$

(4) Identität der Funktionenklassen
$\varphi \longmapsto a_1 \sin \varphi + a_2 \cos \varphi$
und
$\varphi \longmapsto a \sin(\varphi + \alpha)$

(8) Physikalische Herleitung:
mechanisch:
$\ddot{x} + \dfrac{D}{m}\, x = 0$
elektrisch:
$\ddot{I} + \dfrac{1}{Lc}\, I = 0$

(7) DGl
$\ddot{x} + \omega^2 x = 0$

(6) Kettenregel

(11) Determinierung des zukünftigen Ablaufs durch Kenntnis
a) des Gesetzes, nach dem der Vorgang abläuft;
b) des Anfangszustands

(9) Eindeutigkeit der Lösung des Anfangswertproblems
$\begin{cases} \ddot{x} + x = 0 \\ x(0) = \ldots, \ \dot{x}(0) = \ldots \end{cases}$
bzw.
$\begin{cases} \ddot{x} + \omega^2 x = 0 \\ x(0) = x_0 \ ; \ \dot{x}(0) = v_0 \end{cases}$

(12) Philosophische Vertiefung
(prästabilierte Harmonie, Kausalität)

(10) Allgemeine Lösung

Zeigerdarstellung

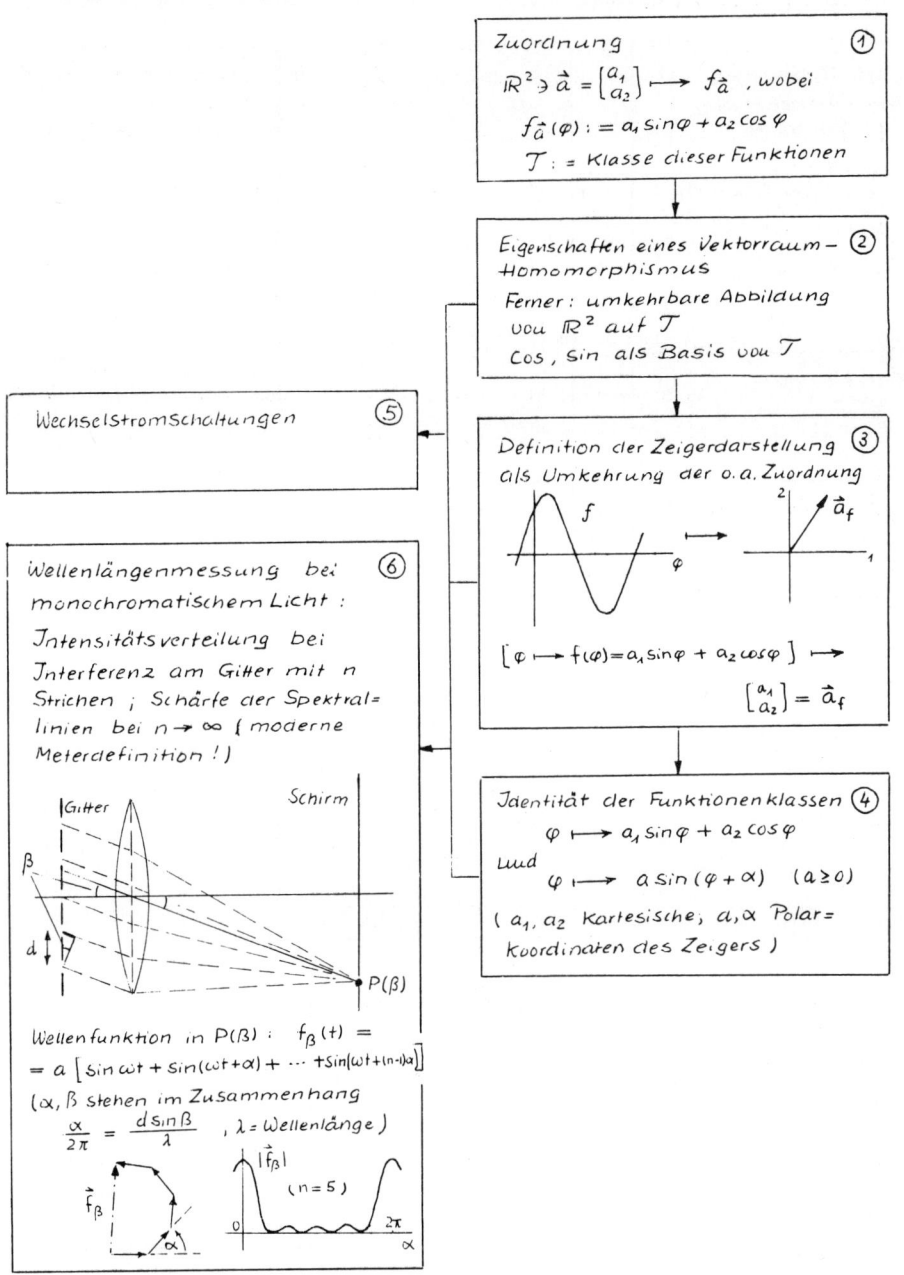

① Zuordnung

$\mathbb{R}^2 \ni \vec{a} = \begin{bmatrix} a_1 \\ a_2 \end{bmatrix} \longmapsto f_{\vec{a}}$, wobei

$f_{\vec{a}}(\varphi) := a_1 \sin\varphi + a_2 \cos\varphi$

$\mathcal{T} :=$ Klasse dieser Funktionen

② Eigenschaften eines Vektorraum-Homomorphismus

Ferner: umkehrbare Abbildung von $\mathbb{R}^2$ auf $\mathcal{T}$

Cos, Sin als Basis von $\mathcal{T}$

⑤ Wechselstromschaltungen

③ Definition der Zeigerdarstellung als Umkehrung der o.a. Zuordnung

$f \longmapsto \vec{a}_f$

$[\varphi \longmapsto f(\varphi) = a_1 \sin\varphi + a_2 \cos\varphi] \longmapsto \begin{bmatrix} a_1 \\ a_2 \end{bmatrix} = \vec{a}_f$

⑥ Wellenlängenmessung bei monochromatischem Licht:

Intensitätsverteilung bei Interferenz am Gitter mit n Strichen; Schärfe der Spektral= linien bei $n \to \infty$ (moderne Meterdefinition!)

Gitter — Schirm — $P(\beta)$

Wellenfunktion in $P(\beta)$: $f_\beta(t) =$

$= a \left[\sin\omega t + \sin(\omega t + \alpha) + \cdots + \sin(\omega t + (n-1)\alpha) \right]$

(α, β stehen im Zusammenhang $\frac{\alpha}{2\pi} = \frac{d \sin\beta}{\lambda}$, $\lambda =$ Wellenlänge)

$\vec{f}_\beta$

$|\vec{f}_\beta|$ $(n=5)$

④ Identität der Funktionenklassen

$\varphi \longmapsto a_1 \sin\varphi + a_2 \cos\varphi$

und

$\varphi \longmapsto a \sin(\varphi + \alpha)$ $(a \geq 0)$

(a_1, a_2 Kartesische, a, α Polar= koordinaten des Zeigers)

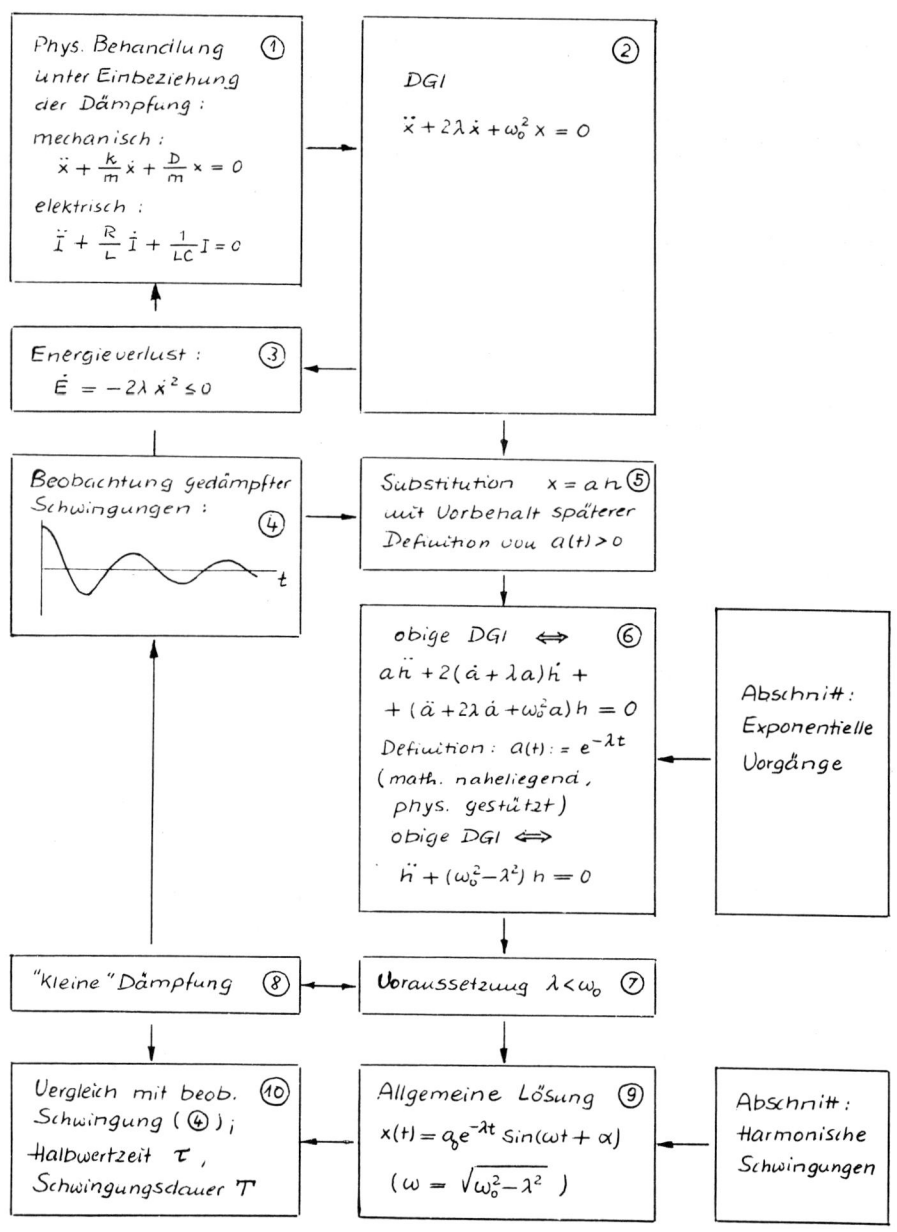

① Phys. Behandlung unter Einbeziehung der Dämpfung:

mechanisch:
$$\ddot{x} + \frac{k}{m}\dot{x} + \frac{D}{m}x = 0$$

elektrisch:
$$\ddot{I} + \frac{R}{L}\dot{I} + \frac{1}{LC}I = 0$$

② DGl
$$\ddot{x} + 2\lambda\dot{x} + \omega_0^2 x = 0$$

③ Energieverlust:
$$\dot{E} = -2\lambda\dot{x}^2 \leq 0$$

④ Beobachtung gedämpfter Schwingungen:

⑤ Substitution $x = a\,h$ mit Vorbehalt späterer Definition von $a(t) > 0$

⑥ obige DGl $\Longleftrightarrow$
$$a\ddot{h} + 2(\dot{a} + \lambda a)\dot{h} + (\ddot{a} + 2\lambda\dot{a} + \omega_0^2 a)h = 0$$
Definition: $a(t) := e^{-\lambda t}$ (math. naheliegend, phys. gestützt)
obige DGl $\Longleftrightarrow$
$$\ddot{h} + (\omega_0^2 - \lambda^2)h = 0$$

Abschnitt: Exponentielle Vorgänge

⑧ "Kleine" Dämpfung

⑦ Voraussetzung $\lambda < \omega_0$

⑩ Vergleich mit beob. Schwingung (④); Halbwertzeit τ, Schwingungsdauer T

⑨ Allgemeine Lösung
$$x(t) = a_0 e^{-\lambda t}\sin(\omega t + \alpha)$$
$$(\omega = \sqrt{\omega_0^2 - \lambda^2})$$

Abschnitt: Harmonische Schwingungen

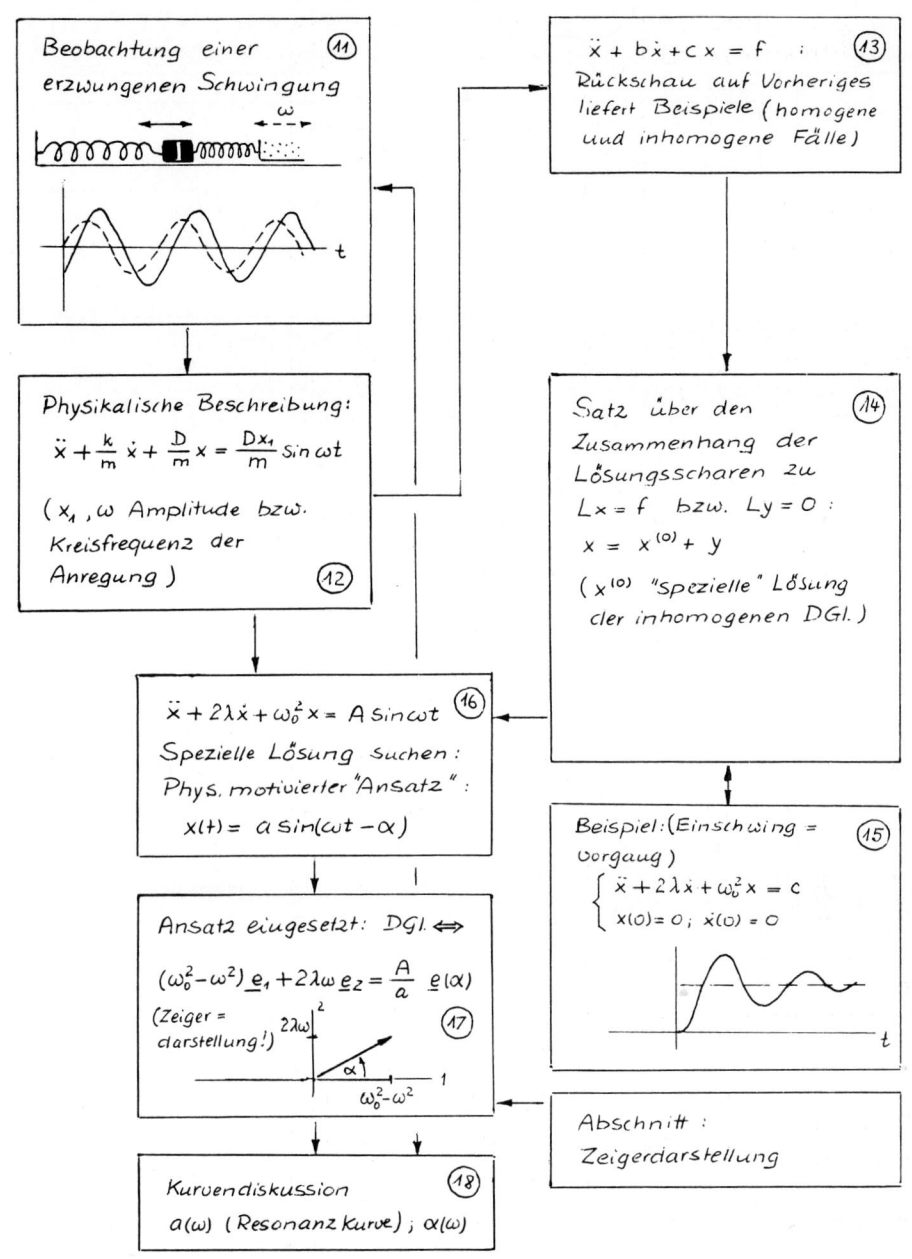

Beobachtung einer ⑪
erzwungenen Schwingung

Physikalische Beschreibung:

$$\ddot{x} + \frac{k}{m}\,\dot{x} + \frac{D}{m}\,x = \frac{Dx_1}{m}\,\sin\omega t$$

(x_1 , ω Amplitude bzw.
Kreisfrequenz der
Anregung) ⑫

$$\ddot{x} + 2\lambda\dot{x} + \omega_0^2 x = A\sin\omega t \quad ⑯$$

Spezielle Lösung suchen:
Phys. motivierter "Ansatz":

$$x(t) = a\sin(\omega t - \alpha)$$

Ansatz eingesetzt: DGl. $\Longleftrightarrow$

$$(\omega_0^2 - \omega^2)\,\underline{e}_1 + 2\lambda\omega\,\underline{e}_2 = \frac{A}{a}\,\underline{e}(\alpha)$$

(Zeiger =
darstellung!) ⑰

Kurvendiskussion ⑱
$a(\omega)$ (Resonanzkurve) ; $\alpha(\omega)$

$$\ddot{x} + b\dot{x} + cx = f \quad ; \quad ⑬$$

Rückschau auf Vorheriges
liefert Beispiele (homogene
und inhomogene Fälle)

Satz über den ⑭
Zusammenhang der
Lösungsscharen zu
$Lx = f$ bzw. $Ly = 0$:

$$x = x^{(0)} + y$$

($x^{(0)}$ "spezielle" Lösung
der inhomogenen DGl.)

Beispiel: (Einschwing = ⑮
vorgang)

$$\begin{cases} \ddot{x} + 2\lambda\dot{x} + \omega_0^2 x = c \\ x(0) = 0 ; \ \dot{x}(0) = 0 \end{cases}$$

Abschnitt :
Zeigerdarstellung

207

Kinematik

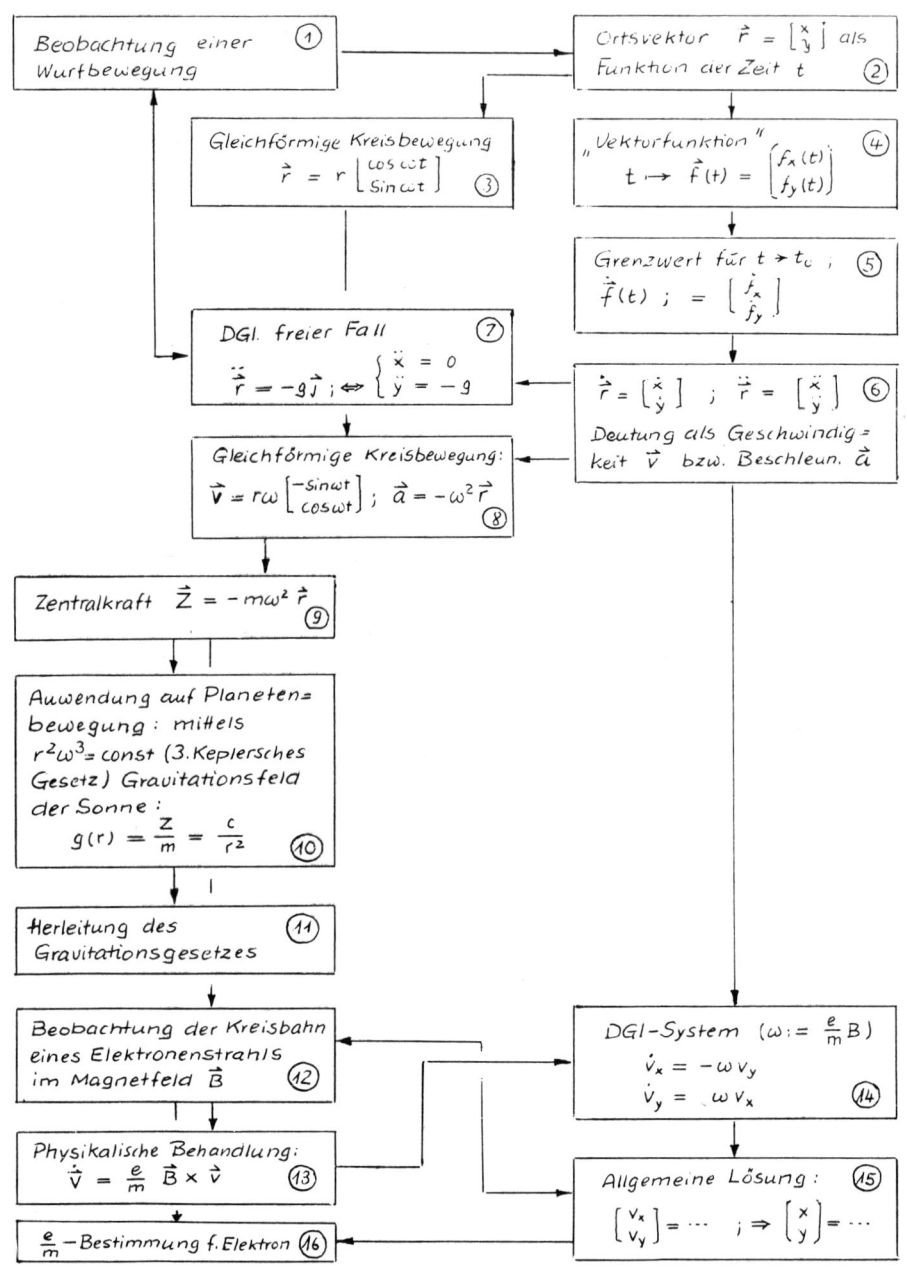

(1) Beobachtung einer Wurfbewegung

(2) Ortsvektor $\vec{r} = \begin{bmatrix} x \\ y \end{bmatrix}$ als Funktion der Zeit t

(3) Gleichförmige Kreisbewegung
$$\vec{r} = r \begin{bmatrix} \cos\omega t \\ \sin\omega t \end{bmatrix}$$

(4) „Vektorfunktion"
$$t \mapsto \vec{f}(t) = \begin{pmatrix} f_x(t) \\ f_y(t) \end{pmatrix}$$

(5) Grenzwert für $t \to t_0$;
$$\dot{\vec{f}}(t) ; = \begin{bmatrix} \dot{f}_x \\ \dot{f}_y \end{bmatrix}$$

(6) $\dot{\vec{r}} = \begin{bmatrix} \dot{x} \\ \dot{y} \end{bmatrix}$; $\ddot{\vec{r}} = \begin{bmatrix} \ddot{x} \\ \ddot{y} \end{bmatrix}$
Deutung als Geschwindigkeit $\vec{v}$ bzw. Beschleun. $\vec{a}$

(7) DGl. freier Fall
$$\ddot{\vec{r}} = -g\,\vec{j} ; \Leftrightarrow \begin{cases} \ddot{x} = 0 \\ \ddot{y} = -g \end{cases}$$

(8) Gleichförmige Kreisbewegung:
$$\vec{v} = r\omega \begin{bmatrix} -\sin\omega t \\ \cos\omega t \end{bmatrix} ; \quad \vec{a} = -\omega^2 \vec{r}$$

(9) Zentralkraft $\vec{Z} = -m\omega^2 \vec{r}$

(10) Anwendung auf Planetenbewegung: mittels $r^2\omega^3 =$ const (3. Keplersches Gesetz) Gravitationsfeld der Sonne:
$$g(r) = \frac{Z}{m} = \frac{c}{r^2}$$

(11) Herleitung des Gravitationsgesetzes

(12) Beobachtung der Kreisbahn eines Elektronenstrahls im Magnetfeld $\vec{B}$

(13) Physikalische Behandlung:
$$\dot{\vec{v}} = \frac{e}{m} \vec{B} \times \vec{v}$$

(14) DGl-System $\left(\omega := \frac{e}{m}B\right)$
$$\dot{v}_x = -\omega v_y$$
$$\dot{v}_y = \omega v_x$$

(15) Allgemeine Lösung:
$$\begin{bmatrix} v_x \\ v_y \end{bmatrix} = \cdots ; \Rightarrow \begin{bmatrix} x \\ y \end{bmatrix} = \cdots$$

(16) $\frac{e}{m}$ -Bestimmung f. Elektron

mathematischer Betrachtungen, aber auch Anstöße für physikalische Betrachtungen). Entsprechendes gilt für die Pfeile zwischen 2. und 3. Spalte: sie stellen innermathematische Beziehungen her: Anstöße für systematischere und allgemeinere Verfahren (3. Spalte) bzw. deren Ergebnisse bei Anwendung auf konkretere Fragen (2. Spalte). Es zeigen sich dabei auch Beziehungen zwischen Analysis und Analytischer Geometrie.

Ein solcher Abschnitt ist durch ein hohes Maß an "Beziehungshaltigkeit" gekennzeichnet. Man kann das Konstruktionsprinzip eines Abschnitts aber noch ausgemessener ausdrücken: jeder Abschnitt verdeutlicht eine Prozeßlinie (so Abschnitt 1) bzw. ein Prozeßnetz (die übrigen Abschnitte).

Dieser Punkt ist aus folgendem Grund wichtig. Die Schulmathematik hat sich stark an strukturellem Aufbau und an der Strenge orientiert. Dabei wurde m.E. übersehen, daß die streng betriebene und strukturorientierte Hochschulmathematik Motive wenigstens im Nachhinein gestattet; eine entsprechend orientierte Schulmathematik leistet nicht einmal dies: sie erdrückt die Motive a priori (zur Genese nimmt man sich nicht die Zeit), und zu den wesentlichen Motiven a posteriori kommt sie ohnehin nicht.

Die Folge ist der fast unvermeidliche Eindruck auf die Schüler, daß Mathematik eine Art Grammatik ist, die zwar auf hohem Niveau abgehandelt wird, deren Zwecke man aber nicht erkennen kann.

Es ist wichtig für ein repräsentatives Erscheinungsbild der Mathematik, daß auch in der Oberstufe wieder deutlich wird: mathematisches Arbeiten ist ergebnisorientiert. Ergebnisorientierung wiederum fordert einen Prozeß, der von den

Prämissen ein nennenswertes Stück weit wegführt zu Neuem,
das zwar nicht spektakulär sein muß, aber immerhin den Aufwand als sinnvoll erscheinen läßt.

Die o.a. Gliederung ist von einem systematischen Standpunkt
aus nicht zwingend. Es zeigt sich im Gegenteil, daß die Beziehungsnetze ihrerseits einen größeren Zusammenhang darstellen. Dennoch enthält die vorgenommene Auswahl relativ wenig
Willkür, und zwar in folgendem Sinne:

(1) Ein Vergleich mit den Anforderungen des mathematisch-
    naturwissenschaftlich-technischen Studienfeldes zeigt,
    daß die vorgelegte Systematik mit diesen Anforderungen
    recht gut korreliert ist, d.h. es wurden vorwiegend
    solche Inhalte und Verfahren ausgewählt, die in den An-
    forderungen zu Beginn des Studiums besonders häufig
    vorkommen.

(2) Es wurde versucht, an die üblichen Inhalte und Verfah-
    ren der Analysis und Analytischen Geometrie anknüpfend,
    wichtige Quellen explizit und ausführlich zur Sprache
    zu bringen.

(3) Die genannten Beziehungsnetze sind in das kanonische
    Curriculum der Differential- und Integralrechnung und
    der Analytischen Geometrie gut integrierbar; wie die
    Erfahrung gezeigt hat, stabilisieren sie bei guter Ab-
    stimmung mit einem mehrjährigen Gesamtcurriculum den
    Erfolg des Mathematikunterrichts erheblich.

H.G. Steiner

ZUR METHODIK DES MATHEMATISIERENDEN UNTERRICHTS

Meinen Vortrag werde ich in fünf Teile gliedern:

1. Bemerkungen über Philosophie der Mathematik und Didaktik
   der Mathematik
2. Bemerkungen über reine und angewandte Mathematik
3. Zur Methodologie des Mathematisierens
4. Zur Methodik des mathematisierenden Unterrichts
5. Bemerkungen zur Lehrerbildung

1. Bemerkungen über Philosophie der Mathematik und Didaktik der Mathematik

In seinem aufsehenerregenden Vortrag "Modern Mathematics:
Does it exist?" auf dem 2. Internationalen Kongreß für Mathematikunterricht in Exeter 1972 hat R. Thom festgestellt
([1]): "Tatsächlich beruht, ob man es nun wahrhaben will
oder nicht, alle mathematische Pädagogik ... auf einer Philosophie der Mathematik". Es ist nicht schwer, diese Feststellung an den verschiedenen Entwicklungen und Reformen des
mathematischen Unterrichts zu verifizieren. Soweit eine solche Philosophie explizit genannt wurde, bezog sie sich in
neuester Zeit häufig auf die bekannten von der Mathematik
und ihrer Grundlagenforschung bereitgestellten Positionen:
Logizismus, Formalismus, Strukturalismus, Konstruktivismus
(Operationalismus) (s. hierzu auch [2], [3]).
So ist die von Z.P. Dienes entwickelte Didaktik der natürlichen Zahlen und Arithmetik in der Grundschule, die einen
enormen Einfluß auf die "Neue Mathematik" in der Grundschule
in der Bundesrepublik Deutschland gehabt hat, eindeutig bestimmt durch die kardinalzahltheoretisch- logizistische Auf-

fassung von Frege und Russel (s. [4] und [5]). Auf einer
Konferenz in den USA, auf der das Projekt Comprehensive
School Mathematics Program (CSMP) einen pluralistischen Zugang darstellte, insistierte Dienes: Aber Sie müssen doch
von einer bestimmten Definition des Zahlbegriffs ausgehen.
Ähnlich hat P. Suppes in seinen Schul- und Vorschulbüchern
([6]) den kardinalen Aspekt einseitig seiner Methode zugrunde gelegt. In einem von Dienes zusammengestellten Bericht
über "Mathematics in Primary Education" heißt es ([7], S.
73): "What these attempts all have in common is that the
workers in these projects (genannt werden explizit: Suppes,
Rosenbloom, Hull, Dienes, das Greater Cleveland Project, die
School Mathematics Study Group, das Ball State Project) be-
lieve that the foundation on which the idea of number is
based is explicit knowledge of the properties of sets, because it is assumed that since number is a property of sets,
the fundamental notions relating to sets must be learned
first because number is superordinate to set and therefore
number cannot properly be understood without the subordinate
concepts of set being understood first" (Zur Kritik s. [8],
[9]).

Auch an den deutschen Gymnasien hat man schon vor der Grund-
schulreform eine Zeitlang geglaubt - und dies hatte Nieder-
schlag in den Lehrplänen und Schulbüchern gefunden - man müsse in der Eingangsklasse 5 den vorher in der Grundschule an-
geblich unwissenschaftlich erworbenen Zahlbegriff auf eine
wissenschaftliche - und das hieß logizistische - Grundlage
stellen. (Zur Kritik s. [10])

In seinen auf Unterrichtsfragen bezogenen Schriften hat H.
Meschkowski (s.z.B. [11]) den Formalismus, wie ihn H.B.
Curry in seinem Buch "Outlines of a formalist philosophy of
mathematics" ([12]) mit der These "Mathematics is the
science of formal systems" vertritt, als Orientierungsrah-

men verwendet. Tatsächlich versucht Curry,durch seine Position einen gegenüber dem Grundlagenstreit zwischen Platonisten und Konstruktivisten der verschiedenen Provenienz unabhängigen Standpunkt zu gewinnen. In bezug auf Unterricht führt dieser jedoch leicht zu den verhängnisvollen Auffassungen: Mathematik ist nichts anderes als die Beschäftigung mit formalen Systemen, und man treibt so lange noch keine richtige Mathematik, wie man nicht die Organisationsform und das Darstellungsniveau der formalen Systeme erreicht hat.

Unter "Strukturalismus" möge diejenige Interpretation des Bourbakischen Aufbaus der Mathematik verstanden werden, die in den Strukturen, wie sie insbesondere durch die topologischen und algebraischen Grundstrukturen und die daraus erwachsenden Mischstrukturen von Bourbaki dargestellt werden, und genereller in einer allgemeinen Strukturtheorie den eigentlichen Gegenstand der Mathematik sieht. Zwar werden auch die Strukturen durch formale Systeme, nämlich polymorphe Axiomensysteme, beschrieben. Gegenüber Currys Formalismus werden aber gerade diese formalen Systeme (mit großen Vorteilen in der Neuordnung der Mathematik) favorisiert. Obwohl der Strukturbegriff den Bezug auf konkrete mathematische Gebilde als jeweilige Realisierungen der Strukturen umfaßt, liegt in dieser Favorisierung eine doppelte sowohl die Universitätsmathematik (als Lehrgegenstand) wie eine entsprechend ausgerichtete Schulmathematik betreffende Gefahr: die konkreten (häufig klassischen) Gebilde werden vernachlässigt oder erscheinen höchstens flüchtig als Beispiel, und andere formale Systeme, wie sie in jedem Algorithmus oder Kalkül vorliegen, werden als nicht genügend allgemein unterdrückt. Im Schulunterricht, wo (zu) zaghafte Versuche gemacht wurden,Strukturen wie Gruppe, Ring, Vektorraum oder auch topologischer Raum zu behandeln, hat das zu Organisationsformen von Mathematik geführt, bei denen man unter der Strukturdevise nichts weiter als Sammlungen von Beispielen zu den jeweiligen Struk-

turbegriffen anlegte (Gruppenerkennungsdienst!) und diese
klassifikatorische Scholastik dann als moderne Mathematik
ausgab. (Zur Kritik s. [3])

Als Gegenposition zum Strukturalismus wie auch zum Logizismus ist in Diskussionen und Auseinandersetzungen über die
Ausrichtung des mathematischen Unterrichts der Konstruktivismus propagiert worden. Eine Gruppe von Schülern Paul
Lorenzens machte für den Unterricht den Standpunkt geltend,
daß die axiomatische Mengenlehre, die man letztlich insbesondere zur kardinalen Fundierung des Zahlbegriffs benötige,
bis heute nicht als widerspruchsfrei erwiesen sei und das mit
konstruktiven Mitteln Erreichbare überschreite. Man müsse
deshalb versuchen, den von Lorenzen entwickelten operativen
Zugang zu den natürlichen Zahlen und zur Arithmetik für die
Grundschule gangbar zu machen (s. [13]). Von einem durch
Lorenzen beeinflußten, jedoch nicht genau auszumachenden
Standpunkt aus hat D. Laugwitz versucht, die Bestrebungen,
Elemente der strukturell orientierten Mathematik im Gymnasial-
unterricht fruchtbar zu machen, einschließlich des für Mathematiklehrer von einem Autorenteam verfaßten mehrbändigen
Werkes "Grundzüge der Mathematik" pauschal als einseitig
axiomatizistisch-strukturmathematisch zu attackieren (s.
[14]). Als vermeintlich bessere Alternative zum mengentheo-
retisch-logizistisch gewonnenen oder axiomatisch mit Hilfe
eines Vollständigkeitsaxioms beschriebenen Gebilde der reellen Zahlen z.B. bietet er Non-Standard-Modelle und eine
darauf aufgebaute Non-Standard-Analysis an. (Zur Kritik s.
[15]).

Eine Philosophie des mathematischen Unterrichts, die sich
einem der (mehr oder weniger) standardisierten Grundlagenstandpunkte anschließt oder ihre Möglichkeiten allein in
dem durch diese gegebenen Spielraum sieht, ist von vornherein
mit schwerwiegenden Problemen behaftet. Das hängt u.a. damit

zusammen, daß die unterrichtlichen Erschließungs- und Entwicklungsaufgaben etwas ganz anderes sind als die von den Grundlagenstandpunkten aus behandelten Begründungsprobleme. Allgemeiner trifft mindestens für den Logizismus, den Formalismus und Strukturalismus zu,daß sie den dynamischen und prozessualen Charakter der Mathematik weitgehend außer acht lassen. (s. [16]). Erst in jüngster Zeit hat die Didaktik der Mathematik in Ansätzen gezeigt, daß sie sich bewußt und eigenständig von diesen Vorgaben der Grundlagenforschung zu lösen vermag. Über eine eklektizistische Einstellung hinaus, bei der im Mathematikunterricht gegebenenfalls mehrere Grundlagenstandpunkte nebeneinander zur Geltung kommen, hat sie neue integrative Konzepte entwickelt.

Etwa in bezug auf die natürlichen Zahlen und die Arithmetik sind zunächst verschiedene Aspekte identifiziert worden: der kardinale, der ordinale, der algorithmische, der Größenaspekt und die Operatorenauffassung (s. [9]), neben einer großen Variation von strukturellen Darstellungen, die von den Peano-Axiomen bis zur Kennzeichnung des Gebildes der natürlichen Zahlen als universelles Element in der Kategorie der Peano-Systeme bzw. der kommutativen Halbgruppen reicht ([17]). Die mathematische Ausarbeitung der erstgenannten Aspekte (s.u.a. [18]) bietet eine Basis für ihre mathematische Legitimität.

Nach den gewonnenen Erfahrungen und Analysen zum Arithmetikunterricht dürfte nun ein aspektreiches, pluralistisches Vorgehen, das entsprechend auch verschiedene Darstellungsmittel wie Cuisenaire-Stäbe, Mengen konkreter Objekte und Mengenbilder, die Zahlengerade, Rechengeld, Relations- bzw. Operatordiagramme, den Papyschen Minicomputer nach entsprechenden Einführungsphasen koordiniert nebeneinander verwendet, pädagogisch und lernpsychologisch geboten sein (s. z.B. [9], [19] , [20] , [21]). Es gewährleistet ein breites

Auffangen von Vorerfahrungen, die die Kinder teilweise bereits in den Anfangsunterricht der Grundschule mitbringen, und eine flexible, beziehungsreiche und anwendungsbezogene fortschreitende Entfaltung. Dabei ist für unsere Erörterung von Bedeutung, daß dieser Zugang auch mathematisch kohärent beschreibbar ist, wie E. Wittmann (in einem Vortrag) durch die Darstellung der verschiedenen Aspekte als System kompatibler Piagetscher Gruppierungen gezeigt hat.

Insgesamt steht hinter dieser Auffassung ein für die Didaktik (und die mathematische Epistemologie) fundamentales erweitertes Verständnis dessen, was ein mathematischer Begriff ist. Während für den deduktiven Aufbau von Teilen der Mathematik bewußt die Fülle der Bedeutungen abgestreift und auf ein axiomatisches Minimalkonzept reduziert wird, ist in einem erweiterten Sinne der Begriff als Verbundsystem von Darstellungen, Interpretationen und Verwendungsweisen anzusehen (s. in diesem Zusammenhang auch [16] und [22]). Ein solches Verbundsystem darf jedoch nicht wieder als ein geschlossenes System verstanden werden. Die Entwicklung der mathematischen Forschung im üblichen Sinne liefert ständig neue Systemkomponenten. Ferner kennen wir die tatsächlichen und möglichen Interpretationen und Verwendungsweisen gerade des als bekannt Geltenden nur unvollständig. Das zeigen die vorangehend erläuterten und andere didaktische Untersuchungen, wie sie etwa A. Kirsch am Beispiel der Repräsentationsmodi oder am Problem des Vereinfachens im Mathematikunterricht durchgeführt hat ([23], [24]). Hier zeichnen sich insgesamt neue Voraussetzungen und Möglichkeiten einer für die Didaktik adäquaten Philosophie der Mathematik ab.

Thom bringt für diese Erörterung eine Reihe von Aspekten ins Spiel, auf die ich durch einige Zitate hinweisen möchte, ohne den darin zum Ausdruck kommenden Irrationalismus zu teilen. Thom fordert ebenfalls eine Herauslösung des Mathematikverständnisses aus den gegebenen grundlagentheoretischen Posi-

tionen. Er sieht sinnvoll betriebene Mathematik stets einerseits bezogen auf Bedeutungen, andererseits in hohem Maße bestimmt von der Anerkennung durch die Fachleute. In seinem Artikel "Moderne Mathematik: Ein erzieherischer und philosophischer Irrtum?" beschreibt er seine Philosophie als eine Verbindung einer realistisch-platonischen und einer empirisch-soziologischen Sicht ([25] , S. 378 ff):
"Die Mathematiker haben stets nur eine unvollständige und bruchstückhafte Vision von der Welt der Ideen. Demzufolge stellt jeder Beweis vor allem die Enthüllung einer neuen Struktur dar, deren Elemente zusammenhanglos in der Intuition des Menschen vorhanden waren, bis sie durch das Denken miteinander in Verbindung gebracht wurden. In diesem Sinne ist jeder Beweis eine sokratische Erfahrung (Mäeutik!). Vom Leser wird der Nachvollzug der psychologischen Vorgänge gefordert, die zur Erkenntnis der impliziten Wahrheit erforderlich sind ..." "Der Mathematiker kann das Problem der Widerspruchsfreiheit vergessen, da ja die Welt der Ideen über unsere 'technischen Möglichkeiten' weit hinausgeht. In der Intuition liegt die ultima ratio unseres Glaubens an die Wahrheit eines Theorems... Es gibt keine strenge Definition von Strenge. Jeder Beweis ist streng, der von all denen akzeptiert wird, die entsprechend ausgebildet und vorbereitet sind, den Beweis zu verstehen".
"Die Evidenz, die zur Überzeugung führt, resultiert aus einem genügend klaren Verständnis jedes einzelnen vorkommenden Symbols. Von diesem Standpunkt aus gesehen ist Strenge (oder ihr Gegenteil: Ungenauigkeit) im wesentlichen eine lokale Eigenschaft des mathematischen Denkens. Um die Gültigkeit logischer Gedankenführung zu beurteilen, ist weder eine sorgfältig ausgearbeitete axiomatische Struktur noch ein kompliziertes Begriffssystem erforderlich. Es gnügt, wenn man die Bedeutung jedes einzelnen Symbols versteht und eine genügend vollständige Übersicht über dessen operative Eigenschaften hat".

Diese Sicht Thoms, die teilweise auf die bedeutende Arbeit
von G. Kreisel über "The formalist-positivist doctrin of
mathematical precision in the light of experience" ([26])
gegründet ist, trifft auf interdisziplinäre Ansätze und Entwicklungen, in denen u.a. Wissenschaftssoziologie, Erkennt-
nispsychologie, Linguistik, Information Processing Research
(einschließlich Kontrolltheorie und Artificical Intelligence)
zusammenwirken und mit deren Hilfe eine tiefere wissenschaftliche Erforschung und didaktische Umsetzung zu erwarten ist. Bei einem kürzlich erfolgten Besuch in den USA
fand ich vor allem in der Boston Region eine Reihe von entsprechenden Forschungsvorhaben vor: die Division for Study
and Research in Education, MIT (W.T. Martin, S.A. Papert,
B.R. Snyder u.a.), das Boston University Mathematics Project
(U. Haber-Schaim u.a.), Projekte am Educational Development
Center, Newton, Mass. (J.R. Zacharias, J.L. Schwartz u.a.).

2. Bemerkungen über reine und angewandte Mathematik

Die Forschungsansätze in den genannten und anderen ameri-
kanischen Zentren werden auch gespeist von einer (im übrigen weltweiten) Neuorientierung des Mathematikunterrichts,
in der neben der Betonung der Entwicklung von Problemlö-
sefähigkeiten bei den Schülern, der Erforschung von kognitiven Entwicklungen und mathematischen Lernprozessen, des besseren Verständnisses der Rolle der Lehrer im Unterricht und
bei Innovationen, insbesondere die stärkere Einbeziehung
sinnvoller (sog. "real world") Anwendungen eine dominieren-
de Rolle spielt. (s. [27] , [28] und die dort angegebene Literatur). P. Hilton hat in seinem Vortrag auf dem Karlsruher
Kongreß ([29]) vor Einseitigkeiten gewarnt, die besonders
darin bestehen, die angewandte Mathematik als Alternative
zur reinen Mathematik darzustellen, und die in der Tendenz
zu integrierten Curricula die Gefahr beinhalten, daß ein
eigenständiger Mathematikunterricht in Zukunft nicht mehr
gewährleistet ist. In bezug auf die Hervorhebung der Anwen-

dungen bei der gesellschaftlichen Rechtfertigung der Arbeit
an den mathematischen Fakultäten, hatte Hilton in einem
position paper, das im März-April 1975-Newsletter des
Conference Board of the Mathematical Sciences erschien, bereits die tatsächlichen Beziehungen zwischen reiner und angewandter Mathematik herauszuheben versucht ([30] , S. 18):
"The ability to do applied mathematics - to make an appropriate
model of a non-mathematical situation, to reason within the
model, and to refer one's mathematical solution back to the
original non-mathematical problem - is very hard to acquire.
It is undoubtedly far more difficult than pure mathematics
itself and, traditionally, pure mathematics is no easy
option for the average student! For in pure mathematics,
one can very largely control the area of mathematics in
which one wishes to work. The applied mathematician must be
prepared to choose the area of mathematics which he is going
to try to apply to the given situation from a very large
domain ... Applied mathematics is not an alternative to
pure mathematics. It is the super-imposition of an extra and
very difficult skill on top of the already difficult problem
of learning mathematics".

Versucht man die Anwendungen der Mathematik im Rahmen einer
für die Didaktik grundlegenden Philosohie der Mathematik zu
reflektieren, so stößt man bei der Analyse der verschiedenen
historischen und gegenwärtigen Aussagen über angewandte, an-
wendende, anwendbare, praktische, "worldly" (vs."monastic",
nach T.C. Fry und J. Weyl) Mathematik, "mathematische Exeku-
tive" (Runge), mathematische und teilweise mathematische Wissenschaften (COSRIMS), mathematische Modellbildung usw. (s.
hierzu [31]),auf komplizierte semantische Probleme, die weiterer Bearbeitung bedürfen (s. auch [32]). Zur Beurteilung
verschiedener Positionen schon in der Einschätzung der
Wechselwirkung zwischen reiner und angewandter Mathematik
mögen hier zwei Zitate genügen:

J. v.Neumann ([33]): "There ist the danger that the
subject will develop along the line of least resistance,
that the stream so far from its source, will separate into
a multitude of insignificant branches, and that the disci-
pline will become a disorganized mass of details and com-
plexities. In other words, at a great distance from its
empirical source, or after much 'abstract' imbreeding, a
mathematical subject is in danger of degeneration. At the
inception the style is usually classical, when it shows
signs of becoming baroque, then the danger signal is up ...
In any event, whenever this stage is reached, the only
remedy seams to me to be the rejuvenating return to the
source: the reinjection of more or less directly empirical
ideas: I am convinced that this was a necessary condition
to conserve the freshness and the vitality of the subject and
that this will remain equally true in the future".

J. Dieudonné ([34]), nachdem er über neue Entwicklungen
in Gebieten wie algebraische Geometrie, Differentialtopolo-
gie, homologische Algebrà, Kategorien und Funktoren usw.
berichtet hat: "As a final remark, I would like to stress
how little recent history has been willing to conform to
the pious platitudes of the prophets of doom, who regularly
warn us of the dire consequences mathematics is bound to
incur by cutting itself off from the applications to other
sciences. I do not intend to say that close contact with
other fields such as theoretical physics is not beneficial
to all parties concerned; but it is perfectly clear that
of all the strinking progress I have been talking about,
not a single one, with the possible exception of distribution theory, had anything to do with physical applications;
and even in the theory of partial differential equations,
the emphasis is now much more on 'internal' and structural
problems than on questions having a direct physical signifi-
cance. Even if mathematics were to be forcibly separated from

all other channels of human endeavour, there would remain
food for centuries of thought in the big problems we still
have to solve within our own science".

Wir können hier nicht tiefer in die Problematik eindringen
und müssen uns auf die Andeutung von Problemhorizonten beschränken. Im folgenden werde ich die mathematische Modellbildung als eine Darstellungsform von Anwendung der Mathematik unter dem prozessualen Aspekt der Mathematisierung
herausheben. Auch das kann nur mit erheblichen Verkürzungen
geschehen, insbesondere kann ich auf eine umfassendere Typi-
sierung der Modellarten nicht eingehen.

3. Zur Methodologie des Mathematisierens

Der Terminus "Mathematisieren" im Zusammenhang mit "mathematischer Modellbildung" kam in den 60er Jahren allgemein in
Gebrauch (s.z.B. [35] - [37]) und wurde bald auch von der
Didaktik aufgegriffen, so auf dem OECD-Seminar in Athen 1963
([38] ; siehe auch ([39]) und dann auf der Utrechter Tagung
1967 über "How to Teach Mathematics so as to be Useful?"
([40])

Das Bewußtsein für Mathematisierungsprozesse ist vor allem
durch neue Entwicklungen in der Ausarbeitung und Verwendung
mathematischer Methoden in den Wirtschafts- und Sozialwissenschaften gefördert worden. Muster ist hier die Entstehung der
Spieltheorie und der Theorie des Nutzens in Verbindung mit
wirtschaftswissenschaftlichen und strategischen Problemen,
die in dem 1944 (in deutscher Übersetzung 1961) erschienenen
Buch "Theory of Games and Economic Behavior" ([41]) von
v. Neumann und Morgenstern dargestellt wurden. Dort heißt es
(S. 32 - 33): "For economic and social problems the games
fulfill - or should fulfill - the same function which various

geometrico - mathematical models have successfully per-
formed in the physical sciences. Such models are theoretical constructs with a precise, exhaustive and not too
complicated definition; and they must be similar to reality
in those respects which are essential in the investigation
at hand. To recapitulate in detail: The definition must be
precise and exhaustive in order to make a mathematical
treatment possible. The construct must not be unduly complicated, so that the mathematical treatment can be
brought beyond the mere formalism to the point where it
yields complete numerical results. Similarity to reality is
needed to make the operation significant. And this similarity
must usually be restricted to a few traits deemed 'essential'
pro tempore - since otherwise the above requirements would
conflict each other".

Obwohl v. Neumann und Morgenstern die Prozesse, die bei ihrer
Theoriebildung und Modellkonstruktion eine Rolle ·spielen,
verhältnismäßig ausführlich dargestellt haben und inzwischen eine große Zahl von Publikationen vorliegt, die zu
entsprechenden methodologischen Fragen sich äußern, (außer
[35] - [37]) z.B. das Buch von Kemeny und Snell über
"Mathematical Models in the Social Sciences" [42] , ist insgesamt die prozeßorientierte Methodologie des Mathematisierens (im Sinne mathematischer Modellbildung) nur unzurei-
chend ausgearbeitet, was teilweise mit den in ihr enthaltenen Komponenten des Problemlösens und der Heuristik zusammenhängt, zu denen ebenfalls befriedigende Methodologien
bis heute fehlen. Diese Zusammenhänge sind vor allem von
H.O. Pollak betont worden ([43] , [44] , [45]). In einer
bisher unveröffentlichten Arbeit hat H. Weber sie vertieft
aufgegriffen (s. [46] und auch [47]).

Ich will im folgenden versuchen, ein Grundschema darzustellen, das aus der Analyse von Mathematisierungsbeispielen A

(s. [48] - [53]) und B (s. [42] , [54] , [55]) entstan-
den ist, die ich selbst und andere im Unterricht mit Schülern in der Bundesrepublik Deutschland und in den USA
(zuletzt im vorigen Jahr im Oberstufenkolleg Bielefeld)
durchgeführt haben. Es möge erwähnt werden, daß die Entwicklung dieser Beispiele stets auch als Beitrag zum Thema
"Moderne Mathematik und genetische Didaktik" (s. [48] und
[56] , insbes. S. 235 ff.) verstanden worden ist.

Die zum Grundschema gehörigen Schritte werde ich im wesentlichen an den beiden Beispielen erläutern. Es könnten leicht
auch andere Beispiele herangezogen werden. Insbesondere
dürfte sich der von Herrn Wittmann in seinem hier gehalte-
nen Vortrag ("Ein genetischer Zugang zu linearen Codes")
behandelte Prozeß zur Exemplifikation eignen.

Ausgangspunkt beim Mathematisierungsprozeß ist im allgemeinen eine *Situation* S, in der ein oder mehrere *Probleme* P auftreten.
Beispiel A: Man weiß von Abstimmungsgremien, daß sie mit
Stimmenauszählungen und nach einem gewissen Mehrheitsprin-
zip verfahren. Der Sicherheitsrat (SR) der Vereinten Natio-
nen geht anders vor: damit ein Antrag durchkommt, müssen
alle großen Fünf und wenigstens vier der kleinen Zehn dafür
sein. (Situation).
Probleme: (a) Wieso funktioniert das SR-Verfahren?
          (b) Läßt es sich auf das übliche Verfahren zurück-
              führen?
Beispiel B: Bestimmten Gütern (evtl. auch Handlungsalterna-
tiven) gegenüber haben verschiedene Leute jeweils individuelle Vorzugs- bzw. Gleichgültigkeitseinstellungen. Man hat
etwa bezüglich einer bestimmten Menge G von Gütern die individuellen Präferenzen und Indifferenzen (Vergleich jedes
Gutes mit jedem anderen) bei den Mitgliedern einer bestimmten Gruppe von Leuten L festgestellt.

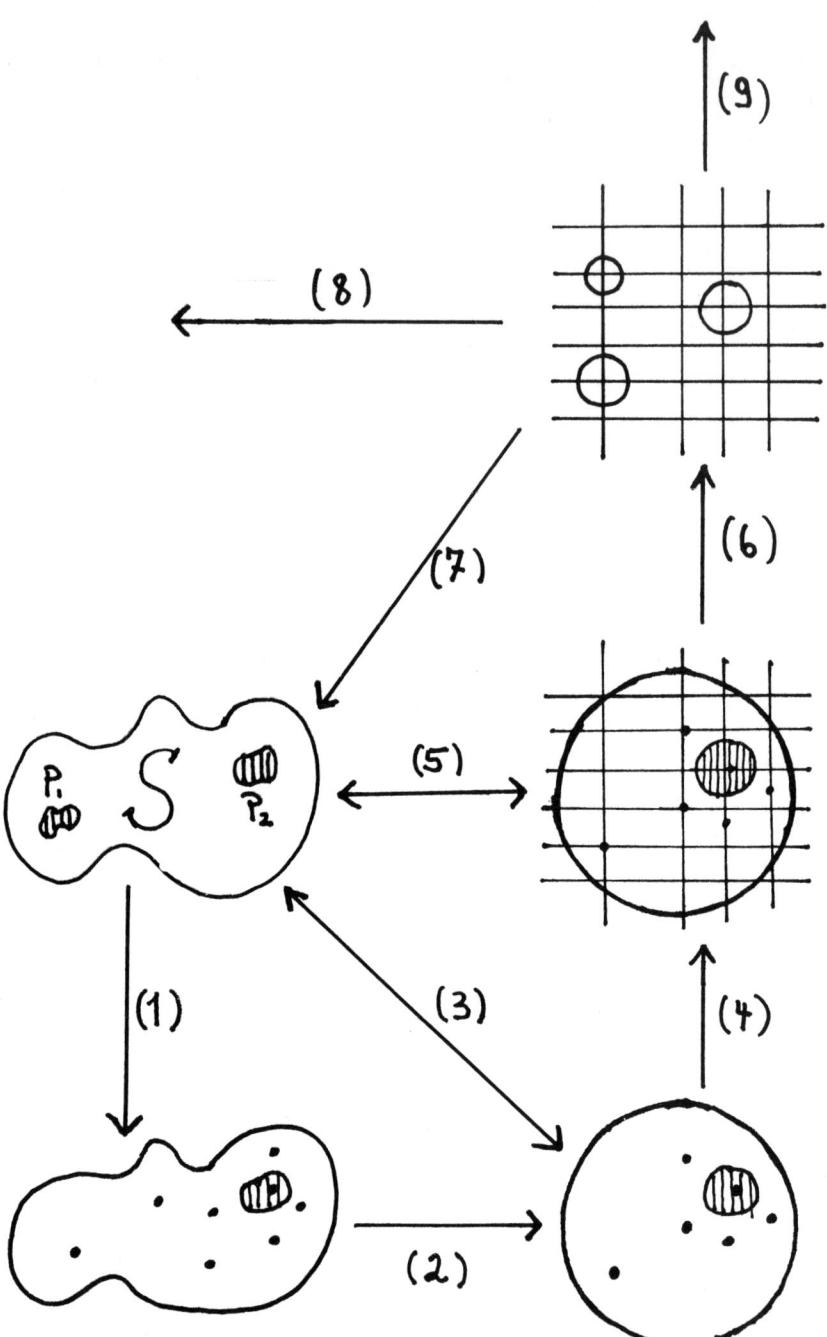

Problem: Wie läßt sich daraus ermitteln, was eine für L typische oder mittlere (oder auch: gerechte) Präferenz-Indifferenz-Einstellung gegenüber den Gütern aus G ist?

Bemerkungen: (a) Die Situation kann aus Alltagsbereichen, Praxis (Industrie, Witschaft), bestimmten Wissenschaften usw. stammen. Die Beschreibung der Situation geschieht zunächst in den dort üblichen Ausdrucksweisen. Ihr Verständis erfordert gegebenenfalls erhebliches brancheneigenes Hintergrundwissen und Jargonvertrautheit. (b) Relativ zu den Ansatzmöglichkeiten für Mathematisierungen ist das Problem häufig vage gestellt, wie etwa im Beispiel B.

Prozeßschritte: Ein von einem Problem in vorgegebener Situation ausgehender Mathematisierungsprozeß durchläuft im allgemeinen verschiedene Schritte, die keineswegs in linearer Folge ausgeführt werden, sondern durch Rückkoppelungen und Schleifen verbunden sind. Wir geben einige wichtige Schritte an:

Prozeßschritt (1): *Vertrautmachen mit der Situation* möglichst in der Nähe des Problems; Beobachten, Informationsbeschaffung; Datenbeschaffung (Messung?).

Beispiel A: Zur Beurteilung der üblichen Verfahren von Abstimmungsgremien werden Beispiele gesammelt und Beobachtungen festgehalten: Es kommen unterschiedlich Stimmenverteilungen vor, etwa im Bundesrat, bei Aktionärsversammlungen. Es gibt unterschiedliche Mehrheitsregeln, z.B. einfache Mehrheit, zweidrittel oder dreiviertel Mehrheit, Einstimmigkeit, also Quotienten wie $\frac{1}{2}$, $\frac{2}{3}$, $\frac{3}{4}$, 1. Bei der Beschaffung mit dem SR wird z.B. bekannt, daß der SR vor 1966 nur sechs nicht-permanente Mitglieder hatte und daß dabei neben den großen Fünf zwei der kleinen Sechs für das Durchbringen eines Antrags erforderlich waren. Bei der Suche nach anderen Beispielen, in denen nicht auf Stimmenverteilungen und Mehrheitsquotienten zurückgegriffen wird, werden etwa Mischfälle erkannt, wie die Rolle eines Vorsitzenden,

der bei Stimmengleichheit den Ausschlag gibt. Natürlich
werden ansonsten viele andere Beobachtungen an konkreten
Beispielen und Praktiken gemacht, wie z.B. Abstimmungs-
verhalten in Abhängigkeit von Parteizugehörigkeiten,
Fragen der Stimmenthaltung, Möglichkeiten der Vertretbar-
keit usw.

Beispiel B: Es wird an faktischen und möglichen Datensamm-
lungen über Präferenz- und Indifferenzeinstellungen der
Verhaltensspielraum untersucht. Gibt es Koppelungen zwischen Einzelentscheidungen? Muß man Präferenzen noch be-
werten (was zum Nutzenbegriff führen würde)? Gibt es Unterschiede bei verschiedenen Güterbereichen, etwa bei Einbeziehung ethischer und moralischer Werte etc.? Was meint
der Problemsteller mit einer für ein Kollektiv typischen
oder mittleren (vielleicht auch "gerechten") Wertung? Welchen Zweck könnte ihre Bestimmung haben? Anknüpfung etwa
an Arrows Problem der sozialen Wertordnung und "economics
of welfare" ([57] , [58]).

Bemerkungen: Der erste Prozeßschritt ist i.a. ein komplexer,
mit ersten Hypothesenbildungen und hermeneutischen und
heuristischen Komponenten verbundener Vorgang. Ohne solche
Komponenten sind keine Erfolge zu erwarten. Dies gilt insbesondere im Hinblick auf das Sammeln von Meßwerten, was
sich allerdings in unseren beiden Beispielen zunächst nicht
aufdrängt. V. Neumann und Morgenstern ([41] , S.3.) schreiben hierzu: "As to the lack of measurement to the most
important factors, the example of the theory of heat is
most instructive; before the development of the mathematical theory the possibilities of quantitative measurements
were less favorable than they are now in economics. The
precise measurements of the quantity and quality of heat
(energy and temperature) were the outcome and not the ante-
cedents of the mathematical theory".

Prozeßschritt (2): *Informationsanalyse* und *Datenverknüpfung*
führen zum Entwurf

(a) eines *pragmatischen Ansatzes*, der auf eine *ingenieurmäßige Bearbeitung* des Problems abzielt, oder

(b) einer *Schematisierung* mit mehr oder weniger umfangreichen theoretischen Ansätzen.

Herr Wittmann hat in seinem Vortrag neben einer Schematisierung ein Beispiel ingenieurmäßiger Bearbeitung von Codierungsproblemen angegeben, die man als Lösungen der Probleme akzeptieren konnte.

Beispiel A: Zur pragmatischen Lösung des Teilproblems (a) könnten unmittelbar Versuche gemacht werden, den Mitgliedern des SR Stimmenzahlen zuzuordnen. Mit dem Argument, daß einer der großen Fünf stärker als sechs der kleinen Zehn ist, käme man etwa zu dem Ergebnis, den kleinen Zehn je eine Stimme und den großen Fünf je 7 Stimmen zu geben und demgemäß $\frac{39}{45}$ (= $\frac{13}{15}$) als Mehrheitsquotienten zu wählen. Auch in diesem Falle wären im SR genau die Stimmen aller großen Fünf und von vier der kleinen Zehn erforderlich, um einen Antrag durchzubringen.

Eine Schematisierung mit (wie sich zeigen wird) weiterreichenden theoretischen Möglichkeiten ergibt sich aus dem genaueren Studium der gewinnenden Teilmengen, den "Gewinnkoalitionen", wie man sie nennen könnte, in beiden Typen von Abstimmungsgebilden. Im üblichen Falle ist das Gremium A, die Stimmenverteilung s und der Quotient q gegeben, also ein Gebilde (A, s, q), in dem die Gewinnkoalitionen K bestimmt sind gemäß:

$$
K \text{ Gewinnkoalition} \iff \sigma(K) \begin{cases} > \frac{1}{2}\,\sigma\,(A), & \text{falls } q = \frac{1}{2} \\[2ex] \geq q\,\sigma\,(A), & \text{falls } q > \frac{1}{2} \end{cases}
$$

Im Falle des SR sind zunächst einfach Koalitionen ausgezeichnet, die man als "minimale Gewinnkoalitionen" bezeichnen könnte.

Beispiel B: Die Betrachtung von Rangordnungen an **ver**schiedenen
Beispielen führt etwa zur graphischen Darstellung, zum Beispiel
für G= {a,b,c,d,e,f } zu:

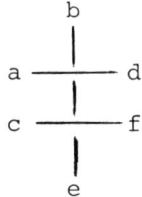

zur Menge aller möglichen Rangordnungen R_G auf G (mit entsprechenden kombinatorischen Fragen), damit also zur Objekt-
auffassung von Rangordnungen. Das Befragungsergebnis in
einer Population L mit n Leuten ist dann ein n - Tupel von
Elementen aus R_G. Eine erste Präzisierung des Problems (in
Richtung des Arrowschen Ansatzes) wäre dann die Bestimmung
einer Funktion

$$f:\ R_G{}^n \longrightarrow R_G \ ,$$

an die bestimmte Bedingungen zu knüpfen wären.

Bemerkungen: Sowohl der pragmatische Ansatz wie die Schematisierung bedürfen einer gewissen Vereinfachung der Daten
und Informationen auf einen *wesentlichen Kern* unter einer bestimmten *Idee* oder *Sicht*, die den Modellansatz kennzeichnen.
Im pragmatischen Ansatz kommt zum Ausdruck, daß mathematische Modelle keineswegs immer mit Theoriebildungen und entsprechender begrifflicher Arbeit einhergehen müssen. Mathematik besteht ja nicht nur aus Begriffssystemen, sondern
auch aus konkreten Kalkülen, Darstellungstechniken, kombinatorischen Verfahren, usw., auf die gegebene Sachverhalte
abgebildet, in die sie kodiert werden können. Vermittelnde

Sichtweisen sind z.B. die Deutung von kontinuierlichen Vorgängen durch diskrete Vorgänge mit den Möglichkeiten algorithmischer Behandlung, Computersimulation usw., die Sichtweise der Mehrstufenprozesse bei stochastischen Phänomenen mit entsprechenden Diagrammdarstellungen usw.

Bei allen Ansätzen sind Einfälle erforderlich. Jedoch für die Theoriebildung gilt in besonderem Maße ([37] S. 455): "A theory, in sum, is an original creation rather than an arrangement of elements each carefully anchored to experience. Particulars are not the building materials but rather, once sifted, an occasion for theorizing and a test of theories ... The pathway is not from data to theory but data to problem, from problem to hypothesis, from hypothesis to theory; and back from theory and evidence to a projection that can be checked by another piece of evidence - with the help of further theories ... In under-developed theories the initial assumptions are little more than refinements and extensions of empirical generalizations. Mature theories, on the other hand, are characterized by nonobservational hypotheses; and the ripest among them, by representational hypotheses going beyond input-output relationships".

Besonders hervorzuheben ist, daß Modellansätze von Anfang an neue *sprachliche Möglichkeiten* bieten mit schöpferischen Möglichkeiten, die Situation (unter bestimmten Aspekten) zu analysieren und die Probleme zu formulieren und gegebenenfalls zu lösen. Herr Wittmann hat zu dem von ihm behandelten Beispiel ein entsprechendes Übersetzungslexikon angegeben.

Prozeßschritt (3): *Rückkoppelung* an die Situation, Deutung des Ansatzes am konkreten Material, gegebenenfalls *Einholen weiterer Informationen* und *gezieltere Beobachtungen* unter den Perspektiven des Ansatzes.

Beispiel A: Wie sehen die (minimalen) Gewinnkoalitionen
in verschiedenen Fällen aus? Gibt es stets Gewinnkoalitio-
nen und wodurch wird das gewährleistet? Wie lassen sich die
Nicht-Gewinnkoalitionen kennzeichnen? Was bedeutet es, daß
A selbst einzige Gewinnkoalition ist, daß eine Einermenge
Gewinnkoalition ist? Beobachtungen: Mit jeder Menge ist
auch jede Obermenge Gewinnkoalition. Die Komplemente von
Gewinnkoalitionen sind keine Gewinnkoalitionen usw.

Beispiel B: Verlangt der Problemsteller Eindeutigkeit (An-
gemessenheit der Funktionsverwendung) oder sind auch mehrere Konsensusrangordnungen als Lösungen zugelassen? Welche
Bedingungen würde man als natürliche Forderungen an eine
Funktion f (Arrow: Sozialwahlfunktion) stellen, z.B.:

nicht diktatorisch: für kein $i \in L$: $f(\rho_1', \ldots, \rho_n) = \rho_i$

nicht dogmatisch: $f(R_G^n) \neq \{\rho\}$ (f nicht konstant)

Bemerkungen: Die Rückkoppelung an die Situation wird gegebenenfalls erst bei stärkerer Ausarbeitung des Konzepts
sinnvoll und fruchtbar sein, da gegebenenfalls erst in
den Folgerungen für die Situationserfassung und Problembe-
arbeitung entscheidende Aussagen stecken.

Prozeßschritt (4): Erste *Ausarbeitung des Schemas*, Elaboration
des Modells, Bearbeitung des Problems, stärkere Theorie-
phase.

Beispiel A: In den verschiedenen Abstimmungsgremien kommen
neben den Gewinnkoalitionen eine oder zwei weitere Koali-
tionstypen vor, die etwa mit Verlustkoalitionen bzw. Blockkoalitionen bezeichnet werden mögen. Es zeigt sich, daß mit
den minimalen Gewinnkoalitionen alle Koalitionsklassen bestimmt sind: die Gewinnkoalitionen als Obermengen, die Ver-
lustmengen als deren Komplemente und die Blockkoalitionen
als Klasse der restlichen Teilmengen. Damit wird verständlich, daß es sinnvoll ist, in einem Abstimmungsgebilde wie
dem SR lediglich die minimalen Gewinnkoalitionen auszuzeich-

nen. Eine Rückführung auf die üblichen Daten, wie sie durch
die obige pragmatische Lösung angegeben wurde, wird damit
verständlich und durchsichtig. Die Frage, welche Regeln im
Falle eines Abstimmungsgebildes des SR-Typs zu beachten
sind, bieten sich die oben genannten Beobachtungen an: Mit
jeder Teilmenge muß man auch alle Obermengen als Gewinnkoalitionen zulassen. Die Komplemente der als Gewinnkoalitionen ausgezeichneten Teilmengen dürfen nicht zu den Gewinnkoalitionen gehören.

Beispiel B: Ein Lösungsversuch auf der Grundlage des in Prozeßschritt (3) angegebenen Ansatzes könnte etwa mit Hilfe
eines Mehrheitsprinzips versucht werden. Ein Beispiel wie
das folgende führt jedoch zu Schwierigkeiten:

Es sei G= {a, b, c }   und das Ergebnis individueller Rangordnung auf einer Population von drei Leuten sei wie folgt
gegeben:

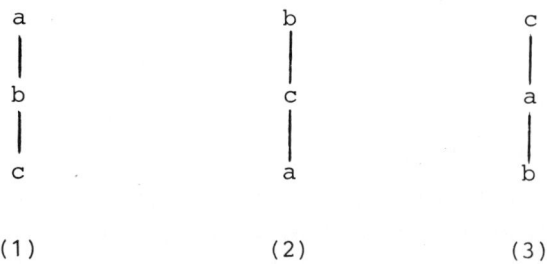

Auf L = {(1), (2), (3)} wird a dem b, b dem c und c dem a
je zweimal, also mehrheitlich vorgezogen. Das hätte eine
Konsensusrelation

zur Folge, die nicht mehr den Ordnungskriterien (Antisymmetrie) entspricht. Es erhebt sich das Problem, ob der ganze Ansatz damit in Frage gestellt wird. (Zum Problem der Darstellung rationalen Verhaltens durch transitive Präferenzrelationen s. [59], S. 98 ff.).

Prozeßschritt (5): Deutung der in der ersten Ausarbeitung des Modells gewonnenen Resultate in der Situation (Dekodierung), *Interpretation* der gewonnenen Lösung der Ausgangsprobleme, *Kritik*, weiterer Ausbau der Theorie, gegebenenfalls *Neuansatz*.

Beispiel A: Bei der gewonnenen Stimmenverteilung für den SR kommen gegebenenfalls Zweifel daran auf, ob das Verhältnis 7:1 als möglicher Ausdruck für die Machtverhältnisse im SR angemessen ist. Folgende Argumentation könnte hier deutlich machen, daß Stimmenzahlen kein adäquates Maß für Macht darstellen. Haben in $A = \{a,b,c,d\}$ mit $q = \frac{1}{2}$ alle Mitglieder je eine Stimme und gibt im Falle der Stimmengleichheit der Vorsitzende a den Ausschlag (zur Vermeidung von Blockkoalitionen), so könnte man gleichwertig a von vornherein auch 2 Stimmen geben. Er hätte dann doppelt soviel Macht wie die anderen. Man könnte für die Abstimmungen (mit $q = \frac{1}{2}$) gleichwertig jedoch auch setzen: $s(a) = 1000$ und $s(x) = 999$ für $x \neq a$. Das Machtverhältnis wäre dann $\frac{1000}{999}$.

Die weitere Verfolgung einer angemessenen Definition eines Machtmaßes könnte zum weiteren Ausbau der Theorie führen, bei der insbesondere spezifische Machtstellungen wie Diktator oder Veto-Recht eine Präzisierung erfahren.

Beispiel B: Abänderungen der Bedingungen an die Funktion f könnten in die Richtung des Arrowschen Ansatzes führen, dessen Weiterverfolgung den Arrowschen Unmöglichkeitssatz impliziert. Als neuer Ansatz (s. [54] , [55]) bietet sich die Einführung einer Metrik auf R_G an, mit deren Hilfe eine Konsensusrangordnung als mittlere Rangordnung mit minimaler

Summe der Abstandsquadrate bestimmbar wäre, allerdings unter Aufgabe der Eindeutigkeit. Es wäre mit Bezug auf die praktischen Probleme zu diskutieren, in wieweit der Verzicht auf Eindeutigkeit zu verkraften ist.

Prozeßschritt (6): Stellung und Bearbeitung *weiterer Probleme, Erweiterung* bzw. *weiterer Ausbau* des Modells, Auseinandersetzung mit *konkurrierenden Modellen. Abstraktere Fassung* der Theorie.
Beispiel A: Es wird etwa die Frage aufgeworfen, ob alle Abstimmungsgebilde vom SR-Typ auf Stimmenverteilungen und Mehrheitsquotienten zurückführbar sind. Andere Probleme ergeben sich aus den Fragen der Definition von Machtpositionen wie Diktator, Veto-Recht, Strohmann. Dabei zeigt sich, daß es sinnvoll ist, den Begriff der Abstimmungsgebilde vom SR-Typ als allgemeine Grundlage zu wählen und etwa folgende axiomatische Basis zu nehmen:

Ein Abstimmungsgebilde (A, G) liegt vor, wenn A eine nichtleere endliche Menge ist und G ein nichtleeres System von Teilmengen von A, wobei gilt:

(I) $K \in G$ und $K \subseteq L \subseteq A \implies L \in G$

(II) $K \in G \implies \bar{K} \notin G$

Zu jedem (A, s, q) gehört dann ein $(A, G_{s,q})$, wobei $G_{s,q}$ durch die Gewinnkoalitionen im üblichen Sinne (s. Prozeßschritt (2)) bestimmt ist. Gegenbeispiele (s. [52]) zeigen jedoch, daß keineswegs zu jeden (A, G) ein (A, s, q) mit $G = G_{s,q}$ existiert.
Beispiel B: Relationen sind Mengen und auf sie läßt sich die Mengendistanz für endliche Mengen

$$d_{MENG} (A,B) = | A \triangle B |$$

anwenden (s. [55]). Sie erlaubt eine weitgehend theoriefrei-pragmatische Lösung. Man kann auch gewisse natürliche

Bedingungen für die gesuchte Metrik formulieren. Die von Kemeny und Snell ([42]) angegebenen Bedingungen erweisen sich im Rahmen einer weiteren theoretischen Entwicklung als erfüllbar und führen ebenfalls auf d_{MENG}.

Bemerkungen: Eine frühzeitige Einführung der Hamming-Distanz führt zu einem mit dem Wittmannschen Vorgehen konkurrierenden Ansatz für die Behandlung der linearen Codes (s. [55]).

Prozeßschritt (7): Bezug des erweiterten Modells und der ausgearbeiteten Theorie auf die *Situation*, Deutung der weiteren Ergebnisse.
Beispiel A: Erörterung der für $n \geq 5$ existierenden nichtbewertbaren Abstimmungsgebilde für die Praxis. Deutung einer geeigneten Theorie des Machtmaßes wie der von Shapley ([60]) im Falle des SR. Die Ergebnisse Shapleys

$$\mu(f_i) = 19,74 \%$$
$$\mu(s_j) = 0,22 \%$$

für f_i aus den großen Fünf und s_j aus den kleinen Sechs erregte 1954 großes politisches Aufsehen.
Beispiel B: Behandlung des Mehrheitsparadoxes von Prozeßschritt (4) im Rahmen der neuen Theorie mit dem Ergebnis, daß sich jetzt

$$a - b - c$$

als Konsensusrangordnung anbietet. Versuch einer kritischen Beleuchtung der Arrowschen Forderungen wie etwa der "independence of irrelevant alternatives" an Beispielen vom Standpunkt des Metrik-Modells aus (s.[54])

Prozeßschritt (8): Deutung und Anwendung der Theorie in *anderen Gegenstandsbereichen* innerhalb der Mathematik oder in anderen Anwendungsfeldern.

Beispiel A: Abstimmungsgebilde lassen sich als Inzidenz-
strukturen deuten. Für gewisse Probleme, wie z.B. der Bestimmung nicht bewertbarer Abstimmungsgebilde, bestehen hier
enge Zusammenhänge (s. [52]). Ebenso gibt es enge Zusammenhänge zu der von A. Kirsch entwickelten Theorie der gerechten Rangordnungen ([61] , [62]).

Prozeßschritt (9): Einbau der Theorie in größere mathemati-
sche Zusammenhänge und *allgemeinere Theorien*
Beispiel A: Einbau in die Theorie der Spiele (s. [52]).
Beispiel B: Einbau in die Theorie der endlichen metrischen
Räume und der Abstandsgeometrie

Prozeßschritt (10): *Mathematisierung der mathematischen Ergebnisse
und des Theorieaufbaus.*
Beispiel A: Aufweis und Anwendung eines Dualitätsprinzips,
wobei Gewinn- und Verlustkoalition duale und Blockkoalition
selbstduale Begriffe sind.

Prozeßschritt (11): *Erschütterung der Theorie* durch Situationen, die scheinbar abgedeckt sind, jedoch zu Widersprüchen
führen. Versuch einer diese Situationen *umfassenden erweiterten
Theorie.*
Beispiel A: Neue Situation: In einem Eisenbahnabteil mit
drei Fahrgästen soll das Fenster geschlossen werden. Jedes
Mitglied der Menge A = {a,b,c} bildet für sich eine Gewinnkoalition für diesen Antrag. Die zweielementigen Komplemente sind aber ebenfalls Gewinnkoalitionen für den Antrag im
Widerspruch zu Axiom (II) für (A,G). Ferner sind alle Mitglieder bezüglich des Antrags Diktatoren. Danach gäbe es in
A mehr als einen Diktator, im Widerspruch zu einem früher
abgeleiteten Satz, daß es in einem Abstimmungsgebilde höchstens einen Diktator geben kann.
Die genauere Analyse (s. [50]) zeigt, daß es hier stets um
die Verwendung der Begriffe in Anbindung an einen bestimmten

Antrag α geht. Beim Gegenantrag β sehen die Ergebnisse
ganz anders aus. Das führt allgemein zu einer neuen Theorie der α, β-Abstimmungsgebilde mit interessanten Anwendungen, in die die ursprüngliche Theorie eingeordnet werden kann.

4. Zur Methodik des mathematisierenden Unterrichts

Die vorangehend herangezogenen und andere Beispiele von
Mathematisierungsprozessen lassen eine Durchführung im Unterricht zu, bei der die in wissenschaftlichen Entwicklun-
gen vorkommenden Vorgänge konkret realisiert werden, insbesondere im Hinblick auf die Kooperation von Wissenschaft-
lern untereinander und die dabei auftretenden Bewertungen.
Dies setzt voraus, daß die Schüler selbst die Rolle von
Wissenschaftlern einnehmen. Sie selbst nehmen aktiv an den
Prozeßschritten teil: Vertrautmachen mit der Situation und
Informationsbeschaffung; Informationsanalyse; Einbringen
von Mathematisierungsansätzen und Definitionsvorschlägen;
Überprüfung an der gegebenen Situation und am Problem; Eini-
gung auf die Weiterverfolgung bzw. Verwerfung bestimmter
Ansätze; Elaboration von Modellen; Problemlösung; Prozeßre-
flexion und Kritik; systematische Darstellung der gewonne-
nen Ergebnisse und Theorien; Formulierung neuer Probleme;
Anwendungen; Gesamtdarstellung der Untersuchung in verschiedenen Formen, genetisch oder systematisch.

Es ist entscheidend, für den Unterricht fruchtbare Beispiele zu entwickeln, zu erproben und für die unterrichtliche
Praxis mit entsprechenden Strategien zur Verfügung zu stellen. Es ist sicher für die normale Praxis von Vorteil, wenn
der Lehrer die in den ausgewählten Mathematisierungsbeispielen steckenden sachlichen und prozessualen Möglichkeiten
verhältnismäßig genau kennt. So lassen sich z.B. Erfahrungen

darüber bereitstellen, welche Definitionsvorschläge etwa
zum Begriff des Diktators von Schülern in einem bestimmten
Entwicklungsstand des Beispiels A gemacht werden (s. [48]).
Andererseits läuft der tatsächliche Prozeß in jedem einzelnen Fall unterschiedlich, und es kommen immer wieder auch
ganz neue Ansätze und Probleme von Schülern. Hier muß der
Lehrer offene Flexibilität zeigen.

In unseren Beispielen ist der Mathematisierungsprozeß selbst
zum Gegenstand des Unterrichts erhoben worden. Dies ist
keineswegs ein Erfordernis des mathematisierenden Unterrichts, der die Entwicklung mathematischer Methoden und Begriffe im Geiste der Mathematisierung von Situation befolgt,
ohne dabei die Prozesse selbst immer explizit zu machen.
Häufig sind Verkürzungen erforderlich, die im Hinblick auf
die Verwirklichung eines echten Mathematisierungsbeispiels
zugleich Gefahren bedeuten:

(1) Die Situation wird zu stark aufbereitet und bereits
    in eine mathematische Fassung gebracht.

(2) Die präzise Problemformulierung wird vorweggenommen.

(3) Die gegebenenfalls benötigten mathematischen Hilfs-
    mittel werden (unmotiviert) vorab aufgefahren. In-
    formationen und Daten werden systematisch bereitge-
    stellt.

(4) Definitionen und Axiome werden nicht als Explikations-
    probleme zunächst offengelassen und aktiv im Prozeß
    erarbeitet, sondern vom Lehrer (apodiktisch) verkün-
    det.

(5) Die Theorieentwicklung wird vom Lehrer vorgetragen.
    Beweise und Problemlösungen zu finden, wird nicht
    zum Bedürfnis der Schüler entwickelt.

(6) Das mathematische Modell wird überbetont, die Zu-
    sammenhänge zur gegebenen Situation werden vernach-
    lässigt bzw. simplifiziert. Das Modell wird wichtiger
    genommen als die Ausgangsrealität bzw. mit dieser ver-
    wechselt.

(7) Alternative Lösungsansätze werden nicht verfolgt.

(8) Gefundene Ergebnisse und Lösungen werden als Endpro-
dukte angesehen. Es unterbleibt die Frage nach anderen Problemen, die ebenfalls mit den entwickelten Methoden behandelt werden können. Nach anderen Situationen, die in ähnlicher Weise bearbeitet werden könnten,
wird nicht gefragt.

(9) Der durchlaufene Prozeß wird nicht reflektiert. Der
Unterschied zwischen entstehender und fertiger Wissenschaft wird nicht evident gemacht. Unterschiedliche Darstellungsmöglichkeiten werden nicht geübt.

(10) Den sozialen und kommunikativen Interaktionsmöglich-
keiten wird kein Entfaltungsspielraum gegeben. Wissenschaft als Kooperationsprozeß wird nicht deutlich.

Die Vermeidung dieser und anderer Verkürzungen ist oft mit
erheblichen didaktischen und methodischen Schwierigkeiten
verbunden. Das Problem, die notwendigen mathematischen Hilfsmittel bzw. das erforderliche Hintergrundwissen aus den An-
wendungsbereichen zur Verfügung zu haben, kann z.B. gravie-
rend sein. Hier braucht nur auf die häufig sichtbar geworde-
nen Unzulänglichkeiten eines übertriebenen Projektunterrichts
oder Projektstudiums hingewiesen zu werden. Im Einzelfall bedarf diese Frage sehr genauer Abwägung in der Vorbereitung.
Entsprechendes gilt in der Gewährung zu großer Offenheit in
der Verfolgung aller möglichen Ansätze. Damit sich gewisse
Untersuchungen nicht ins Abstruse verlieren, wird gelegent-
lich stärker steuerndes Eingreifen des Lehrers erforderlich
sein. Der Situationsbegriff kann leicht von falschen Beto-
nungen sog. gesellschaftlicher Relevanz überfrachtet werden, die dann zur Entwicklung wirksamer mathematischer Methoden und Modellbildungen kaum noch fruchtbare Ansätze
gewähren (s. [63] und kritisch hierzu [64]).

Besonderer Aufmerksamkeit bedarf die Entwicklung sozialer und kooperativer Strukturen in der Klasse oder im Kurs. Eine Entfaltung methodischer Einzelheiten würde den Rahmen dieser Darstellung sprengen.

5. Bemerkungen zur Lehrerausbildung

Es ist bekannt, daß die übliche mathematische Ausbildung der Mathematiklehrer diese nicht zu einem genetischen, an Problemlösungen und Mathematisierungsprozessen orientierten Unterricht befähigt. Dazu ist die Ausbildung zu stark am mathematischen Fertigprodukt und an einer vorsystematisierten Mathematik ausgerichtet. Das dabei erzielte Mathematikverständnis ist ungeheuer verengt. Dies trifft im allgemeinen auch dann zu, wenn mathematische Logik und Grundlagenforschung in kanonisierter Form Bestandteil des Studiums gewesen sind, obwohl von hier aus immerhin die Beschäftigung mit Metapositionen, die für die didaktische Reflexion und Flexibilität ganz wesentlich ist (s. [65]), in gewissem Umfang gewährleistet wird.

Kompensatorisch haben hier teilweise entsprechende Ausbildungskomponenten in der Didaktik der Mathematik wirken können, deren Gewicht aber angesichts der dominanten konventionell fachlichen Ausbildung verhältnismäßig gering ist. Es bedarf einer grundsätzlichen Besinnung auf das Mathematikverständnis und die Erfahrungen und Kenntnisse in und über Mathematik, die in der Mathematiklehrerausbildung zu erzielen sind. Am Institut für Didaktik der Mathematik (IDM) in Bielefeld wird an diesen Problemen gearbeitet. Für den nächsten Internationalen Kongreß der Mathematiker 1978 in Helsinki plant die Internationale Mathematische Unterrichtskommission (IMUK) ein Symposium zu diesem Thema.

Bibliographie

[1] R. Thom: Modern Mathematics: Does it exist? In:
                           A.G. Howson: Developments in Mathemati-
                           cal Education. Cambridge 1973. Deutsche
                           Übersetzung in: Didaktik der Mathematik
                           1. Jg. (1973), H. 4, S. 251 - 263

[2] A. Fessel: Die Auffassung mathematischer Theorien
                           und ihr Einfluß auf den Unterricht.
                           Int.Z.f.Erzw. Bd IV (1959), S. 176 ff.

[3] H.G. Steiner: Menge, Struktur, Abbildung als Leitbe-
                           griffe für den modernen mathematischen
                           Unterricht. Der Mathematikunterricht 11
                           (1965), H. 1, S. 5 - 19

[4] Z.P. Dienes: Moderne Mathematik in der Grundschule.
                           Freiburg 1965

[5] R. Biemel: Menge und Zahl in der Grundschule. 1,2.
                           Freiburg o.J.

[6] P. Suppes: Sets and Numbers 1,2. Syracuse (USA)
                           1965

[7]   Mathematics in Primary Education.
                           Unesco Institut Hamburg, 1965

[8] H. Freudenthal: Mathematik in der Grundschule. Didak-
                           tik der Mathematik 1. Jg. (1973), H. 1,
                           S. 2 - 11

[9] H.G. Steiner: Mathematik im ersten Schuljahr. In: Bei-
                           träge zum Mathematikunterricht 1972.
                           Hannover 1973, S. 98 - 119

[10] A. Kirsch: Eindeutige Zuordnungen im 5. Schuljahr:
                           Begründung des Zahlbegriffs oder Förde-
                           rung der Kombinationsfähigkeit? In: Bei-
                           träge zum Mathematikunterricht 1973.
                           Hannover 1974. S. 143 - 149

[11] H. Meschkowski: Mathematik als Bildungsgrundlage. Braun-
                           schweig 1965

[12] H.B. Curry: Outlines of a Formalist Philosophy of
                           Mathematics, Amsterdam 1958

[13]   R. Inhetveen: Naive und konstruktive Mengenlehre in
                                    der Schule. Der Mathematikunterricht
                                    17 (1971), H. 1, S. 7 - 25

[14]   D. Laugwitz: Der Streit um die Methode in der moder-
                                    nen Mathematik. Neue Sammlung 5. Jg.
                                    (1965), H. 1, S. 9 ff.

[15]   H.G. Steiner: Mathematische Grundlagenstandpunkte und
                                    Reform des Mathematikunterrichts. Math.
                                    Phys. Sem.Ber. Bd. XII (1965), S. 1 - 22

[16]   C. Castanguay: Meaning and Existence in Mathematics.
                                    Wien 1972

[17]   H.G. Steiner: Historische Bemerkungen zur vollstän-
                                    digen Induktion und zur Charakterisie-
                                    rung des Systems der natürlichen Zah-
                                    len. Der Mathematikunterricht 12 (1967),
                                    H. 3, S. 81 - 98

[18]   A. Kirsch: Elementare Zahlen- und Größenbereiche.
                                    Göttingen 1970

[19]   E. Wittmann: Die Komplexität des Zahlbegriffs. Die
                                    Grundschule 4 (1972), H. 2, S. 106 -
                                    111

[20]   H.G. Steiner: Mathematische Präzisierungen und didak-
                                    tisch relevante Modelle zum Piagetschen
                                    Gruppierungsbegriff. Didaktik der Mathe-
                                    matik. 1. Jg. (1973), H. 3, S. 210 - 225

[21]   H.G. Steiner: Mengen im mathematischen Unterricht.
                                    Einige kritische Abgrenzungen. Päd.
                                    Welt 26 (1972), H. 12, S. 729 - 732

[22]   H. Steinbring: Probleme der Begriffsentwicklung. Bei-
                                    träge zum Mathematikunterricht 1976.
                                    Hannover 1976, S. 221 - 224

[23]   A. Kirsch: Über die "enaktive" Repräsentation von
                                    Abbildungen, insbesondere   Permutatio-
                                    nen. Erscheint in: Didaktik der Mathe-
                                    matik

[24]   A. Kirsch: Aspekte des Vereinfachens im Mathema-
                                    rikunterricht. Erscheint in: Didaktik
                                    der Mathematik

[25] R. Thom: "Moderne" Mathematik: Ein erzieherischer
                               und philosophischer Irrtum? In: Mathema-
                               tiker über die Mathematik, hg. v. M. Otte.
                               Berlin, Heidelberg, New York, 1974, S.
                               371 - 401

[26] G. Kreisel: The Formalist-Positivist Doctrin of
                               Mathematical Precision in the Light of
                               Experience. In: L'âge de la science. Jg.
                               3 (1970), H. 1, S. 17 - 46. Deutsche
                               Übers. in: M. Otte: Mathematiker über
                               die Mathematik. Berlin, Heidelberg, New
                               York 1974, S. 65 - 123

[27] H.G. Steiner: Mathematics Curriculum Development in
                               the USA. A Look at the Past Twenty
                               Years. Zentralblatt für Didaktik der
                               Mathematik. Jg. 8 (1976), H. 3, S.
                               136 - 141

[28] H.G. Steiner: The Present Situation in the Develop-
                               ment of Mathematics Curricula for the
                               Primary School: A Critical Survey. Er-
                               scheint in den Proceedings eines von
                               der Academia Nazionale dei Lincei im
                               Januar 1976 in Rom abgehaltenen inter-
                               nationalen Symposions

[29] P. Hilton: Education in Mathematics and Science
                               Today: The Spread of False Dichotomics.
                               Publ. 1977 in den Proceedings des 3.
                               Int. Kongr. ü. Mathematikunterricht,
                               Karlsruhe 1976

[30] P. Hilton: The New Emphasis on Applied Mathematics.
                               CBMS Newsletter, Vol. 10, No 2. March-
                               April 1975

[31] H.G. Steiner: What is Applied Mathematics? UNESCO-
                               Seminar on Goals and Means Regarding
                               Applied Mathematics in School Teaching:
                               Lyon, February 4 - 8, 1974. Publiziert
                               in: a) Indian Journal of Mathematics
                               Teaching, Vol III, No 1, 1976, S. 1 - 18
                               b) (Spanisch) Conceptos de Matematica
                               33 (1975), S. 9 - 20

[32] H.O. Pollak: The Interaction Between Mathematics and
                               Other School Subjects. Survey-Trend-
                               Report B6 auf dem 3. Int. Kongr. ü.
                               Math.Did., Karlsruhe 1976. Erscheint in:
                               New Trends in Mathematics Teaching IV.
                               UNESCO Paris 1977

242

[33] J. v.Neumann: The Mathematician. Collected Works.
                                  Vol. I (1961), S. 1 - 9

[34] J. Dieudonné: Recent Developments in Mathematics.
                                  Am. Math. Monthly. March 1964, S.
                                  239 - 248

[35] H. Freudenthal (Hrg.):   The Concept and the Role of the Model
                                  in Mathematics and Natural and Social
                                  Sciences. Dordrecht (Holland) 1961

[36]   Studium Generale Jg. 18 (1965) Hefte
                                  3 - 7

[37] M. Bunge: Scientific Research I. Berlin, Heidel-
                                  berg, New York 1967

[38]   OECD: Mathematics To-day. (Ed. by
                                  H.F. Fehr) Paris 1964

[39] D. Friedman (Ed.):   The Role of Applications in a Secondary
                                  School Mathematics Curriculum. A Report
                                  of a UICSM-Conference held at Allerton
                                  House, Monticello, Ill. Febr. 1963.
                                  Urbana, Ill. 1964

[40]   Proceedings of the Colloquium: How to
                                  Teach Mathematics so as to be Useful.
                                  Utrecht, August 21-25, 1967. Ed.Stud.
                                  Math. Vol 1, No 1/2 May 1968

[41] J. v.Neumann,   Theory of Games and Economic Behavior.
       O. Morgenstern: Princeton 1944

[42] J. Kemeny,   Mathematical Models in the Social
       J.L. Snell: Sciences. New York 1962

[43] H.O. Pollak: Applications of Modern Mathematics
                                  Suitable for Use in the Teaching Secon-
                                  dary School Mathematics. In: [38] .
                                  Deutsche Übersetzung erscheint in dem
                                  Sammelband "Didaktik der Mathematik",
                                  hg. von H.G. Steiner. Reihe "Wege der
                                  Forschung" in der Wiss. Buchgesell-
                                  schaft. Darmstadt 1977

[44] H.O. Pollak: On Some of the Problems of Teaching
                                  Applications of Mathematics. In: [40]

[45] H.O. Pollak: Applications of Mathematics. Chapt. 8
                             of the 69th Yearbook of the National
                             Society for the Study of Education
                             (NSSE), ed. by E.G. Begle. Chicago 1970

[46] H. Weber: Zur Didaktik des Mathematisierens (Ar-
                             beitstitel). Unveröff. Manuskript

[47] H. Weber: Problemlösen und Kreativität im Mathe-
                             matikunterricht. In: Beiträge zum Mathe-
                             matikunterricht 1973. Hannover 1974,
                             S. 274 - 282

[48] H.G. Steiner: Mathematisierung und Axiomatisierung
                             einer politischen Struktur. Der Mathe-
                             matikunterricht 12 (1966), H. 3, S.
                             66 - 86

[49] H.G. Steiner: Examples of Exercises in Mathematization
                             at the Secondary School Level. In [40]

[50] H.G. Steiner: Examples of Exercises in Mathematiza-
                             tion: An Extensiv of the Theory of
                             Voting Bodies. Ed.Stud.Math. Vol 1,
                             No 3, Jan. 1969, S. 289 - 299

[51] H.G. Steiner: Elements of Mathematics. Book A: An
                             Introduction to Mathematization. A
                             Theory of Voting Bodies. CEMREL-CSMP.
                             St. Louis 1970

[52] H.G. Steiner: Nichtmeßbare Abstimmungsgremien. Math.
                             Phys.Sem.Ber. Bd XXII (1975), S.
                             53 - 67

[53] H.G. Steiner: Finite Geometries and Non-Measurable
                             Voting Bodies. Ed.Stud.Math. Vol 7,
                             No 1/2, July 1976, S. 139 - 146

[54] H.G. Steiner: Eine mathematische Theorie der Rang-
                             ordnungen und Konsensusrangordnungen.
                             Math.Phys.Sem.Ber. XIV (1967), S.
                             212 - 245

[55] H.G. Steiner: Mathematisierungen, die auf metrische
                             Räume führen. Math.Phys.Sem.Ber. Bd.
                             XXIII (1976), S. 17 - 58

[56] H. Lenné: Analyse der Mathematikdidaktik in
                             Deutschland. Stuttgart 1969

[57] K.J. Arrow: Social Choice and Individual Values.
                                  New York 1951 (1963)

[58] R. Gröll: Der Unmöglichkeitssatz von Arrow. Jahr-
                                  buch Überblicke Mathematik 1975

[59] C.W. Churchman: Challenge to Reason. New York etc. 1968

[60] L.S. Shapley,   A Method for Evaluating the Distribu-
       M. Shubik: tion of Power in a Committee System.
                                  The American Political Sciences Review
                                  48 (1954), S. 787 - 792

[61] A. Kirsch,   Über nichtadditive reduzierbare Reihun-
       J. Linder: gen in endlichen Booleschen Verbänden.
                                  Arch. Math. XIX (1968), Fasc. 2, S.
                                  118 - 120

[62] A. Kirsch: "Gerechte" lineare Ordnungen und Punkt-
                                  bewertungen in endlichen Systemen. Der
                                  Math. Unterr. 15 (1969), H. 1, S. 64 ff.

[63] P. Damerow u.a.:   Elementarmathematik: Lernen für die
                                  Praxis? Stuttgart 1974

[64] H.G. Steiner: Zum Aufbau des Instituts für Didaktik
                                  der Mathematik (IDM) in Bielefeld.
                                  Zentralbl. f. Did.d.Math. 1975, H. 2,
                                  S. 85 - 91

[65]   Tendenzen und Probleme der Mathematik-
                                  lehrerbildung (Th. Mies, M. Otte, V.
                                  Reiß, D. Vogel, G. Schubring). In:
                                  Schriftenreihe des IDM 6/1975. Insti-
                                  tut für Didaktik der Mathematik. Uni-
                                  versität Bielefeld 1976

H. J. Stetter

ANWENDUNGSORIENTIERTE MOTIVATION IM MATHEMATIK-UNTERRICHT, AM BEISPIEL VON DER LEHRE VON DEN FUNKTIONEN

Die vergangenen Jahre haben im Mathematikunterricht an den höheren Schulen zahlreiche Verbesserungen gebracht; viele mathematische Begriffe werden den Schülern nun in einer wesentlich saubereren Form dargeboten als früher. Aber gleichzeitig hat sich die schon immer vorherrschende Theorie gegenüber der Anwendung nur noch mehr in den Vordergrund gedrängt. Zu einem Zeitpunkt, wo Technik und Naturwissenschaften unser Leben immer mehr bestimmen, wo die Mathematik unabdingbares Handwerkszeug in der Wirtschaft, der Medizin, der Soziologie usw. wird, ja wo sogar der Alltag immer mehr mathematisiert wird - und sei es nur in Form der computerproduzierten Informationsträger, mit denen wir überschwemmt werden -, zu diesem Zeitpunkt ist es ein nicht wiedergutzumachendes Vergehen gegenüber unseren heranwachsenden Jugendlichen, wenn sie die Mathematik nur als einen - mehr oder weniger reizvollen - Schulgegenstand und als Denksport kennenlernen. Statt dessen sollten sie doch die Mathematik erleben als ein fundamentales Werkzeug zum Verständnis und zur Bewältigung ihrer Umwelt.

Die ausschließliche Beschränkung auf die reine Mathematik in der Schule muß ebenso steril sein wie die ausschließliche Beschränkung des Sprachunterrichts auf das Lateinische. Diese Einsicht setzt nicht die Bedeutung des Lateinischen oder der reinen Mathematik herab! Sicher helfen Lateinkenntnisse beim Erlernen der lebenden Sprachen und schulen den Geist; aber für die überwältigende Mehrzahl der Menschen ist eine Sprache ein Kommunikationsmittel und nicht nur ein Studienobjekt. Ebenso sollte die Mathematik für die Menschen ein hilfreiches Werkzeug im täglichen Leben und Beruf sein können, ein Anspruch dem sie bei unseren heutigen Maturanten nur selten gerecht wird. Und warum nicht? Weil sie die Mathematik in der Schule überhaupt nie in dieser Weise kennenlernen.

Zwar sind unsere Mathematikschulbücher - insbesondere in den unteren Klassen - voll von sogenannten Anwendungsaufgaben. Aber selbst bei nicht unerträglich künstlichen sondern durchaus wirklichkeitsnahen Aufgaben steht vom Buch und vom Unterricht her im Mittelpunkt des Interesses von Anfang an nicht der Schritt von der Wirklichkeit zur mathematischen Formulierung, sondern meist ausschließlich die Lösung der entstandenen mathematischen Aufgabe. Die Einkleidung in eine Anwendung wird so vom Schüler lediglich als zusätzliche Schikane empfunden, während er eigentlich erkennen sollte, daß das Entscheidende in der Übersetzung der Situation aus der Sprache des Alltags in die der Mathematik liegt.

In einem Mathematikunterricht, der dem Anspruch gerecht werden will, unsere Jugend auch für eine verantwortliche Tätigkeit in der Gesellschaft vorzubereiten, müßte im Gegensatz dazu die mathematische Modellbildung im Zentrum des Interesses stehen und die Behandlung der entsprechenden mathematischen Disziplinen und Verfahren motivieren. Dabei könnten und sollten durchaus aus dem selben Anwendungsgebiet gleichzeitig Aufgaben gestellt und behandelt werden, von denen einige mit bekannten Mitteln fertig gelöst werden können, während andere auf mathematische Zusammenhänge führen (die zu diesem Zeitpunkt noch nicht "lösbar" sind, z.B. auf quadratische gegenüber linearen Gleichungen). Die Erkenntnis, welche Fragestellungen in einem Gebiet auf einfache und welche auf komplizierte Zusammenhänge führen, erscheint mir durchaus ein wichtiger Bildungsinhalt.

Darüberhinaus sollte die Betonung des Potentials der Mathematik zur Lösung konkreter Probleme der Umwelt auch verhindern, daß man sich bei der Lösung mathematischer Aufgaben auf eine formale Lösung beschränkt. Eine Aufgabe mit numerischen Daten verlangt nach einer numerischen Antwort; ein Ausdruck $\sqrt[3]{7.692} - \sqrt{59.17}$ läßt kaum das Vorzeichen und die Größenordnung des Ergebnisses erkennen, geschweige denn mehr als die erste geltende Ziffer. Im Zeitalter der Taschencomputer brauchen auch die Angaben nicht mehr mühsam daraufhin präpariert zu werden, daß während der Rechnung und im Ergebnis nur "glatte" Zahlen auftreten. In einem anwendungsorientierten Mathematikunterricht dürfen sich die Schüler von Anfang an nicht stören, daß "schöne" Ergebnisse fast nicht vorkommen.

Damit nun meine bisherigen Ausführungen nicht den Charakter einer Utopie behalten, möchte ich den Rest dieses Beitrags dazu verwenden, um an einem zentralen Thema der Mittelschulmathematik, ja der Mathematik überhaupt, zu zeigen, wie ein Aufbau im Rahmen eines von den Anwendungen her motivierten Mathematikunterrichts ausschauen könnte. Ich möchte dazu die Lehre von den Funktionen bis hin zur Infinitesimalrechnung verwenden.

Die propädeutische Vorbereitung und Einführung des Funktionsbegriffs könnte schon in der Volksschule einsetzen und in der Unterstufe der Mittelschulen formalisiert werden; dies wäre übrigens zielführender als die gegenwärtige Überbetonung einer formalisierten Mengenlehre in diesen Altersstufen. Als Ausgangspunkt - und über lange Zeit als ausschließlicher, nicht-formalisierter Inhalt - würde dabei der Zusammenhang zwischen den "Angaben" (d.h. den Daten) und dem Ergebnis einer Aufgabe, natürlich einer Anwendungsaufgabe, dienen. Daß z.B. zwischen der Menge des verwendeten Mehls und der Anzahl der daraus hergestellten Bäckereien ein gesetzmäßiger Zusammenhang besteht, ist schon einem Kind offenkundig. Allmählich könnte klar werden, daß dieser Zusammenhang das Wesentliche an der in der Aufgabe dargestellten Situation ist, und die konkreten Daten nur Einzelfälle darstellen. Bereits jetzt könnten graphische Darstellungen für den Funktionsverlauf eingeführt werden. Auch wesentliche Eigenschaften von Funktionen einer Veränderlichen, wie Linearität, Monotonie, Glattheit usw. könnten als Charakteristika von funktionellen Zusammenhängen erkannt, beschrieben und später formalisiert werden.

Auch die Behandlung mehrerer Veränderlicher würde sich geradezu aufdrängen; fast jede Anwendungsaufgabe hat mehrere Eingangsgrößen! (Heute können selbst Studenten mit Funktionen mehrerer Veränderlicher nur schwer operieren.) Und noch ein anderer - nur scheinbar trivialer - Vorteil würde gewonnen: Von Anfang an hätten unabhängige und abhängige Variable und auch die Funktionen keine fixierten sondern die im jeweiligen Zusammenhang sinnvollen Bezeichnungen. Das wohlbekannte Abhängigsein von den Bezeichnungen x,y und f wäre damit unterbunden.

Die Begriffe Definitionsbereich und Wertebereich ergeben sich in natürlicher Weise: In fast jeder Anwendungsaufgabe sind die Daten nicht beliebig wählbar, und der Wertebereich ist oft von großer praktischer Bedeutung. (Im Gegensatz dazu erscheinen diese Begriffe dem Schüler meist künstlich oder trivial, wenn er sie an "abstrakten"Funktionen erläutert bekommt.)

Die Diskussion der sinnvollen Ergebnisgenauigkeit und damit auch der sinnvollen Rechengenauigkeit - zum Leidwesen jedes Numerikers ein Stiefkind im heutigen Mathematikunterricht - ergibt sich bei unserer Betrachtungsweise ganz natürlich: Daten in Anwendungsaufgaben haben fast immer eine in naheliegender Weise beschränkte Genauigkeit. Die Untersuchung der dadurch bedingten natürlichen Ungenauigkeit im Ergebnis zwingt einerseits zur lokalen Betrachtung von Funktionen und vertieft damit die Einsicht in den durch die Funktion dargestellten Zusammenhang. Andrerseits verhindert sie aber auch das sinnlose Ausrechnen und Anschreiben von endlosen Dezimalstellen und sollte darüberhinaus dem Schüler ein Gefühl für Größenordnungen, geltende Stellen, usw. vermitteln.

Über die Feststellung der lokalen Proportionalität zwischen Datenänderung und Ergebnisänderung könnte dann schon frühzeitig der Begriff der Ableitung in dem Zusammenhang gewonnen werden, in dem er heute in fast jeder Wissenschaft tatsächlich auftritt; als Maß für Wachstumsverhalten. In Biologie und Wirtschaftswissenschaften werden heute in gleicher Weise Wachstumsprozesse durch Differentialquotienten (und Differentialgleichungen) beschrieben. In der Erkenntnis, daß der Differentialquotient diese Beschreibung ermöglicht, liegt der eigentliche Bildungswert der Differentialrechnung, nicht im formalen Differenzieren! Sogar partielle Ableitungen, der Schreck sogar noch der Studenten an den Hochschulen, würden sich - wie vorher Funktionen mehrerer Veränderlicher - ohne geistigen Mehraufwand ergeben: Wenn ein Ergebnis von verschiedenen Eingangsgrößen abhängt, wird man selbstverständlich seine Empfindlichkeit gegenüber Änderungen der einzelnen Daten kennen wollen. Da schon vorher die Veränderlichen alle möglichen Namen haben konnten, fällt dabei das sonst lästige Notationsproblem nicht ins Gewicht.

Die alltägliche Situation, daß aus einer Wirkung auf eine Ursache quantitativ geschlossen werden soll, führt auf die Umkehrung einer Funktion und auf Gleichungen. Monotonie und ähnliche Begriffe erhalten in diesem Zusammenhang ihre natürliche Stellung. Auch die klassischen Umkehrfunktionen - wie Wurzeln und Logarithmen - könnten so eine anschaulichere (und damit im späteren Leben verwendbare) Bedeutung gewinnen.

Sogar zur Integralrechnung eröffnet sich bei einem solchen Aufbau ein natürlicher Zugang, und zwar über die - wieder bei Anwendungsaufgaben unmittelbar motivierte - Betrachtung von Mittelwerten einer in Abhängigkeit etwa von der Zeit veränderlichen Größe. Dabei erhält man anschaulich und formal zunächst das bestimmte Integral in seinem Zusammenhang mit dem Flächeninhalt unter dem Graphen einer Funktion; über die von den Anwendungen geläufige Darstellung von Funktionen in Form von Streifendiagrammen ergibt sich auch leicht die Definition als Grenzwert einer Riemann-Summe. Die Betrachtung der Abhängigkeit eines Mittelwerts vom Intervall führt aber auch zur Stammfunktion, die anschaulich triviale Tatsache, daß der Grenzwert des Integralmittels bei Abnehmen der Intervallänge der Funktionswert an der betreffenden Stelle sein muß, liefert schließlich sogar den Hauptsatz der Integralrechnung. Ich glaube übrigens, daß der Begriff des Integralmittelwerts, der hier stark in den Vordergrund tritt, für die Praxis wichtiger ist als der Integralbegriff selbst.

Bei diesem, statistisch angehauchten Zugang zur Integralrechnung wäre es nun abschließend ein Leichtes, auch noch den wichtigen Begriff der Streuung im kontinuierlichen Fall, und über die Streifendiagramme auch im diskreten Fall, anschaulich zu gewinnen.

Es ist klar, daß man in diesen Aufriß noch viele Details einfügen könnte, ich wollte nur an diesem wichtigen Beispiel andeuten, wie sich die geläufigen Lehrinhalte in einem anwendungsmotivierten Mathematikunterricht in zwangloser Weise ergeben und wie der intuitive Inhalt der Begriffe dabei vor ihrer formalen Einführung bereits anschaulich hervortritt. Natürlich muß dann - zu einem geeigneten Zeitpunkt - die formale Vertiefung durch Abstraktion erfolgen, die ja ebenfalls einen unveräußerlichen Bildungswert der Mathematik im Schulunterricht darstellt. Aber es wird dann tatsächlich von bekannten Phänomenen her abstrahiert, während in den derzeitigen Schulbüchern der Mathematik - einem Modetrend entsprechend - die Abstraktion um ihrer selbst willen überhand genommen hat. In dieser Form bleibt sie aber für den Schüler sinnleer und damit ohne dauerhaften Bildungswert!

Um eine über die momentane Schulstufe und die gesamte Schulausbildung hinausreichende Wirksamkeit des Mathematikunterrichts zu garantieren, muß auf alle Fälle nach dem Schritt von der aus der Anwendung stammenden Anschauung zur formalen Abstraktion noch einmal der Schritt zur jetzt gedanklich völlig beherrschten Anwendung gemacht werden. Mit Hilfe des inzwischen erarbeiteten Kalküls müssen die verschiedensten echten Anwendungssituationen vollständig analysiert und bis zum zahlenmäßigen Ergebnis durchgerechnet werden. Erst dann wird man hoffen können, daß unsere Maturanten aus dem Mathematikunterricht mehr ins Leben hinüberretten als eine - mehr oder weniger angenehme - Erinnerung an Gedankenspielereien, daß ihnen vielmehr die wesentlichen Begriffe und Lösungsmethoden der Mathematik in Beruf und Alltag ein selbstverständliches gedankliches Werkzeug sind, das sie ohne Mühe handhaben. Nur dann würde - meiner bescheidenen Ansicht nach - der Mathematikunterricht an den höheren Schulen den großen Aufwand rechtfertigen, der in ihn von Lehrern wie Schülern seit langem und an jedem Schultag aufs Neue investiert wird.

Werner Timischl

GRUNDLEGENDE MODELLE DER ÖKOLOGIE IN EINFACHER DAR-STELLUNG

1.Einleitung

Zahlreiche Untersuchungen der modernen Ökologie beschäftigen sich mit dem dynamischen Verhalten von Populationen. Unter Population ist im allgemeinen eine Gruppe von Individuen der-selben Art in einem bestimmten Lebensraum zu verstehen. Von den vielen Eigenschaften, die eine Population kennzeichnen, ist wohl deren Individuenzahl die markanteste und daher auch in vielen ökologischen Problemen die zentrale Größe. So lau-tet beispielsweise eine typische ökologische Fragestellung: Wie hätten die Walfischfangraten begrenzt werden müssen,um zu verhindern, daß diese Tierart in Gefahr ist auszusterben? Oder, warum kann man eine alarmierende Zunahme eines bestimm-ten Schädlings feststellen, wenn man eine den gleichen Lebens-raum bewohnende zweite Schädlingsart bekämpft? Um die erste dieser Fragen zu beantworten, bedarf es zunächst einer kon-kreten Vorstellung über das "natürliche" Wachstum der jewei-ligen Population. Mit einfachen diesbezüglichen Modellansät-zen für isolierte, d.h. sich nicht gegenseitig beeinflussende Populationen befaßt sich der eine Teil dieser Arbeit; der an-dere berührt die in der zweiten Frage anklingende Thematik, nämlich die Wechselwirkungen zweier Populationen untereinan-der, die Anlaß zu interessanten Erscheinungen sein können.

2.Natürliches Wachstum isolierter Populationen
2.1.Wir beginnen mit dem in vielerlei Hinsicht einfachsten Modell, das schon auf Th. Malthus zurückgeht und die Grund-lage für dessen These vom Bevölkerungswachstum in geometri-scher Progression bildete. Die Population möge die folgen-den Eigenschaften besitzen: (a) getrennte Generationen und (b) eine konstante Fortpflanzungsrate σ. Praktisch bedeutet

(a), daß die Elterngeneration ausstirbt, bevor die Tochter-
generation fortpflanzungsfähig ist. Die Entwicklung der Population wird in diesem Fall am zweckmäßigsten durch eine
Folge {X(k)}(k=0,1,...) charakterisiert, wobei X(k) die Individuenzahl in der k-ten Generation bedeutet, und zwar jeweils
bezogen auf das Fortpflanzungsstadium. Zwischen den Individuenzahlen zweier aufeinanderfolgender Generationen besteht
wegen (b) der einfache Zusammenhang

(1) $X(k+1)=\sigma X(k)$ (k=0,1,...).

Das ist eine homogene, lineare Differenzengleichung 1.Ordnung,
deren Lösung bekanntlich auf die geometrische Folge $X(k)=X_o\sigma^k$
(k=0,1,...) führt, wobei mit $X_o=X(0)$ die Individuenzahl der
Ausgangsgeneration bezeichnet ist.Offensichtlich wird die
Population für $\sigma>1$ unbeschränkt wachsen und für $\sigma<1$ aussterben.

2.2.Wenn in einer Population Voraussetzung (a) nicht erfüllt
ist, die Generationen sich also überdecken, empfiehlt sich
eine andere Betrachtungsweise. Die Entwicklung der Population
durch Geburt und Tod von Individuen kann nun als ein in der
Zeit kontinuierlicher Vorgang aufgefaßt und entsprechend auch
die Populationsgröße durch eine stetige Funktion X(t) dargestellt werden. Es ist natürlich nicht zu erwarten, daß die
vielfältigen Wachstumsformen der verschiedensten Populationen
durch ein universelles Gesetz X=X(t) beschreibbar sind. So
ist es für eine reale Population oft schon schwer möglich,
alle Einflußfaktoren anzugeben, die z.B. eine im Zeitinter-
vall (t,t+Δt) auftretende Populationsschwankung $\Delta X=X(t+\Delta t)-$
$-X(t)=f(X,t,\Delta t,...)$ bewirken. Wir werden uns daher wieder auf
eine Modellpopulation beschränken und zunächst die einfachst
mögliche Annahme machen, daß

(2) $\Delta X=f(X,\Delta t)=\varepsilon X\Delta t=(\alpha-\beta)X\Delta t$

gelte.Der Proportionalitätsfaktor ε läßt darin die anschauliche Deutung als relative Wachstumsrate zu, die wiederum als

Differenz von relativer Geburts- und Todesrate darstellbar ist. Der Ansatz (2) führt zur Differentialgleichung $\dot{X}=\varepsilon X$, die das kontinuierliche Gegenstück zur Differenzengleichung (1) bildet und die Lösung $X(t)=X_o e^{\varepsilon t}$ mit $X_o=X(0)$ besitzt.Wie beim diskreten Modell in 2.1. nimmt X für $\varepsilon<0$ monoton ab und nähert sich asymptotisch Null. Ist $\varepsilon>0$ ergibt sich eine exponentiell zunehmende Individuenzahl, was z.B. im Anfangsstadium der Entwicklung einer Bakterienkultur und manchmal auch bei höheren Tieren tatsächlich beobachtet werden kann.

2.3.Bis jetzt wurde das Wachstum von Populationen so behandelt, als ob es sich dabei um einen deterministischen Vorgang handle. Das mag für große Populationen gerechtfertigt erscheinen; das Wachstum bei kleiner Individuenzahl kann dagegen nur als Zufallsprozeß verstanden werden.Wie in diesem Sinne ein Wachstumsvorgang simuliert werden kann, soll an Hand der stochastischen Version des Exponentialmodells erläutert werden. Dazu interpretieren wir zuerst die in 2.2. eingeführten deterministischen Geburts- bzw. Todesraten so, daß $\alpha X\Delta t$ bzw. $\beta X\Delta t$ die Wahrscheinlichkeit für Geburt bzw. Tod eines Individuums in der Zeitspanne Δt bedeutet. Von diesen Ereignissen, die im folgenden kurz mit G(Geburt) bzw. T(Tod) bezeichnet werden, sei einfachheitshalber angenommen, daß ein gleichzeitiges Auftreten von G und T sowie ein mehrfaches Auftreten von G bzw. T bei sehr kleinem Δt nicht möglich sei. Dann ist der Wachstumsvorgang, der zum Zeitpunkt $t_o=0$ beginnen möge, darstellbar als eine Folge von Ereignissen zu gewissen Zeitpunkten $t_1,t_2,\ldots,t_k,\ldots$, wobei in jedem Zeitpunkt t_k entweder G oder T eintreten kann. Und zwar G mit der Wahrscheinlichkeit $P(G)=\alpha/(\alpha+\beta)$ und T mit der Wahrscheinlichkeit $P(T)=\beta/(\alpha+\beta)$. Es verbleibt die Aufgabe, von der Zufallsvariablen $D=t_{k+1}-t_k$, also der Zeitdauer zwischen zwei aufeinanderfolgenden Ereignissen des Wachstumsprozesses, die Verteilungsfunktion $F(\tau)=P(D\leq\tau)$ zu bestimmen. Zu diesem Zweck werde mit $p(\tau)$ die Wahrscheinlichkeit bezeichnet, daß weder G noch T in

$(0,\tau)$ eintritt. Dann kann $p(\tau+\Delta\tau)$ als Wahrscheinlichkeit für das zusammengesetzte Ereignis "G oder T finden weder in $(0,\tau)$ noch in $(\tau,\tau+\Delta\tau)$ statt" dargestellt werden durch:

$$p(\tau+\Delta\tau)=p(\tau)p(\Delta\tau)=p(\tau)[1-(\alpha+\beta)X\Delta\tau].$$

Daraus gewinnt man die Differentialgleichung $dp/d\tau=-(\alpha+\beta)Xp$; da $p(0)=1$ ist, folgt als deren Lösung $p(\tau)=e^{-(\alpha+\beta)X\tau}$, mit der die gesuchte Verteilungsfunktion gemäß $F(\tau)=1-p(\tau)$ zusammenhängt. Damit sind die Grundlagen für den Simulationsprozeß geschaffen, den wir in zwei Schritten durchführen. Einmal ist das Zufallsexperiment mit der Wahrscheinlichkeit $P(G)$ bzw. $P(T)$ für die Ausgänge G bzw. T in jedem Zeitpunkt $t_k(k=1,2,\ldots)$ zu simulieren. Ein geeignetes Hilfsmittel dafür sind Zufallszahlen z aus dem Intervall $(0,1)$. Als Entscheidungskriterium zwischen G und T legt Abb.1 folgendes Vorgehen nahe: Ist $z\le P(G)$ möge G eintreten (Fall a), sonst T (Fall b). Der zweite Simulationsvorgang betrifft die Zufallsvariable D. Wir gehen von der in Abb.2 dargestellten Verteilungsfunktion $F(\tau)$ aus und betrachten ein Zeitintervall $(\tau,\tau+\Delta\tau)$. Diesem Intervall entspricht auf der Ordinatenachse die Strecke $F(\tau+\Delta\tau)-F(\tau)=$ $=F'(\tau')\Delta\tau$ mit $\tau<\tau'<\tau+\Delta\tau$. Entnimmt man nun wieder einer geeigneten Tabelle eine Zufallszahl $z\in(0,1)$ und rechnet man sich über $F(\tau')=z$ den entsprechenden Wert $\tau'=-[\ln(1-z)]/(\alpha+\beta)X$ von D aus, so ist $F'(\tau')\Delta\tau$ gerade die Wahrscheinlichkeit, daß D in einem $\Delta\tau$-Intervall um τ' liegt. Damit haben wir ein Verfahren, mit dem wir auch die Werte von D für jedes t_k simulieren können.

Abb.1   Abb.2

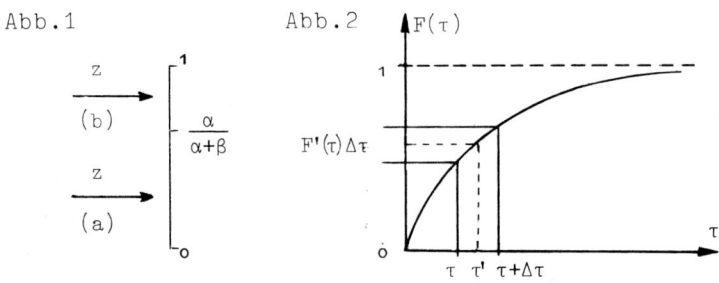

Für eine Population mit $\alpha=0,6\,d^{-1}$ und $\beta=0,3d^{-1}$ sowie $X(0)=50$ erhält man als Ergebnis einer derartigen Simulation z.B. den in Abb.3 dargestellten Wachstumsverlauf. Zum Vergleich ist in Abb.3 auch die exponentielle Wachstumskurve bei deterministischer Betrachtungsweise eingezeichnet(d=Tage).

Abb.3

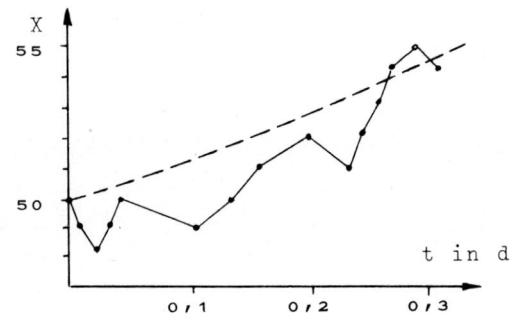

3.Wechselwirkende Populationen

3.1.Wir nehmen nun an, daß zwei Populationen einen gemeinsamen Lebensraum besitzen und daß die Beziehungen zwischen ihnen durch ein einfaches "Räuber-Beute"-Modell charakterisiert werden können. Der einen Art, die als Beute der anderen dient, mögen unbeschränkte Nahrungsmittel zur Verfügung stehen, sodaß deren Wachstum - bei Abwesenheit der zweiten Art, den sogenannten Räubern - durch das Exponentialmodell von 2.2. beschrieben werden kann. Die Individuenzahl X(t) der isoliert betrachteten Beute-Population genüge also der Differentialgleichung $\dot{X} = \alpha X$ ($\alpha>0$). Analog möge in der Räuber-Population, deren Nahrung nur aus den Individuen der ersten Art bestehe, die mit Y(t) bezeichnete Individuenzahl bei Abwesenheit der Beute-Population nach dem Gesetz $\dot{Y} =-\beta Y$ ($\beta>0$) abnehmen. Um die Konsequenzen aufzuzeigen, die sich aus einer Koexistenz beider Arten in einem gemeinsamen Lebensraum ergeben, sei eine Situation betrachtet, in der die Räuber sich den Lebensraum in Reviere aufgeteilt haben und in jedem Revier pro Zeiteinheit etwa gleich viele Opfer γX ($\gamma>0$) erbeuten. Die insgesamt pro Zeiteinheit den Räubern anheimfallende Beute ist dann γXY, sodaß das Wachstum der Beute-Population nun durch

$$(3) \qquad \dot{X} = \alpha X - \gamma XY$$

zu beschreiben ist. Für die Räuber-Population führt andererseits die plausible Annahme einer zur erlegten Beute proportionalen Wachstumsrate zu der um den Wechselwirkungsterm δXY ($\delta > 0$) erweiterten Gleichung

$$(4) \qquad \dot{Y} = -\beta Y + \delta XY.^{*}$$

Die folgenden Untersuchungen beschränken sich im wesentlichen auf die Frage, welches Zeitverhalten bei kleinen Abweichungen aus dem durch die Individuenzahlen $\bar{x} = \beta/\delta$ und $\bar{y} = \alpha/\gamma$ charakterisierten nichttrivialen Gleichgewichtszustand unseres Modells zu erwarten ist. Dazu gehen wir zunächst zu den neuen Koordinaten $x = X - \bar{x}$ und $y = Y - \bar{y}$ über, die gerade die Abweichungen der tatsächlichen Individuenzahlen von den Gleichgewichtswerten ausdrücken. Bei Beschränkung auf kleine Abweichungen $x \ll \bar{x}$, $y \ll \bar{y}$ können die nichtlinearen Differentialgleichungen (3) und (4) durch das lineare System $\dot{x} = -\gamma \bar{x} y$, $\dot{y} = \delta \bar{y} x$ approximiert werden, dessen Lösungen $x(t)$ und $y(t)$ ein sinusförmiges Zeitverhalten mit der Periode $T = 2\pi/\sqrt{\alpha\beta}$ aufweisen. Bei kleinen Abweichungen vom Gleichgewichtszustand zeigt sich also:

(a) Die Individuenzahlen zweier Popualtionen im Räuber-Beute-Verhältnis fluktuieren sinusförmig um die Gleichgewichtswerte $\bar{x}$, $\bar{y}$ und ergeben daher über eine Periode gemittelt eben $\bar{x}$ und $\bar{y}$.

(b) Die anfänglichen Populationsgrößen haben auf diese Mittelwerte keinen Einfluß.

(c) Werden beide Arten proportional zu ihren Individuenzahlen mit zeitlich konstanter Rate dezimiert, was auf eine Verkleinerung von α bzw. Vergrößerung von β hinausläuft, so wird dadurch der Mittelwert der Beute-Population vergrößert, jener der Räuber-Population verkleinert.

Diese Ergebnisse werden gewöhnlich als die drei Gesetze von Volterra bezeichnet.

* Eine elementare Behandlung des Systems von Differentialgleichungen (3), (4) wurde vor kurzem von E.P. Bauhoff in MNU 29 (1976), Heft 4, veröffentlicht.

3.2.Das folgende Modell versucht das Zeitverhalten zweier
Populationen in einem "Parasit-Wirt"-Verhältnis zu beschreiben. Man stelle sich ein parasitäres Insekt vor, das Eier in
die Larven der Wirtstiere legt, wobei einfachheitshalber jede
Wirtslarve nur ein parasitäres Ei aufnehmen möge. Damit ist
gewährleistet, daß aus jeder Wirtslarve der einen Generation
entweder ein Parasit oder ein Wirt der folgenden Generation
entsteht. Dieser Entwicklung ist ein diskretes Modell angemessen, in dem mit $X(k)$ bzw. $Y(k)$ die Individuenzahlen pro
Flächeneinheit der Wirt- bzw. Parasiten-Population bezeichnet
werden. Um den Anteil der von Parasiten befallenen Larven zu
bestimmen, nehmen wir an, daß jeder Parasit auf der Suche nach
Larven eine bestimmte Fläche $a>0$ des Lebensraumes $A \gg a$ durch-
streift und auch alle dort vorhandenen Larven findet. Unter
der Voraussetzung einer in A gleichmäßigen Verteilung der Larven ergibt sich demnach für die Wahrscheinlichkeit, daß eine
Larve von einem einzigen Parasiten nicht gefunden wird, der
Wert $1-a/A$; bei Berücksichtigung von AY Parasiten im Lebensraum A
ist diese Wahrscheinlichkeit gleich $(1-a/A)^{AY} = [(1-a/A)^{A/a}]^{aY} \approx$
$\approx e^{-aY}$. Wir können also mit einem Anteil von e^{-aY} normaler und
$1-e^{-aY}$ parasitärer Larven rechnen. Entfallen weiters pro Wirts-
tier im Mittel $\alpha>1$ Larven, die alle - parasitär oder normal -
in die nächste Generation überleben, ergeben sich die folgenden Modellgleichungen:

$$(5) \qquad \begin{aligned} Y(k+1) &= \alpha X(k)[1 - e^{-aY(k)}], \\ X(k+1) &= \alpha X(k)\, e^{-aY(k)}. \end{aligned}$$

Die durch diese Rekursionsbeziehungen definierten Folgen kann
man bei gegebenen Anfangswerten $X(0)$, $Y(0)$ und bekanntem a bzw.
α Glied für Glied berechnen. Abb.4 enthält das Ergebnis einer
solchen Berechnung für folgende Zahlenwerte: $X(0)=Y(0)=40$,
$a=0,02$ und $\alpha=1,2$. Auffallend ist darin der oszillierende und
sich aufschaukelnde Verlauf der Individuenzahlen beider Populationen, der schließlich mit dem Aussterben der Parasiten
endet. Dieses Resultat wird auch durch eine allgemeine Unter-

suchung des Zeitverhaltens der Lösungen von (5) bestätigt,
die bei Beschränkung auf kleine Abweichungen der Populationsgrößen von ihren Gleichgewichtswerten ganz analog dem Vorgehen in 7.1. durchgeführt werden kann. Die dabei auftretenden Differenzengleichungen 2.Ordnung lassen sich ohne Schwierigkeiten auf elementare Weise lösen[3].

Abb.4

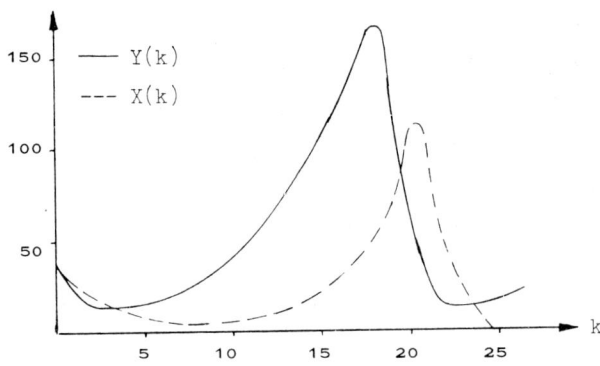

Die behandelten Beispiele stellen durchwegs einfache und zugleich grundlegende Modelle vor. Einfach genug, um im Rahmen
der Schulmathematik besprochen werden zu können und grundlegend auch in dem Sinne, daß die wichtigsten Hilfsmittel der
mathematischen Ökologie, nämlich Differential- und Differenzengleichungen sowie Simulationstechniken, Verwendung finden.
Soferne überhaupt anwendungsorientiert ist der Mathematikunterricht an den allgemeimbildenden höheren Schulen vornehmlich
auf physikalisch-technische Belange ausgerichtet. Ohne die
Bedeutung der Mathematik in diesen Disziplinen in Frage stellen zu wollen, wäre andererseits die schulmäßig mögliche Behandlung biologischer Themen angesichts einer eher düsteren
ökologischen Zukunft der Menschheit wohl ebenso wichtig. Nicht
zuletzt würde dadurch auch die zentrale Stellung des Unter-
richtsfaches"Mathematik" noch mehr betont werden.

Literatur:
1.Poole R.W., An Introduction to Quantitatve Ecology,McGraw-Hill,1974
2.Smith J.M., Mathematical Ideas in Biology,Cambridge Univ.Press 1971
3.Timischl W., Elementare Behandlung von linearen Differenzengleichun-
                    gen erster und zweiter Ordnung, DdM 2(1975)

H. Wacker

NUMERISCHE MATHEMATIK AN DER AHS

1. Einleitung

Bei jedem Plädoyer für die Einführung eines neuen Gebietes wie hier die Numerik in den Stoffplan der AHS stellen sich folgende Fragen:

W A S   ist die Numerik ?
W A R U M   gerade Numerik ?
W I E   soll Numerik eingeführt werden ?
W A N N   ist das geeignete Ausbildungsstadium ?
W I E V I E L   soll aus der Numerik an der AHS gebracht
                werden ?

Da die Numerik, speziell in unserem Land, ein relativ neuer Zweig der Mathematik ist, ergibt sich zunächst das Problem, Ihnen die Numerische Mathematik selbst etwas näher zu bringen, also die Frage nach dem W A S zu beantworten. Dies kann naturgemäß nur skizzenhaft geschehen.

2. Aspekte der Numerischen Mathematik

2.1 Einordnung der Numerik in das Gebäude der Mathematik
Die Mathematik, genauer die Reine Mathematik, ist eine axiomatische Wissenschaft, d.h. man geht von einigen wenigen Axiomen aus und leitet daraus Sätze ab. Prinzipiell sind die so erhaltenen Aussagen ausschließlich von den gewählten Axiomen abhängig und stehen mit der Realität nicht notwendig in Zusammenhang. Nur dadurch, daß die Axiome in einem gewissen natürlichen Sinn ausgewählt wurden, ist es zu erklären, daß sich die Mathematik zur Lösung konkreter Probleme aus Naturwissenschaft, Technik und Wirtschaft heranziehen läßt.

Diese Seite der Mathematik, die Angewandte Mathematik, sucht zu konkreten praktischen Problemen mathematische Modelle. Ein solches Modell ist bereits eine Approximation an die Realität. Diese Modelle lassen sich im allgemeinen formulieren als eine Sammlung mathematischer Vorschriften bzw. Gleichungen. Die Numerik versucht nun, zu einem derartigen mathematischen Modell ein praktisches Lösungsverfahren zu finden. Dies geschieht wieder mit Methoden der Reinen Mathematik.

Beispiel: Pendel

Physikalisches Modell: Außer der Schwerkraft werden Reibung und sonstige Kräfte vernachlässigt, Pendel als Punkt, Faden masselos, Anfangsgeschwindigkeit des Pendels: Null, bekannte Auslenkung zur Zeit t=o.

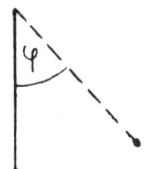

Mathematisches Modell:

l: Pendellänge

g: Erdbeschleunigung

$$c := \frac{g}{l}$$

$$\ddot{\varphi} + c \cdot \sin \varphi = o \wedge \varphi(o) = \varphi_o \wedge \dot{\varphi}(o) = o$$

Numerisches Modell:

$$\phi_{j+1} - 2\phi_j + \phi_{j-1} = -h^2 c \cdot \sin \phi_j \qquad j = 1, 2, \ldots.$$

$$\phi_o = \phi_1 = \varphi_o$$

Idee des numerischen Verfahrens :

Approximation von $\ddot{\varphi}(t_j)$ durch

$$\frac{\varphi(t_j + h) - 2\varphi(t_j) + \varphi(t_j - h)}{h^2}$$

Die Lösung des so entstehenden transzendenten Systems $\{\phi_j\}$ ist eine Näherung für den Wert $\varphi(t_j)$, dem Winkel zur Zeit $t = t_j$.

Zusätzlich: Es ist eine explizite Vorschrift zur
Berechnung vón sin ϕ_j anzugeben.

2.2 Aufgaben der Numerik
Die Numerik hat also den Übergang vòm mathematischen Modell
zu einem numerischen Modell (= einem Algoríthmus) zu
bewerkstelligen.
Ein Algorithmus ist eine eindeutige Hintereinanderfolge
endlich vieler elementarer Operationen, das sind im
Wesentlichen die 4 Grundrechnungsarten.
Als Hauptaufgabe der Numerik könnte man formulieren:
I. Idealvorstellung
   Konstruktion eines Algorithmus, der bei minimalem
   Aufwand eine Approximation vorgegebener Genauigkeit
   für die exakte Lösung des mathematischen Modells liefert.
II. Praxis
   (a) Angabe des Fehlers beim Übergang vom mathematischen
       zum numerischen Modell bei konkreten Daten, deren
       Verfolgen während des Rechenvorgangs sowie die
       Erfassung von Rundungsfehlern.
   (b) Der Algorithmus soll gegenüber kleinen Störungen
       wenig empfindlich sein (Stabilität)

Natürlich kann es dabei Interessenskonflikte geben, etwa
zwischen Aufwand und Genauigkeit. Es sei betont, daß es
für den Numeriker i.a. nicht genügt, wenn ein Modell
konstruktiv formuliert werden kann. So ist etwa die
Gröbnersche Idealtheorie zur Behandlung von Polynomsystemen
durchaus konstruktiv, die numerische Lösung eines Polynom-
systems ist jedoch erst in allerjüngster Zeit befriedigend
gelungen.

2.3 Das Rechnen mit endlicher Stellenzahl
Die heutige Numerik ist aufs engste mit dem Computer verknüpft. Ein Computer kann die oben erwähnten elementaren

Operationen sowie Vergleichsoperationen durchführen, ist also genau der Realisierung eines Algorithmus angepaßt. Allerdings verfügt der Rechner nur über die sogenannten Maschinenzahlen, das sind endlich viele Zahlen folgender Bauart:

$$x_M = m \cdot 10^e \quad \text{mit} \quad 0.1 \leq |m| < 1 \quad \text{(normalisierte Gleitpunkt-darstellung)}$$

Beispiel: $0.58 \cdot 10^2$

Die Mantisse m hat n Ziffern, der Exponent e hat p Ziffern (etwa n=10, p=3). Dabei haben wir die uns vertrautere Dezimaldarstellung gewählt, computerintern werden Dual- bzw. Oktalzahlen verwendet.

Eine reelle Zahl x stellt man durch eine Maschinenzahl x_M dar, indem man die zu x nächstgelegene Maschinenzahl wählt. Diesen Vorgang nennt man Runden:

$$0.a_1 a_2 \ldots a_{n+1} \ldots \Rightarrow \begin{cases} 0.a_1 a_2 \ldots a_n \\ 0.a_1 a_2 \ldots (a_n + 1) \end{cases} \quad \text{falls} \quad \begin{matrix} a_{n+1} < 5 \\ a_{n+1} > 5 \end{matrix}$$

(Sonderregelung für n=5)

Beispiel: $x = \frac{1}{3}$, n=4, p=1 $\Rightarrow$ $x_M = 0.3333 \cdot 10^0$

Das Rechnen in $\mathbb{M}$, der Menge der Maschinenzahlen, hat gegenüber dem Rechnen in $\mathbb{R}$ bzw. $\mathbb{C}$ den Verlust der Körpereigenschaften zur Folge (alle Körpereigenschaften mit Ausnahme des Kommutativgesetzes gehen verloren). Um das zu veranschaulichen erklären wir die Addition:

$$x_1 + x_2 \Rightarrow \text{gl}(x_1 + x_2) \quad \text{Rechnen mit 2n Mantissenstellen}$$

$$x_1 = m_1 \cdot 10^{e_1}, \quad x_2 = m_2 \cdot 10^{e_2} \quad \text{o.B.d.A. } |x_1| \geq |x_2|$$

Fall 1: $(e_1 - e_2) > n$. In diesem Fall ist x_2 zu klein, um die ersten n Ziffern von x_1 zu beeinflussen. Also: $\text{gl}(x_1 + x_2) = x_1$

Fall 2: $(e_1-e_2) \leq n.$ $\qquad\qquad\qquad\qquad\qquad\qquad\qquad\quad e_1-e_2$

Schritt 1: Exponentenausgleich: m_2 wird durch $10^{e_1-e_2}$ dividiert, indem man eine Verschiebung von e_1-e_2 Stellen in der Mantisse m_2 nach rechts vornimmt: $\bar{m}_2$

Schritt 2: Exakte Berechnung der Summe $m_1+\bar{m}_2$ auf 2n Ziffern.

Schritt 3: Normalisierung und Runden auf n Ziffern.

Beispiel (Verletzung des Assoziativgesetzes) n=4

$$x_1 = 0.2337 \cdot 10^{-2} \ , \ x_2 = 0.2437 \cdot 10^0, \ x_3 = -0.3366 \cdot 10^0$$

$$x_1+(x_2+x_3) \ \Longrightarrow \ 0.2437 \cdot 10^{-2}$$

$$(x_1+x_2)+x_3 \ \Longrightarrow \ 0.2400 \cdot 10^{-2}$$

Der Verlust der Körpereigenschaften hat zur Folge, daß mathematisch äquivalente Ausdrücke numerisch keineswegs mehr äquivalent zu sein brauchen:

Beispiel (Rationalmachen des Nenners) $\sqrt{2} \approx 1.41$

10-stellige Rechnung, exakt: 0.00506 (auf 5 Stellen)

a) $99 - 70\sqrt{2} \ \Longrightarrow \ 0.30000$

b) $\dfrac{1}{99+70\sqrt{2}} \ \Longrightarrow \ 0.00506$

c) $(\sqrt{2}+1)^{-6} \ \Longrightarrow \ 0.00510$

d.h. mindestens 30.000-facher Fehler bei a) gegenüber b)

2.4 Fehler und Fehlerdiskussion

Mit jedem Algorithmus ist eine Fehlerbetrachtung verbunden. Diese ist in jedem Fall mit Methoden der Reinen Mathematik durchzuführen.

Je nach Herkunft unterscheidet man:

(a) Datenfehler: Eingangsdaten können unexakt nach ihrer
 Bildung (Meßdaten) oder nach Eingabe
 in die Maschine durch Runden sein.
(b) Rundungsfehler während der Rechnung.
(c) Verfahrensfehler: durch den Übergang vom mathematischen
 Modell zum Algorithmus.
 z.B. Abbrechfehler: Grenzprozesse
 müssen durch endliche Prozesse
 approximiert werden

$$\dot{x}(t) = \lim_{\Delta t \to o} \frac{x(t+\Delta t)-x(t)}{\Delta t} \approx \frac{x(t+\Delta t)-x(t)}{\Delta t}$$

Man kennt zwei verschieden Gesichtspunkte bei der Fehleranalyse:

a) Vorwärtsanalyse: Man möchte beschreiben, wie sich ein
 Eingangsfehler in das Endergebnis
 fortpflanzt (gegebenenfalls unter
 Berücksichtigung von während des
 Rechengangs neu gemachten Fehlern).

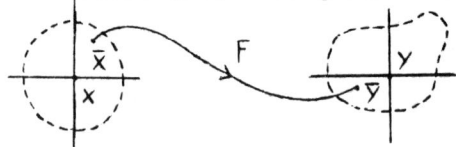

Beispiel: $y = f(x) = e^{x}$
 geg. Eingangsfehler Δx
 ges. Resultatfehler Δy
 $x = \ln 2$
 $\bar{x} = 0.7o$ $\quad (|\Delta x| < o.6853 \cdot 1o^{-2})$
 $y-\bar{y} = f(x)-f(\bar{x}) = f'(z)\cdot(x-\bar{x})$
 $z \in \text{int}[x,\bar{x}]$

 $\Rightarrow |\Delta y| \leq \max_{z \in \text{int}[x,\bar{x}]} |f'(z)| \, |\bar{x}-x| < o.1381 \cdot 1o^{-1}$

 (exakt: $|\Delta y| < o.134o \cdot 1o^{-1}$)

268

b) Rückwärtsanalyse: Man interpretiert das numerische
    Ergebnis als exaktes Ergebnis einer
    exakten Rechnung bei geänderten
    Eingangsdaten.

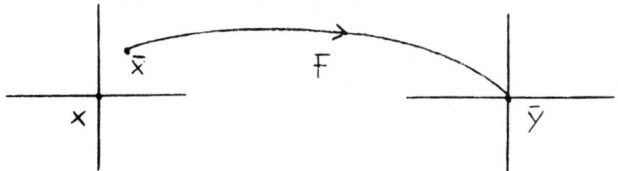

Beispiel:

$1.2969\ x_1 + 0.8648\ x_2 = 0.8642$ (G1)

$0.2161\ x_1 + 0.1441\ x_2 = 0.1440$ (G2)

Die numerische Lösung nach Gauß liefert:

$$\begin{pmatrix} \bar{x}_1 \\ \bar{x}_2 \end{pmatrix} = \begin{pmatrix} 0.9911 \\ -0.4870 \end{pmatrix} \quad \text{mit dem Residuum } r(\bar{x}) := A\bar{x}-b = \begin{pmatrix} -10^{-8} \\ 10^{-8} \end{pmatrix}$$

Exakte Lösung: $\quad x = \begin{pmatrix} 2 \\ -2 \end{pmatrix}$

Rückwärtsanalyse: Man akzeptiert $\bar{x}$ als richtig, wenn $\bar{x}$ die
exakte Lösung eines "benachbarten" Gleichungssystems
$(A+\delta A)\bar{x} = b+\delta b$ ist mit $|\delta A| \le \Delta A < 5.10^{-5}$, $|\delta b| \le \Delta b < 5.10^{-5}$
(Annahme: die Koeffizienten seien richtig gerundet).

"$\bar{x}$ akzeptabel" $\Longleftrightarrow$ (Satz von Prager-Öttli)

$\Longleftrightarrow$ $|r(\bar{x})| \le \Delta A|\bar{x}| + |\Delta b|$ (komponentenweise)

Im Beispiel: $10^{-8} \le 5.10^{-5}[0.9911 + 0.4870 + 1] \approx 1.2 \cdot 10^{-4}$

              $10^{-8} \le 5.10^{-5}[0.9911 + 0.4870 + 1] \approx 1.2 \cdot 10^{-4}$

d.h. obwohl das Ergebnis $\bar{x}$ scheinbar weit entfernt von der
richtigen Lösung liegt, ist das Ergebnis dennoch akzeptabel.
Ein solchermaßen schlecht konditioniertes System läßt eben
keine besseren Ergebnisse erwarten.

Geometrische Deutung:

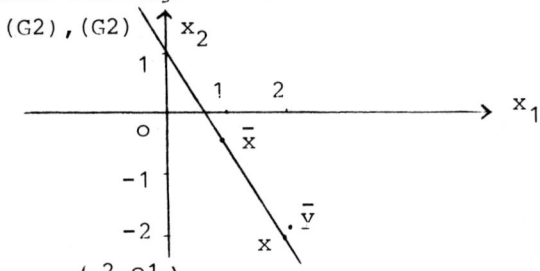

Der Punkt $\bar{y} = \begin{pmatrix} 2.01 \\ -1.99 \end{pmatrix}$ ist dagegen im Rahmen der Rechenge-

nauigkeit nicht mehr als richtig zu akzeptieren. Das Prager-Öttli Kriterium liefert:

$$2.16.10^{-2} \nless 2.5.10^{-4}$$
$$3.60.10^{-3} \nless 2.5.10^{-4}$$

Vorteil der Rückwärtsanalyse: leichte Anwendbarkeit sowie (hier) geometrische Anschaulichkeit

2.5 Stabilität

Man unterscheidet zwei Arten von Stabilität:

a) Problemstabilität: Ist ein Problem (= math. Modell) instabil, so kann keine noch so geschickte Wahl eines Algorithmus ein brauchbares Ergebnis liefern.

Beispiel: $P(x) := \prod_{k=1}^{20} (x-k)$

Das Problem, die Nullstellen von $P(x)$ zu berechnen, ist instabil.

b) Numerische Stabilität: Ist ein Problem stabil, so können trotzdem je nach Wahl des Algorithmus Eingangsfehler verstärkt oder gedämpft werden.

Grund: Verlust der Körpereigenschaften

(math. Äquivalenz $\neq$ Num. Äquivalenz)

Beispiel:

(A1) $\varphi_1(x) := \ln((x-\sqrt{x^2-1})^3)$ für x=4oo

(A2) $\varphi_2(x) := -3\ln(x+\sqrt{x^2-1})$

6-stellige Rechnung: $\varphi_1(4oo) = -2o.7233$

$\varphi_2(4oo) = -2o.o538$ (exakt)

5-stellige Rechnung: $\varphi_1(4oo) = \ln(o)$ (kein Ergebnis)

$\varphi_2(4oo) = -2o.o54$ (exakt)

3. Typische Methoden in der Numerik

3.1 Extrapolation

Will man eine hinreichend glatte Funktion f(x) numerisch differenzieren, so liegt der Gedanke an den Differenzenquotienten

$$D_h f(x) := \frac{f(x+h)-f(x)}{h}$$

nahe.

Durch Taylorentwicklung sieht man: $D_h f(x) = f'(x) + O(h)$

(*)

Man hat dabei zwei gegenläufige Phänomene zu berücksichtigen. Der Verfahrensfehler, d.h. der Fehler, der durch die Ersetzung eines Grenzprozesses durch einen endlichen Prozess entsteht, geht wegen (*) mit h gegen Null ebenfalls gegen Null. Der Rundungsfehler dagegen ist harmlos für größere h-Werte, bei kleinem h wird er sehr groß. (Im Zähler tritt Auslöschung auf; diese bewirkt eine bedeutende Verstärkung des bei der Auswertung von f begangenen Fehlers)

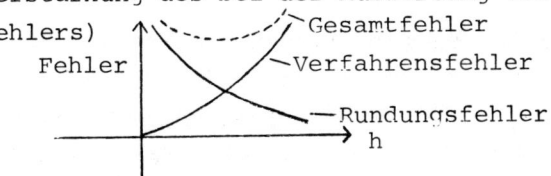

Fehler · · · · · · · · · · · Gesamtfehler

Verfahrensfehler

Rundungsfehler

h

Beispiel: $f(x) = \dfrac{1}{x^2}$; $f'(x)\big|_{x=\frac{1}{4}} = -128$

h	$D_h f(x)$	(3-stellige Rechnung)
$h_o = 0.1$	-78.7	
$h_1 = 0.05$	-98.0	
$h_2 = 0.01$	-120.0	
$h_3 = 0.005$	-120.0	
$h_4 = 0.001$	-100.0	

Man behilft sich nun so, daß man das Funktional $D_h f(x)$ für
einen endlichen Abschnitt $[h_n, h_o]$ einer Nullfolge von
h-Werten berechnet und durch die so erhaltenen Stützpunkte
ein Interpolationspolynom legt. Der Wert dieses Polynoms
bei h=o stellt unter gewissen Voraussetzungen eine sehr
gute Approximation für $f'(x)$ dar.

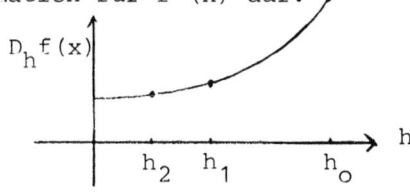

Beispiel: $f(x) = \dfrac{1}{x}$; gesucht $f'(x)\big|_{x=1} = -1$

$h_o = 0.2500$ $D_{h_o} f = -0.800$
$\qquad\qquad\qquad\qquad\qquad\qquad -0.978$
$h_1 = 0.1250$ $D_{h_1} f = -0.880$ $\qquad\qquad -0.999$
$\qquad\qquad\qquad\qquad\qquad\qquad -0.993$
$h_2 = 0.0625$ $D_{h_2} f = -0.941$

Der extrapolierte Wert ist wesentlich (etwa 6o mal)
genauer als der Wert $D_{h_2} f(x)$.

Dieselbe Methode läßt sich u.a. bei der numerischen Integration sowie bei der Lösung von Differentialgleichungen
anwenden. Man kann damit z.B. auch die Berechnung der
Zahl π durch ein- bzw. umgeschriebenen Vielecke be-
schleunigen.

3.2 Iterationsverfahren

In der Anwendung treten heute nichtlineare Modelle in den Vordergrund, sowie deren numerische Behandlung durch Iterationsverfahren. Darunter versteht man im einfachsten Fall die wiederholte Anwendung derselben Rechenvorschrift, wobei die Ergebnisdaten des n-ten Schritts als Eingangsdaten des (n+1)-ten Schrittes dienen:

$$x_{n+1} = \phi(x_n), \qquad n=0,1,\ldots.$$

Dabei stellen sich u.a. folgende Fragen:

(1) Ausgehend von einer nichtlinearen Gleichung $f(x)=0$, wie konstruiert man $\phi(x)$?

(2) Gibt es überhaupt einen Fixpunkt von ϕ und falls ja, ist er eindeutig ?

(3) Für welche Starwerte x_o konvergiert das Verfahren bzw. wie findet man derartige Startwerte ?

(4) Wie groß ist der Abbrechfehler ?

(5) Wie schnell konvergiert das Verfahren ?

Der folgende Satz, formuliert im $\mathbb{R}^1$, beantwortet die Fragen (2) - (5).

Kontraktionssatz: Die reelle Funktion $\phi(x)$ genüge in $[a,b]$ folgenden Voraussetzungen:

(a) ϕ ist kontrahierend d.h.

$$|\phi(x)-\phi(y)| \leq L|x-y|$$

$L \in (o,1) \quad x,y \in [a,b]$

(b) $\phi(x) \in [a,b]$

Dann konvergiert die Folge $x_{n+1} = \phi(x_n)$ für alle $x_o \in [a,b]$ gegen den eindeutigen Fixpunkt $\bar{x}$ von ϕ in $[a,b]$. Die Konvergenz ist mindestens linear mit dem Faktor L.

Für den Abbrechfehler gelten die Abschätzungen:

(à priori) $\quad |\bar{x}-x_n| \le \dfrac{L^n}{1-L}|x_1-x_0|$

(à posteriori) $\quad |\bar{x}-x_n| \le \dfrac{1}{1-L}|x_n-x_{n+1}|$

Beispiel:

$x = \dfrac{1}{3}e^x$, a=o, b=1 ; $\quad \varphi(x) \equiv \dfrac{1}{3}e^x$ mit $L < 0.9o7$

(1) $\quad |\varphi(y)-\varphi(x)| = |\varphi'(x)+\vartheta(y-x))\cdot|y-x| \le \max_{z\in[o,1]}|\varphi'(z)|\,|y-x|$

(2) $\quad \varphi([o,1]) = [\dfrac{1}{3},\dfrac{e}{3}] \subset [o,1]$

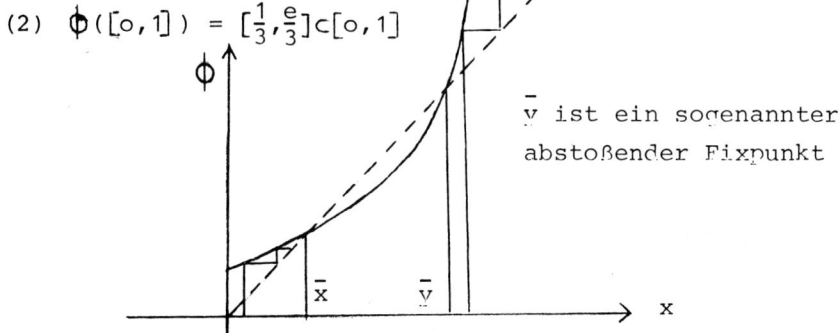

$\bar{v}$ ist ein sogenannter abstoßender Fixpunkt

Der Startwert $x_o=$o.5 liefert:

$x_o = $ o.5ooo

$x_1 = $ o.5496 $\qquad x_{16} = $ o.619o

$x_2 = $ o.5775 $\qquad x_{17} = $ o.619o

$x_3 = $ o.5939 $\qquad$ (exakt auf

$\vdots \qquad\qquad$ 4 Stellen)

Die Abschätzungen liefern mit $L_1 = $ o.9o7:

(à priori) $\quad |\bar{x}-x_{16}| \le \dfrac{L^{16}}{1-L}|x_1-x_0| < $ o.112o

(à posteriori) $\quad |\bar{x}-x_{16}| \le \dfrac{1}{1-L}|x_{16}-x_{17}| \le \dfrac{10^{-4}}{1-L} < $ o.oo11

Konvergenzverbesserung: Je kleiner L, desto schneller die Konvergenz. Idealfall wäre demnach L=o. Dies kann jedoch i.a. nur für einen Punkt erzwungen werden. Sinnvoll ist es, L=o für den Fixpunkt $\bar{x}$ zu fordern.

Also: $f(x)=o$. Dann liefert $\phi(x) \equiv x - \dfrac{f(x)}{f'(x)}$ das

gewünschte Ergebnis:

$$\phi'(x) = 1 - \frac{f'(x)f'(x)-f(x)f''(x)}{f'(x)^2} = \frac{f(x)f''(x)}{f'(x)^2} \Rightarrow$$

$$\Rightarrow \quad \phi'(\bar{x}) = o$$

Voraussetzung hierbei ist: (1) $f(\bar{x}) = o$

(2) $f \in C^2 [a,b]$

(3) $f'(\bar{x}) \neq o$

Außerdem: (4) x_o "hinreichend nahe" bei $\bar{x}$

Man erhält auf diese Weise das Newtonverfahren.

Die Rechenwerte für obiges Beispiel:

$x_o = 0.5ooo$

$x_1 = 0.61o1$

$x_2 = 0.619o$ (exakt auf 4 Stellen)

$$x_{n+1} = x_n - \frac{(e^{x_n}/3 - x_n)}{(e^{x_n}/3 - 1)}$$

Ich hoffe klargemacht zu haben, daß der Inhalt der Numerik nicht im Rechnen besteht, sondern in der Untersuchung der Effekte, die beim Rechnen auftreten und daß diese dann mit Methoden der Reinen Mathematik behandelt werden müssen.

4. Gründe für die Einführung der Numerik an der AHS

Nachdem eben ein ungefährer Eindruck vermittelt werden sollte, womit sich die Numerik beschäftigt, soll an die Vorstellungen des Ministeriums erinnert werden, soweit sie den Mathematiklehrplan betreffen.

1) (Handwerkszeug)

Vertrautheit mit der mathematischen Fachsprache und Symbolik

Beherrschen des logischen Schließens (formal)

Schulung der wichtigsten mathematischen Beweisverfahren
Erwerb der Gläufigkeit in den wichtigsten Rechenverfahren

2) (Ausbildungsziele)

   Ausbildung des exakten sprachlichen Ausdrucks

   Förderung des exakten und kritischen Denkens

   Ausbildung der geometrischen Anschauung

   Schulung des Abstraktionsvermögens

   Anleitung zur selbständigen geistigen Tätigkeit

3) (Verbindung zu anderen Gebieten)

   Erwerb von Kenntnissen und Fähigkeiten, die für die
   mathematische Behandlung von Problemen aus den Naturwissenschaften und aus anderen Bereichen erforderlich
   ist

   Erkennen der Grenzen der Mathematik

Die Numerik ist schwächer strukturiert als etwa die Algebra.
allerdings wird z.B. der Körperbegriff von der Numerik
dadurch stark motoviert, daß man die katastrophalen Folgen
des Verlusts der Körpereigenschaften erkennt.
An den meisten Universitäten bewirkt heute die enge Ver-
bindung der Funktionalanalysis mit der Numerik eine
stärkere Strukturierung der letzteren. In der gegenwärtigen
Abstraktionsstufe der AHS verbietet sich jedoch meiner
Ansicht nach eine Behandlung der Funktionalanalysis in der
Schule.
Vom Charakter her ist die Numerik in weiten Teilen
dynamisch im Gegensatz zu der eher statischen Reinen Mathematik:
Betrachten wir etwa die Fixpunktgleichung $x=F(x)$ mit den
Augen des Reinen Mathematikers, so fragt dieser nach der
Existenz eines Punktes $\bar{x}$, der durch F auf sich selber
abgebildet wird. Der Numeriker dagegen untersucht die durch
den Algorithmus $x_{n+1} := F(x_n)$ definierte Punktfolge
(theoretisch) auf Konvergenz. Von dem Grenzwert ist dann,

falls er existiert, meist leichter die Fixpunkteigen-
schaft zu zeigen.

Die Hauptaufgabe der Numerik - die konkrete Angabe von
Algorithmen - verlangt bereits auf einfachem Niveau
schöpferische Impulse. Die Motivation zu Begriffsbildungen ergibt sich wesentlich natürlicher als bei den
klassischen Fächern, die Begriffsbildung selbst ist jedoch
i.a. problematischer. So gelang es erst vor ca. 15 Jahren,
den Begriff "akzeptable Lösung" bei linearen Systemen
zu erfassen.

Ein gerade für die Schule wesentlicher Vorteil der Numerik
gegenüber den anderen Teilgebieten der Mathematik besteht
in der Möglichkeit zu experimentieren. Man denke etwa
an verschiedene Iterationsverfahren. Jedoch hat sich daran
eine analytische Phase anzuschließen. Die Numerik kam in
ihren Anfängen zeitweise in Verruf, weil man in der ersten
Begeisterung über die Möglichkeit zum Experiment auf diese
notwendige zweite Phase verzichtete.

Im gegenwärtigen Stadium ist die Reine Mathematik dominierend
an der AHS. Natürlich soll es die Reine Mathematik (sogar
als Selbstzweck) an den Schulen auch weiterhin geben.
Andererseits beruht die Bedeutung der Mathematik in der
heutigen Kultur wesentlich auf ihrer Rolle als Hilfs-
wissenschaft (einem in diesem Zusammenhang leider mit
falschen Emotionen beladenem Wort) für die Naturwissenschaften, Technik, Medizin, Sozial- und Wirschaftswissen-
schaften etc. Hier lernt man letztlich auch die Grenzen
mathematischer Modellbildung kennen.

5. In welchem Umfang sollte die Numerik an der AHS behandelt werden ?

5.1 Grundsätzliches

Es kann nicht Aufgabe der AHS sein, stoffmäßig und auch vom Niveau her der Universität vorzugreifen, wenigstens solange nicht, als wir den Schwerpunkt schulischer Ausbildung in einer qualifizierten breiten Allgemeinbildung sehen. Meiner Meinung nach genügt es, im Mathematikunterricht der AHS an Hand passend gewählter Gebiete der Mathematik, Denkweisen, Methoden und Grenzen auf dem jeweiligen Verständnisniveau des Schülers zu behandeln. Gerade in der Numerik sollte man sich zufrieden geben, dem Schüler einige wenige Aspekte der Grundnumerik (im Sinne der Kapitel 2.,3.) nahezubringen.
Es sollte das Problem bewußt gemacht werden, daß die Aufstellung eines mathematischen Modells eben nur eine unvollständige Lösung darstellt, und daß es notwendig ist, einen geeigneten Algorithmus zu konstruieren.
Dieser letzte Gesichtspunkt hat umso mehr Bedeutung, da ja viele Berufe später mathematische Berechnungen durchzuführen haben, ohne daß in den Ausbildungsplänen die Numerik berücksichtigt ist, z.B. Techniker, Mediziner, Soziologen, sogar Physiker, die sonst an sich solide Grundkenntnisse in Mathematik haben.
Obwohl natürlich in der Numerik gerechnet werden soll, darf dieses Fach auf keinen Fall zum sturen Rechenbetrieb degradiert werden. Diese Versuchung liegt nahe gerade beim schwachen Lehrer.

5.2 Modelle der Einführung der Numerik an der AHS

Im Augenblick bemüht man sich in unserem Land ernsthaft, den Mathematiklehrplan der Oberstufe der AHS zu reformieren. Zwei Arbeitsgruppen haben konkrete Vorschläge ausgearbeitet bzw. sind damit beschäftigt. Das Haupt-

problem scheint mir darin zu liegen, daß die Hinzunahme
neuer Richtungen (Wahrscheinlichkeitslehre, Numerik,
Operations Research) zwangsläufig zur Reduktion klassischer
Gebiete wie Analysis, Algebra, Geometrie führen muß, da eine
Stofferweiterung kaum tragbar ist.
Zwei Varianten für die Einführung der Numerik an der AHS
seien zur Diskussion gestellt.

(I) Eine Blockveranstaltung innerhalb der 8. Klasse
    im Umfang von etwa 2o Stunden.
    Hier könnte man unter Umständen auch einige wesentliche
    Grundlagen über Computer bringen. Mein Kollege,
    Herr Buchberger, und ich haben einen konkreten Vor-
    schlag ausgearbeitet mit je 1o Stunden Numerik bzw.
    Computer Science. An der Pädagogischen Akademie in
    Linz wurden - in kleinerem Stundenrahmen-diese Modelle
    bereits mehrmals erprobt.

    Vorteile: Die Grundgedanken von Numerik bzw.
              Computer Science werden nachdrücklicher -
              weil kompakt-nahegebracht. Keine Wiederho-
              lungen. Für die 2o Stunden könnten die
              wenigen bereits für Numerik ausgebildeten
              Lehrer voll eingesetzt werden.
    Nachteile: Die letzte Klasse wird in der Schulrealität
               ab Jänner zur Wiederholung und zur unmittel-
               baren Vorbereitung auf die Matura verwendet.
               Dies schränkt die Möglichkeiten gerade in
               der letzten Klasse stark ein.

(II) Behandlung numerischer Aspekte in der Oberstufe der
     AHS an geeigneten Stellen.
     Der geschätzte Gesamtaufwand an Stunden dürfte sich
     wegen Wiederholungen um einiges über dem von Vor-
     schlag (I) bewegen. Auch hier liegen bereits konkrete
     Konzepte vor. Die ersten der österreichischen Schul-
     realität angepaßten Vorschläge wurden dabei in einem
     Arbeitskreis von Mittelschulprofessoren während eines
     Numerikkurses in Maria Zell (Herbst 1975) erarbeitet.

Die zweite Variante erscheint natürlicher, denn Numerik ist
ja keine neue Mathematik sondern ein neuer Aspekt der
Mathematik. Die Problematik besteht wohl in der Vorbildung
der AHS-Professoren. Für die noch in der Ausbildung stehenden zukünftigen Lehrer können wir von den Universitäten
her einiges tun. Schwieriger sieht die Situation bei den
bereits im Beruf stehenden Kollegen aus. Natürlich können
Kurse - ähnlich wie bereits einmal in Maria Zell - angeboten werden, aber die davon erfaßten Professoren sind zu
wenig zahlreich und die Kosten relativ hoch. Besser erscheint mir eine Kombination von Selbststudium und Intensivkurs an den Universitäten. Linz plant für nächsten Herbst
eine derartige Weiterbildungsveranstaltung.
Dadurch könnte ein größerer Teilnehmerkreis erfaßt werden.
Die Kosten wären sicher niedriger. Arbeitsmaterial ließe
sich sicher rechtzeitig bereitstellen, wenn man das
Ministerium einmal für diese Art der Weiterbildung gewonnen hätte. Weiters könnten die AHS-Professoren an einer
derartigen Form der Weiterbildung sinnvoll, auch aktiv,
mitwirken.

Vorschlag (I):   Intensivkurs über Numerik und Computer-
==============   wissenschaft (je ca. 1o-2o Std.) in
                  der 8. Klasse der AHS

a)_Vorschlag_für_einen_Intensivkurs_"Numerik"
    (Ausarbeitung: Wacker, Zarzer, Traunmüller)

    Lehrziele: - Abgrenzung Reine Mathematik - Numerik:
                 (was theoretisch "konstruktiv" lösbar ist,
                 muß noch kein brauchbares numerisches
                 Ergebnis liefern. Die Numerik soll auch
                 dort Ergebnisse liefern, wo keine theo-
                 retisch-konstruktive Lösung existiert).

               - Grundaufgaben der Numerik:
                 Fehleranalysis und Konstruktion von Algo-
                 rithmen; Denk- und Arbeitsweise in der
                 Numerik sind zu veranschaulichen. Keines-
                 falls darf Numerik als Rechenfertigkeit
                 verstanden werden, es genügt die Behandlung
                 von wenigen ausgewählten Verfahren.
    Nebeneffekt: Die nachstehenden Kapitel erfordern die
                 Durchdringung vieler wichtiger Sätze
                 der Differential- und Integralrechnung
                 sowie der linearen Algebra, wiederholen
                 und vertiefen also den bisherigen Schul-
                 stoff in weiten Teilen.

          Kapitel   Stunden

1. Was ist Numerik? Grundaufgaben
   der Numerik (Begriff des Algorithmus, Fehler, Verhältnis
   zur Gesamtmathematik) 1

b) Vorschlag für einen Intensivkurs
   "Aufbau und Funktionsweise von Computern"

(Ausarbeitung: B. Buchberger)

Lehrziel: Verständnis vermitteln für die Funktionsweise
          eines Computers, nicht Routine vermitteln
          im Umgang mit einem speziellen Computer oder
          einer speziellen Programmiersprache
          (Routine könnte im Anschluß an diesen Grund-
          kurs z.B. an einem Terminal vermittelt werden,
          wenn mehr Stunden zur Verfügung stehen)
          Insbesondere soll der hierarchische Aufbau
          der Schichten
          - Physik/Elektronik
          - Hardware (Schaltelemente)
          - Internstruktur eines Computers
          - Maschinensprache
          - höhere Programmiersprache
          - vom Menschen konzipierter Algorithmus
          in einem Computer möglichst klar werden.

          Kapitel   Stunden

1. Zweck eines Computers
   (für "beliebige" Vorschrift und
   beliebiges Datum Resultat liefern;
   Beispiel, wo man einem Menschen
   typische Computeraufgaben stellt) 1

2. Verfügbares Material, aus dem man
   so einen Computer zusammenbauen muß
   (binäres Speicherelement - boole'sche
   Verknüpfungsglieder, ganz kurz auf
   technische Realisierung eingehen, um
   Zusammenhang mit Physikunterricht
   herzustellen) 1

3. Aufbau eines Speichers und eines Rechen-
   werks aus den elementaren Bausteinen
   (an sehr einfachen Beispielen demonstrie-
   ren, z.B. binär adressierter 8×8 Speicher
   und 8-bit serieller Addierer) 2

4. Struktur eines realen Computers
   (nur Speicher und Befehlszähler,
   Recheneinheit und Steuereinheit als
   "black box", keine Ein/Ausgabegeräte,
   keine externen Speicher, möglichst
   den Computer, an den die Schule ange-
   schlossen ist, als Beispiel verwenden,
   die Größe der Anlage hat auf die Ver-
   ständlichkeit keinen Einfluß) .... $\frac{1}{2}$

5. Ein Satz von Befehlen der Maschinensprache und ihre Wirkung
   (sehr wenige Befehle auswählen, die
   zusammen aber eine "universelle" Sprache
   ergeben, z.B. Konstantenzuführung,
   Addieren, Umspeichern, bedingter Sprung) 2

6. Ein Beispiel eines Programms in der
   Maschinensprache
   (ein sehr kurzes Programm (max. 1o Befehle)
   mit einer Schleife, das nur aus obigen
   Befehlen zusammengesetzt ist, z.B. Programm
   für Faktorielle) .... $1\frac{1}{2}$

7. Bemerkung über die Umständlichkeit des
   Programmierens in der Maschinensprache,
   Hinführen zu den höheren Programmier-
   sprachen und zum Verständnis der Rolle des
   Übersetzers .... $\frac{1}{2}$

8. Dasselbe Beispiel wie in 6. als Programm
   in einer höheren Programmiersprache
   formuliert, möglichst in der Sprache,
   die auf dem Schulcomputer verfügbar ist
   (hier wäre es wünschenswert: Programm in
   höhere Programmiersprache übersetzen,
   übersetztes Programm im Speicher an-
   schauen, übersetztes Programm ausfüh-
   ren lassen) .... $\frac{1}{2}$

9. Für ein einfaches umgangssprachlich
   gegebenes Problem in höherer Sprache
   ein Programm schreiben und vor dem
   Exekutieren die Schichten 1 bis 8
   noch einmal erklären lassen 1

   o d e r

9. Theoretischer Ausflug in die Grenzen der
   Automatisierbarkeit vom Problemen (kurze
   Demonstration des Phänomens der Paradoxa
   des Konstruktiven, z.B. Halteproblem durch
   Diagonalisierung als unlösbar beweisen)

   o d e r

9. Kleines Lexikon der Elektronischen Datenverarbeitung

Vorschlag (II):   Behandlung numerischer Aspekte in der
===============   Oberstufe der AHS

a)_Welche_Gebiete_in_welcher_Schulstufe

5. Klasse
Stoffgebiet Gleichungen: Gaußsches Eliminationsverfahren,
                         numerische Warnbeispiele,

Vergleich des Rechenaufwands:
Gaußsches Verfahren - Cramersche
Regel

6. Klasse
Stoffgebiet Zahlen   : Übergang zwischen verschiedenen
Zahlsystemen (aufbauend auf dem
Stand der 5. Klasse),
Zahldarstellung in der Maschine,
Runden, arithmetische Operationen,
Intervallrechnung (auch im Zusammen-
hang mit Intervallschachtelung),
numerische Berchnung von Wurzeln,
Interpolation bei der Berechnung
von Tafeln
Stoffgebiet Gleichungen:Gaußsches Verfahren mit Pivot-
suche ($\mathbb{R}_3$), Quadratische Glei-
chungen (Vergleich von Algorithmen)
Stoffgebiet Vektoren : Skalarprodukt, Norm

7. Klasse
Stoffgebiet näherungsweise Lösung von Gleichungen:
Newtonverfahren, Hornerschema, Sekantenverfahren,
Sukzessive Approximation (Fixpunktsatz I)

Stoffgebiet Infinitesimalrechnung:
Numerische Differentiation über den Differenzenquotienten,
Extrapolation, differentielle Fehleranalyse bei Funktiona-
len, numerische Integration I (Berechnung Darbouxscher
Summen)

8. Klasse
Stoffgebiet Gleichungen:
Fixpunktsatz II (lineare und nichtlineare Gleichungen),
Fehlerabschätzungen, Fehleranalyse (Vorwärts- Rückwärts-
analyse)

Stoffgebiet Infinitesimalrechnung:
Numerische Integration II (Verwendung von Extrapolation)

Ergänzungsstoff Rechenanlagen:
Programmierung einfacher Verfahren, speziell Iterationsverfahren

b) Diskussion der Eignung einzelner Gebiete der Numerik
   für eine Behandlung an der AHS

   (Ergebnisse der Didaktikdiskussion des Kurses
   "Das Prinzip der Numerischen Mathematik im Unterricht
   der AHS" für AHS-Lehrer gehalten in Maria Zell im
   Herbst 1975. Die Beiträge sind den Arbeitsberichten
   der einzelnen Gruppen unmittelbar entnommen und
   enthalten deshalb zum Teil auch Kommentare allgemeiner
   Art. Das angesprochene Skriptum wurde vom Ministerium
   für Unterricht und Kunst herausgegeben.
   Verfasser: Dipl.-Ing. H. Engl, Prof. Dr. Hj. Wacker)

Numerische Stabilität

Die Frage der Fortpflanzung von Rundungsfehlern kann im
Rahmen des AHS-Stundenplanes nicht aufgeklärt werden.
Es ist jedoch sinnvoll, auf die Existenz von Rundungsfehlern hinzuweisen und die Abhängigkeit von der Art des
Algorithmus an einigen konkreten Beispielen (Skriptum S.23)
zu zeigen. Solche Hinweise sollen nicht im Rahmen eines
eigenen Kapitels sondern in die bestehenden Rechenarten
eingebaut werden, in der Form einer neuen Betrachtungsweise bekannter Rechnungen. Diese Aspekte können schon sehr
früh (z.B. 3.Klasse im Zusammenhang mit den "unvollständigen
Zahlen") mitberücksichtigt werden.
Als Zusatzstoff wäre zu überlegen: Einführung in die
Gleitpunktrechnung. Begründung: der Schüler wird durch

Logarithmentafeln, Minicomputer etc. ohnedies damit
konfrontiert. Effekte der Auslöschung, Ergebnisverfälschung
(z.B. Vortäuschung genauer Ergebnisse) usw. können vom
Schüler leichter verstanden und erkannt werden.
Zeitpunkt der Einführung: nicht vor der Beherrschung
von Potenzrechnung, d.h. Ende 5. oder Anfang 6. Klasse
im Rahmen der Zahlsysteme aber nicht mit anderen
(als Zehner-) Zahlsystemen.

Zahlendarstellung auf Rechenanlagen, Runden, Verlust der
Körpereigenschaften

Im Rahmen der einzelnen Zahlsysteme (besondere Hinleitung
auf das Zehnersystem) kann man bereits in der ersten Klasse
das duale Zahlensystem durchnehmen. Mit Hilfe von direkten
Potenzen geht das natürlich erst in der 3. Klasse.
Runden: auch das Runden geht bereits in der ersten Klasse.
Im Sinne der Numerischen Mathematik kann auch in der ersten
Klasse darauf hingewiesen werden, daß beim Runden eigentlich ein Fehler passiert. Man kann schon unterscheiden
zwischen sinnvoller Genauigkeit (z.B. Entfernung Linz-
Wels auf cm genau).
Verlust der Körpereigenschaft: Am Ende der fünften Klasse
kann man bereits auf diese Tatsache hinweisen. Diese Tatsache ist besonders für die Erklärung geeignet, warum
man überhaupt Körper durchnimmt. Diese Frage taucht bei
den Schülern immer wieder auf. Man kann ihnen damit zeigen,
welche Nachteile der Verlust der Körpereigenschaften bringen
kann.

Fehler, differentielle Analyse, Vorwärts- und Rückwärtsanalyse, Stabilität

Konkrete Themen, die für die AHS in diesem Zusammenhang
wichtig und geeignet sind:

a) Die vier Grundrechnungsarten in Gleitkomma.

   An Beispielen soll gezeigt werden, daß Assoziativität und Distributivgesetze nicht mehr gelten.

b) Abgekürztes Rechnen ist eine Rechenmethode, die zeigt, wie die Genauigkeit des Ergebnisses von der Genauigkeit der Eingangsgrößen abhängt.

$$
\begin{array}{l}
\underline{4,12.\text{x}3,27.} \\
12\ 36. \\
\ \ \ 824. \\
\ \ 2884. \\
\underline{\ \ \ \ \cdots\cdots} \\
13,46.\ldots \\
\ \ \ \ \ ?
\end{array}
$$

Die Punkte deuten die unsicheren Stellen (Fehler) an. Abgekürztes Rechnen "auf eine bestimmte Genauigkeit" ist sinnlos.

c) Fehlerabschätzungen - nicht nur mit Gleitkomma - bei den 4 Grundrechnungsarten

$(A+\Delta A).(B+\Delta B) = A.B + (B\Delta A+A\Delta B)$

$$\frac{A+\Delta A}{B+\Delta B} = \frac{A}{B} + \frac{B\Delta A-A\Delta B}{B^2}$$

$A \circ B = A \circ B + (A \circ B)'$

Letzteres Symbol ist ein Formalismus, der nur gezeigt, aber nicht begründet werden kann (Merkregel).

d) $|\Delta y| = |f'(\tilde{x})||\Delta x|$ und Anwendungen dazu soll ebenfalls gebracht werden. Derartige Fehlerabschätzungen können auch elementar mit Funktionen mehrerer Variablen gebracht werden. (Vorwärtsanalysy)

   Beispiel: $V = \frac{\pi}{3} h^2 (3r-h)$

$$\text{Fehler} = \frac{\pi}{3}[(h+\Delta h)^2(3(r+\Delta r)-(h+\Delta h))] - \frac{\pi}{3}h^2(3r-h) =$$

$$= \ldots = \frac{\pi}{3}[3h^2\Delta r + 3h\Delta h(2r-h)].$$

e) Tabellenrechnen

   Der Interpolationsgedanke kann und soll durch Tabellen-

rechnen gefördert werden. Vorgegebene Tabellen (Log
usw.) etwas einschränken, jedoch Tabellen mit nicht
äquidistanten Eingangswerten ebenfalls kurz behandeln.

f) Rückwärtsanalyse
   Es ist fraglich, ob der Satz von Prager-Öttli in der
   AHS gebracht werden soll. Im Interesse der physikalischen Anwendungen in der Schule sollte man jedoch versuchen, den Gesichtspunkt der Rückwärtsanalyse zu erläutern.

Stabilitätsprobleme dürften zu schwer sein, um an der AHS
behandelt zu werden.

Prinzip: Es soll kein neuer Stoff gebracht werden, son-
         dern der bestehende Lehrstoff soll unter dem
         Aspekt der Numerik beleuchtet werden.

Numerische Differentiation und Integration

a) Numerische Differentiation
Zeitpunkt der Einführung: Behandlung des Differentialquotienten als Grenzwert des Differenzenquotienten, in
allen Schultypen 7. Klasse.
Möglicher Weg: Berechnung von Differenzenquotienten bei
kleinerwerdendem h zunächst an "gutartigen" Beispielen,
der Differentialquotient als Grenzwert. Nach Festigung
des Begriffs Hinweis auf numerische Probleme, Verfahrens-
und Rundungsfehler.
Anwendung auf Probleme der Physik: Auswertung von s-t-Dia-
grammen (Meßdatenauswertung), Berechnung von Momentange-
schwindigkeiten, Verbesserung mittels zentralem Differenzenquotienten.
b) Numerische Integration
Zeitpunkt der Einführung: Berechnung des bestimmten

Integrals als Grenzwert der Ober- und Untersummen,
7. bzw. 8. Klasse.
Möglicher Weg: Berechnung der Ober- und Untersummen,
Behandlung der Trapez- und Simpsonregel, Anwendung auf
Beispiele, bei denen numerische Integration schneller
zum Ziel führt als Integration in geschlossener Form
(Schwierigkeiten bei der Auswahl und Konstruktion
der Beispiele sehr wahrscheinlich.

Iterationsverfahren

Vorübungen zu diesem Thema bzw. seine Aufbereitung
bieten sich im Anschluß an das Kapitel Folgen, Reihen,
Darstellung von Irrationalzahlen durch Folgen an
(z.B.: $x_{n+1} = \frac{1}{2}(x_n + \frac{2}{x_n})$) oder Heronsches Verfahren zur
Wurzelberechnung.
Allerdings muß hier klargestellt werden, daß eine sinnvolle, den Schüler motivierende Betrachtungsweise wohl
nur unter Einsatz eines Taschenrechners möglich ist.
In der 7.Klasse ergibt sich nach Einführung der Differentialrechnung die Möglichkeit, etwas reizvoller als bisher
das Newton-Verfahren und das Sekantenverfahren zur
näherungsweisen Bestimmung von Nullstellen zu diskutieren. Darüber hinaus läßt sich der Begriff der linearen
Approximation sehr stark in den Vordergrund schieben.
Die Anwendung dieser Aspekte der numerischen Mathematik
könnte in verschiedenen Stoffgebieten erfolgen:
1) bei Kurvendiskussionen: Nullstellenbestimmung, eventuell bei Auftreten transzendenter Gleichungen
2) Lösung von Gleichungen höheren Grades: z.B. beliebige
   Gleichungen 3. und 4. Grades (Physikbeispiele!)
3) Veranschaulichung von Grenzwert und Grenzwertverhalten
   (Annäherung!) von Folgen
4) In Klassen mit Wahlpflichtgegenstand EDV bietet sich
   ein reiches Anwendungsfeld für Programme mit Schleifen

und logischen Entscheidungen an
Zweifellos stellt die Numerische Mathematik im allgemeinen
und das Teilgebiet "Iterationsverfahren" im besonderen
eine gute Möglichkeit dar, den Mathematikunterricht nicht
nur zu bereichern sondern auch vor allem auf eine neue,
sehr stark anwendungsorientierte und praxisnahe Ebene
zu stellen.

6. Literatur

Henrici,P.: Elemente der numerischen Analysis Bd.1,2
        BI Hochschultaschenbücher Bd. 551, Bd. 562
        Wissenschaftsverlag 1972

Werner H./Janßen P.: Probleme der praktischen Mathematik
        Pädagogischer Verlag Schwann, Düssel-
        dorf 1975

Feilmeier M./Wacker Hj.: Numerische Mathematik (Ein Lehr-
        und Arbeitsbuch)
        Bayrischer Schulbuchverlag
        München 1975
        Lösungsheft (ebenda)

Wilkinson J.: Rundungsfehler
        Springer Berlin Heidelberg New York 1969

Dalquist B.: Numerische Methoden
        Oldenburgverlag München Wien 1972

Hagander/Sunblad: Aufgabensammlung zu Numerische Methoden
        (ebenda)

H. Wellstein

INTERPOLATION MIT SPLINEFUNKTIONEN

1. Einleitung

Das Interpolationsproblem "verbinde gegebene Punkte durch
eine Kurve" tritt in der Mittelstufe einmal auf im Mathematikunterricht, sozusagen in reiner Form, wenn gefordert
wird, Parabeln zweiter oder dritter Ordnung durch drei
oder vier gegebene Punkte zu legen, und es wird in der
Oberstufe vertieft durch Bestimmung von Polynomen höheren
Grades zu gegebenen Interpolationspunkten; Werte von Ableitungen können jetzt vorgeschrieben oder andersartige
Bedingungen gestellt werden. Zum anderen kommt im natur-
wissenschaftlichen Unterricht das Interpolationsproblem
in Anwendungsform vor: Meßwerte sind durch eine möglichst
einfache Kurve zu verbinden. In der Physik sucht man
wegen des tiefliegenden Zusammenhangs mit der Mathematik.
in der Regel nach den elementarmathematischen Funktionen
als Beschreibung von Naturgesetzen, wobei sogar aus dem
Rahmen fallende Meßpunkte (manchmal wohl leichtfertig)
ignoriert werden. In den anderen Naturwissenschaften und
den Sozialwissenschaften, wo die Prozesse komplizierteren
Regeln gehorchen, genügen die elementaren Funktionen nicht.
Der Annahme einer stetigen Funktion (auch unstetige
können sehr wohl sinnvoll sein) wird am einfachsten die
stückweise geradlinige Interpolation gerecht, die im
naturkundlichen Unterricht der Mittelstufe natürlich ohne
Rechnung ausgeführt wird. Diese Methode sollte seitens
des Mathematikunterrichts durch eine erste Behandlung
stückweise linearer Funktionen begleitet werden – ganz
allgemein ist die Vertrautheit des Schülers mit inter-
vallweise definierten Funktionen wichtig. Den Bedürfnissen
des Technikers und Ingenieurs werden die stückweise linearen Funktionen nicht gerecht.

[1]Vortragsfassung einer in MU erscheinenden Arbeit.

Durch die von der Konstruktion her vorgeschriebenen Punkte
von Karosserie-und Schiffsteilen oder die durch Eigentums-
und Gelände-verhältnisse bestimmten Punkte von Eisenbahn-
gleisen und Straßen sollen möglichst glatte Kurven gehen.
Der Schüler könnte meinen, daß die im Mathematikunterricht gelernte Interpolation durch Polynome höheren
Grades hier das Gewünschte leistet. Daß dies nicht der
Fall ist, läßt sich durch Beispiele ganz einfach belegen.

2. Einführung der Splinefunktion
Nun ist die Synthese beider Ansätze: "stückweise erklärte
Funktionen" und "Polynome höheren Grades" möglich, nämlich: Funktionen, die in Intervallen je durch Polynome
desselben festgelegten Grades ($\geq$ 2) gegeben sind. (Bisher
sind solche Funktionen im Unterricht nur als Beispiele
zur Differentiation üblich gewesen.) Der Funktionstyp im
Intervall ist also von der Zahl der Stützstellen unabhängig. Zu den Stützpunkten (x_i, y_i), $i = 0, \ldots n$, ist eine
Funktion gesucht:

$$s(x) = \begin{cases} s_o(x) \\ \vdots \\ s_{n-1}(x) \end{cases}, \quad s_i(x) = a_i + b_i(x-x_i) + c_i(x-x_i)^2 + d_i(x-x_i)^3,$$
$$x \in [x_i, x_{i+1})$$

mit Randbedingungen $s_o(x_o) = y_o$, $s_{n-1}(x_n) = y_n$,
Interpolationsbedingungen $s_{i-1}(x_i) = s_i(x_i) = y_i$, $i = 1, \ldots (n-1)$
Anschlußbedingungen $\qquad s'_{i-1}(x_i) = s'_i(x_i)$, $i = 1, \ldots (n-1)$
$$s''_{i-1}(x_i) = s''_i(x_i), i = 1, \ldots (n-1).$$

Da diesen 4n-2 Bedingungen 4n Konstanten gegenüberstehen,
fordert man zusätzlich A) $s''_o(x_o) = s''_{n-1}(x_n) = 0$
$\qquad$ oder B) $s'_o(x_o) = y'_o$, $s'_{n-1}(x_n) = y'_n$.

Bei Polynomen 2. Grades hat man 3n-1 Bedingungen und 3n
Konstanten. Eine weniger formale Begründung für die Wahl
von Polynomen dritten Grades wird durch Beispiele klar.
Die eingeführten Funktionen heißen Splinefunktionen.

Die Herkunft dieses Begriffs ist historisch so zu erklären, daß seit langem im Schiffsbau die Form der Span-
ten in der Planzeichnung durch ein elastisches Lineal bestimmt wurde.
Auf dem Zeichenbrett befestigt man querkraftfreie Lager,
die das Lineal in die geforderte Form biegen. Es wirkt
gewissermaßen als Analogzeichner für das Bauteil. Dieses
Lineal heißt im englischen spline, im deutschen Strak-
latte. Man weiß, daß die Lager ein stückweise linear ver-
laufendes Biegemoment erzeugen, und diesem ist die
Krümmung κ proportional. Annähernd kann man κ durch y"
ersetzen und hat damit die Differentialgleichung

$$y"(x) = \frac{1}{2} c_i + \frac{1}{6} d_i (x-x_i), \quad x \in (x_i, x_{i+1})$$

der Splinefunktion im Intervall.
Ein schulgeeigneter Ersatz für das Splinelineal ist das
unelastische Biegelineal, dessen Verwendung ich statt der
schwer zu handhabenden Kurvenlineale empfehlen möchte.

3. Beispiele

a) Die Motorhaube eines PKW wird am Reißbrett entworfen.
Zur Herstellung eines Preßwerkzeugs ist eine Funktions-
darstellung nötig, denn die Werkzeugmaschine wird durch
einen Prozeßrechner gesteuert. Ein Zahlenbeispiel (3
Stützpunkte, Randbedingungen vom Typ B)) zeigt, daß ein
Polynom 4. Grades die gewünschte Form wesentlich schlech-
ter beschreibt als eine Splinefunktion (Fig.1). Bei Berücksichtigung der Randbedingungen durch passenden Ansatz
ist hier ein 2-2-Gleichungssystem zu lösen.
b) In verschiedener Richtung ausbauen läßt sich das folgende einfache Beispiel: Gesucht ist ein Polynom dritten
Grades, das einen möglichst glatten Übergang zwischen
zwei horizontalen Strecken herstellt (Interpretation:
Einschaltvorgang). Die Bedingungen geben ein 2-2
Gleichungssystem und die Lösung $\sigma(x) = 3x^2 - 2x^3$.

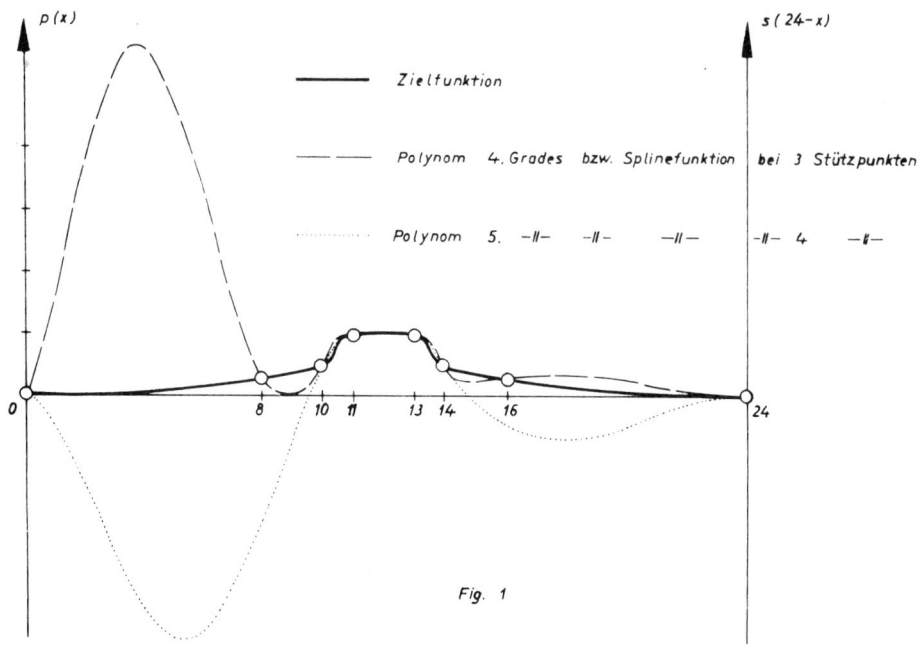

Fig. 1

Die zusammengesetzte Funktion ist aber in den Nahtstellen
nur einmal stetig differenzierbar.
Der "Baustein" $\sigma(x) = 3x^2 - 2x^3$, $x \in [0,1]$ kann in verschiedener Weise aneinandergesetzt werden; es ist eine
gute Übung zu untersuchen, wann die zusammengesetzte
Funktion zweimal differenzierbar ist. Betrachtet wird
insbesondere die "geglättete Zickzackfunktion" $\zeta : \mathbb{R} \to [0,1]$,

$$\zeta(x) = \begin{cases} \sigma(x-2z) & , \ 2z \leq x < 2z+1 \\ \\ \sigma(2z+2-x), & 2z+1 \leq x < 2z+2 \end{cases} \quad , \quad z \in \mathbb{Z}$$

Nach geeigneter Translation und Streckung ist ζ als
Approximation von sin, cos aufzufassen. Eine sinnfällige
Bezeichnung ist $si(t) = 2\,\zeta(\frac{t+1}{2})-1$, $co(t) = 1 - 2\,\zeta(\frac{t}{2})$.

296

Das Quadrat mit Ecken $(1,0),(0,1),(-1,0),(0,-1)$ kann als
nullte Näherung für den Kreis $\{(\cos\tau,\sin\tau)\mid 0\leq\tau\leq 2\pi\}$
mit den Quadratecken als Stützpunkten aufgefaßt werden.
Die Kurve $\{(co(t),si(t))\mid 0\leq t\leq 4\}$ stellt eine erste
Näherung dar. Durch Bestimmung der Extrema der Radiusfunk-
tion findet man als maximalen Fehler 3% gegenüber 30% beim
Quadrat: Ein erstaunlich gutes Ergebnis bei 4 Stützpunkten.
Auch ein Vergleich zwischen Taylor-Approximation und
Splineinterpolation ist hier angebracht.
(c) Im Straßenbau stellt sich folgendes Problem: In zwei
Punkten A,B enden Strecken. Gesucht ist eine Verbindungs-
kurve, die einen zweimal stetig differenzierbaren Übergang vermittelt. Diese Forderung läßt sich anschaulich –
mechanisch damit begründen, daß ein Sprung in der zweiten
Ableitung beim Übergang der Geraden in den Bogen ein ruck-
artiges Einlenken verlangen würde. Zu erfüllen sind (nach
naheliegender Normierung) sechs Randbedingungen:
$s(0)=s'(0)=s''(0)=0$, $s(1)=1$, $s'(1)=m$, $s''(1)=0$. Würde
man nur eine Stützstelle (x_1,y_1) einschieben, so entstün-
den vier weitere Bedingungen und das Gleichungssystem für
die acht Unbekannten wäre überfordert. Schreibt man aber
die Lage der Nahtstelle der zwei Teilpolynome nicht vor,
sondern fordert nur glatten Anschluß, so hat das
Gleichungssystem zwei Freiheitsgrade mehr, wird aber
nicht – linear; außerdem muß $\frac{3}{2}b<m<3b$ erfüllt   sein.
Zwei Stützpunkte geben drei Teilbögen, also zwölf Freiheitsgrade, von denen sechs durch die Randbedingungen ver-
braucht sind. Die zwei Anschlußbedingungen bei vorgegebenen x_1,x_2 benötigen je drei Freiheitsgrade, so daß man
nicht auch noch die Werte y_1,y_2 vorschreiben darf. Der
Einfachheit halber habe ich $x_1=\frac{1}{3}$, $x_2=\frac{2}{3}$ gewählt. Nach
einem Ansatz, der wie oben die Randbedingungen erfüllt,
ist ein lineares 3-3-Gleichungssystem für die d_i zu lösen.

Fig. 2 zeigt einige typische Kurven, die im Rechenzentrum
der Universität Würzburg mit dem Plotter unter Benutzung
einer Spline-Routine gezeichnet wurden.

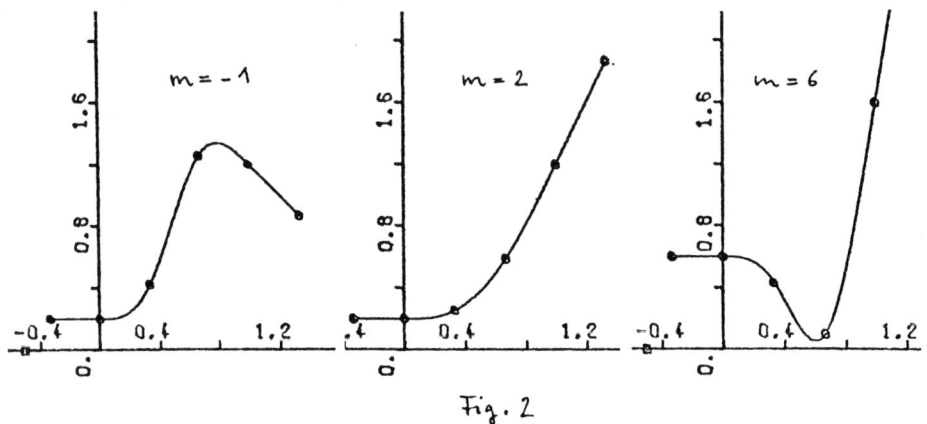

Fig. 2

Übrigens ist damit das Thema keineswegs erschöpft. Die
Bilanz zwischen Bedingungen und Freiheitsgraden ist ausgeglichen und bleibt ausgeglichen, wenn weitere Stützpunkte – diesmal mit vorgegebenen x–und y–Werten – einge-
schoben werden. Die Straße kann also durch Zwangspunkte
hindurchgelegt werden. Außerdem ist der Fall einer Kehre
nicht erfaßt, woran die Einengung auf Funktionen in kartesischen Koordinaten schuld ist. Um keinen falschen Eindruck zu erwecken: Der Straßenbauer geht nicht genau nach
diesem Muster vor. Immerhin sind die schwierigen Probleme
der Trassierung wenigstens angesprochen.

4. Allgemeine Berechnung der Splinefunktion
In den Beispielen wurde die Bestimmung von Splinefunktionen bei mehr als drei Stützpunkten nicht behandelt. Hier
liegt, wie bei Polynomen höheren Grades als Interpola-
tionsfunktionen, die Schwierigkeit im Auflösen größerer
Gleichungssysteme. Die Koeffizienten b_i und d_i lassen
sich direkt durch die Größen $a_i = y_i$, x_i und c_i ausdrücken.
Dazu sind einige grundsätzlich einfache Rechnungen nötig.

Hat man sich diese Mühe gemacht, so lohnt sich das Ergebnis: Die Koeffizienten-Matrix des Gleichungssystems für die c_i ist tridiagonal, d.h. außer in der Haupt-und in den zwei benachbarten Diagonalen enthält sie nur Nullen. Die Matrix ist diagonaldominant und daher gut konditioniert. Die Lösung ist durch schrittweise Elimination möglich. Das Verfahren benötigt etwa $5(n+1)$ Operationen. Der Lösungsalgorithmus bietet sich zur Programmierung an und könnte in einem entsprechenden Kurs behandelt werden. Die bei Polynominterpolation aufzulösenden Gleichungssysteme sind bekanntlich i.a. ungünstiger. Fig. 1 zeigt eine so berechnete Splinefunktion bei 4 Stützpunkten. Sie gibt die gewünschte Form schon recht gut wieder, ganz im Gegensatz zum Interpolationspolynom 5. Grades.

5. Argumente für die Behandlung der Splineinterpolation

Vom Gesichtspunkt der Anwendungen aus:

1. Im Sinne einer Lernspirale vertieft die Behandlung von Splinefunktionen die zeichnerische Interpolation.

2. In der Tat können praktische Beispiele behandelt werden, aus Kartographie, Vermessung, Technik. Der Schüler lernt ein wirklich angewendetes Verfahren kennen.

Vom innermathematischen Gesichtspunkt aus:

3. Die Splinefunktionen sind ein Bindeglied zwischen Analysis, linearer Algebra, Programmierung.

4. Sie bieten eine sinnvolle Beschäftigung mit den im Unterricht eigentlich nur ihrer Einfachheit halber bevorzugten Polynomfunktionen.

5. Der falschen Einengung des Funktionsbegriffs auf global durch einen Term gegebene Funktionen wird vorgebeugt.

Literatur

Ade, H., Schell, H.: Numerische Mathematik (in: Themen-
hefte Mathematik), Stuttgart 1975.

Ahlberg, J.H., Nilson, E.N., Walsh, J.L.: The Theory of
Splines and their Applications,
New York London 1967.

Böhmer, K.:   Spline-Funktionen, Stuttgart 1974.

Greville, T.N.E.(Ed.): Theory and Application of Spline
Functions, New York London 1969.

Jordan-Engeln, G., Reutter, F.: Numerische Mathematik für
Ingenieure, Mannheim 1973.

Reinsch, C.H.:   Smoothing by Spline Functions, Num.
Math. 10 (1967), S. 177-183.

Späth, H.:   Spline-Algorithmen zur Konstruktion
glatter Kurven und Flächen,
München - Wien 1973.

Stoer, J.:   Einführung in die Numerische Mathematik, Bd. I, Berlin Heidelberg
New York 1972.

Werner, H., Schaback, R.: Praktische Mathematik, Bd. 2
Berlin Heidelberg New York 1972.

J. Wiesenbauer

ALGORITHMEN ZUR NUMERISCHEN BERECHNUNG VON π

Die numerische Berechnung von π = 3,141592653589793...,
also jener Zahl, welche das Verhältnis des Umfangs eines
Kreises zu seinem Duchmesser angibt, stellt sicher eines
der ältesten mathematischen Probleme in der Menschheitsge-
schichte dar. Um die Lösungsversuche zu diesem Problem vor
ihrem historischen Hintergrund zu sehen, müssen wir daher,
um chronologisch vorzugehen, einige tausend Jahre zurück-
gehen bis zu den alten Kulturvölkern.

Dividiert man den halben Umfang des Basisquadrats der
Cheopspyramide durch ihre Höhe, so ist der sich ergebende
Wert $\approx$ 3,14188, nach einer anderen Messung $\approx$ 3,138. Es ist
allerdings zweifelhaft, ob die Ägypter mit dem Bau der Pyramide auch π ein Denkmal setzen wollten, da sich in dem uns
überlieferten Aufzeichnungen nirgends bessere Näherungen
finden als $3\frac{1}{6} \approx 3.167$ und $4(\frac{8}{9})^2 \approx 3.160$. Lange Zeit glaubte
man, die mathematisch sonst viel weiter entwickelten Baby-
lonier hätten sich mit dem Wert 3 für π zufriedengegeben,
bis 1936 in Susa mathematische Tafeln entdeckt wurden, welche die mindestens so gute Näherung $3\frac{1}{8}$ = 3.125 für π ent-
hielten. Den Juden allerdings war der Wert 3 für π heilig,
da er durch die Autorität der Bibel gestützt war (1.Kön.7,23).
Der Rabbi Nehemiah,der es um 15o n.Chr.wagte, den Wert
$3\frac{1}{7} \approx 3,1429$ für π anzugeben, kam damit nicht durch, denn π
wurde trotzdem im Talmud gewissermaßen "gesetzlich" mit
3 festgelegt.

Obige gute Näherung $3\frac{1}{7}$ war allerdings bereits von Archimedes (287-212 v.Chr.) gefunden worden, dessen Berechnungs-
methode bekanntlich darin bestand, den Umfang eines Kreises
durch die Umfänge eingeschriebener und umbeschriebener
n-Ecke einzuengen. Wie man sofort sieht, läuft dies auf die

Abschätzung

$$n.\sin \frac{180}{n} < \pi < n.\tan \frac{180}{n} \qquad (1)$$

hinaus.

Appollonius von Perge (262-190 v.Chr.), der sich selbst als Gegenspieler von Archimedes empfand, wird der Wert 3,1416 zugeschrieben, der später auch in Indien immer wieder auftaucht. Denselben Wert als Bruch $\frac{377}{120}$ gibt später auch Ptolemäus, welcher im 2.Jahrhundert lebte, in "Almagest" an. Eine ganz erstaunliche Verbesserung dieser Werte gelangen dem chinesichem Astronomen Tsu Ch'ung-chih (43o-5o1), nachdem schon vor ihm Liu Hui mit einem 3072-Eck nach der Archimedischen Methode den Wert von π auf 3.14159 verbessert hatte. Tsu Ch'ung-chih gab als Näherung für π den Bruch $\frac{355}{113} \approx 3,1415929$ an. Könnte man hier noch glauben, daß dieser Wert aus den Näherungen $\frac{377}{120}$ und $\frac{22}{7}$ durch Subtraktion der Zähler bzw. Nenner gewonnen wurde, so bietet sich für die von ihm und seinem Sohn Tsu Cheng-chih gefundene ausgezeichnete Abschätzung 3.1415926 < π < 3.1415927 keine derartige Erklärung mehr an. Die Kalkulationen dazu befinden sich in einem offenbar verlorengegangenen Buch. In Indien wurde damals sehr häufig der Wert $\sqrt{10} \approx 3.162$ für π benützt, weshalb er auch oft "Hinduwert" genannt wird. Daneben fand auch der "praktische Wert" 3 Verwendung.

Wir machen nun einen großen Sprung ins Arabien des 15. Jahrhunderts, wo der persische Mathematiker Jemshid Al-Kashi π auf 16 Dezimalen genau angab, eine Genauigkeit, die bis ins späte 16.Jahrhundert unerreicht blieb. Dann aber beginnen sich die Ereignisse zu überstürzen. Während es F.Vieta (154o-1603) nach der Archimedes-Methode durch Verwendung eines $6.2^{16}=393216$-Ecks auf "nur" neun Dezimalen brachte, konnte kurze Zeit später Ludolf van Ceulen (154o-161o) mittels einer noch größeren Seitenanzahl π auf 35 Stellen genau angeben. Er wurde für seinen Fleiß dahingehend belohnt, daß π bis vor kurzem noch die Ludolfsche Zahl hieß, allerdings nur in Deutschland. Vieta ist auch als Entdecker der Formel

$$\frac{2}{\pi} = \cos \frac{\pi}{4} \cos \frac{\pi}{6} \cos \frac{\pi}{16} \cos \frac{\pi}{32} \cdots =$$
$$= \sqrt{\frac{1}{2}} \sqrt{\frac{1}{2} + \frac{1}{2}\sqrt{\frac{1}{2}}} \sqrt{\frac{1}{2} + \frac{1}{2}\sqrt{\frac{1}{2} + \frac{1}{2}\sqrt{\frac{1}{2}}}} \cdots \qquad (2)$$

bekannt. Von J.Wallis (1616-1703) stammt die Formel

$$\frac{\pi}{2} = \frac{2}{1} \cdot \frac{2}{3} \cdot \frac{4}{3} \cdot \frac{4}{5} \cdot \frac{6}{5} \cdot \frac{6}{7} \cdot \frac{8}{7} \cdot \frac{8}{9} \cdots \qquad (3)$$

Typisch für ihn und seine Zeit ist, wie er auf sie kommt. Um das bestimmte Integral $\int_0^1 (x-x^2)^{1/2} \, dx = \frac{\pi}{8}$ (= Fläche eines Halbkreises mit Durchmesser 1) zu berechnen, berechnet er zunächst $\int_0^1 (x-x^2)^n \, dx = \frac{1}{2n+1} \frac{(n!)^2}{(2n)!}$, wobei hier n eine natürliche Zahl ist, und setzt dann einfach $n = \frac{1}{2}$.

Nach G.W.Leibniz (1646-1716) ist die Reihe

$$\frac{\pi}{4} = 1 - \frac{1}{3} + \frac{1}{5} - \frac{1}{7} + \frac{1}{9} - \cdots \qquad (4)$$

benannt, obwohl wahrscheinlich die Priorität J.Gregory (1638-1675) zukommt. Allerdings ist es nicht ratsam, damit π berechnen zu wollen. In der Korrespondenz Newtons finden wir die Bemerkung, daß "1000 Jahre vonnöten wären, um mit ihr 2o Dezimalen zu berechnen", was damals sicher noch zutreffend war.

Ch.Huygens (1629-1695) versuchte die Archimedische Methode dahingehend zu modifizieren, daß er die Umfänge der ein- bzw. umschriebenen n-Ecke durch ihre Inhalte I_n bzw. U_n ersetzte. Er kam auf die Abschätzung $I_n + \frac{1}{3}(I_n - I_{n/2}) <$ $< \pi < U_n - \frac{1}{3}(U_n - I_n)$, was auf

$$\frac{n}{6}(4 - \cos \frac{360}{n}) \sin \frac{360}{n} < \pi < \frac{n}{3}(2 + \cos^2 \frac{180}{n}) \tan \frac{180}{n} \qquad (5)$$

hinausläuft.

Die Formel

$$\frac{\pi}{4} = 4 \ \text{arc tan} \ \frac{1}{5} - \text{arc tan} \ \frac{1}{239} \tag{6}$$

wurde vom englischen Astronomen J.Machin (1685-1751) entdeckt und sie liefert zusammen mit der von Gregory gefundenen Reihenentwicklung

$$\text{arc tan} \ x = x - \frac{x^3}{3} + \frac{x^5}{5} - \frac{x^7}{7} + \dots$$

eine äußerst brauchbare Möglichkeit, π ohne große Mühe auf viele Stellen zu berechnen.

W.Broundker (1620?-1684) fand durch irgendwelche Manipulationen am Wallisprodukt die folgende Formel

$$\frac{4}{\pi} = 1 + \cfrac{1}{2 + \cfrac{3^2}{2 + \cfrac{5^2}{2 + \cfrac{7^2}{2 + \dots}}}} \tag{7}$$

welche auch L.Euler (1707-1783) in seinem 2-bändigen Werk "Opuscula analytica" als Kehrwert der Leibnizreihe erhält. Im ersten Band des gleichen Werkes befindet sich auch noch folgende interessante Darstellung von $\frac{\pi}{2}$ als Kettenburch

$$\frac{\pi}{2} = 1 + \cfrac{2}{3 + \cfrac{1.3}{4 + \cfrac{3.5}{4 + \cfrac{5.7}{4 + \dots}}}} \tag{8}$$

Auf Euler geht auch im wesentlichen die Bezeichnung π zurück, wobei er in seinen früheren Werken noch p schreibt.

Eine experimentelle Möglichkeit π zu berechnen wurde von Buffon, dem Übersetzer von Newtons "Methode der Fluxionen" ins Französische, im Jahr 1777 gefunden und ist als "Buffonsches Nadelexperiment" bekannt. Wirft man eine Nadel der Länge l auf eine Ebene, die mit äquidistanten parallelen Linien mit Abstand d durchzogen ist, so ist die Wahrscheinlichkeit, daß die Nadel so zu liegen kommt, daß sie eine der Linien schneidet gerade $\frac{21}{\pi d}$. Mit Hilfe der relativen Häufigkeiten ergeben sich dann mehr oder weniger gute Näherungen von π.

Eine andere originelle Möglichkeit π zu bestimmen, besteht darin, zwei beliebige Zahlen aus der Menge der natürlichen Zahlen herauszugreifen und es als "Treffer" zu werten, falls sie teilerfremd sind. Die Wahrscheinlichkeit eines "Treffers" ist dann $\frac{6}{\pi^2}$. Für den Kehrwert davon gilt übrigens

$$\frac{\pi^2}{6} = 1 + \frac{1}{2^2} + \frac{1}{3^2} + \frac{1}{4^2} + \ldots \tag{9}$$

was sich der allgemeinen Formel

$$\frac{\pi^{2n} \cdot 2^{2n-1}}{(2n)!} \, |B_n| = 1 + \frac{1}{2^{2n}} + \frac{1}{3^{2n}} + \frac{1}{4^{2n}} + \ldots \tag{10}$$

unterordnet, wo B_n die Bernoullischen Zahlen

$$B_1 = \frac{1}{6}, \; B_2 = -\frac{1}{30}, \; B_3 = \frac{1}{42}, \; B_4 = -\frac{1}{30}, \; B_5 = \frac{5}{66} \tag{11}$$

usw. sind. Eine entsprechende Formel für ungerade Exponenten wurde bis heute nicht gefunden und es gibt neuerdings Hinweise darauf, daß auch keine existieren kann.

Es wäre nicht sinnvoll, nun in der Aufzählung von Formeln weiter fortzufahren, da Vollständigkeit im Rahmen dieses Vortrages keinesfalls erreicht werden kann. Es sei nur noch davon berichtet, wie im 2o.Jahrhundert mit Hilfe von Computern die kühnsten Träume eines Ludolf van Ceulen übertroffen werden konnten. Rechnete dieser für 35 Stellen praktisch ein ganzes Leben lang, so brauchte im Jahre 1961 eine IBM 7090 für 100265 Stellen von π nur noch ca.9 Stunden. Die Bestimmung von π auf einige tausend Stellen ist heute als Testprogramm für neue Computer sehr beliebt. "Auf diese Weise" klagt Philip J.Davis "ist die geheimnisvolle und wunderbare Zahl π zu einer Art Gurgelwasser herabgesunken, mit dem sich die Rechenmaschinen die Kehlen freispülen".

Die verbleibende Zeit möchte ich noch nützen, um auf didaktische Aspekte des Vorgetragenen einzugehen.

Da ist zunächst die starke Anreicherung des Stoffes mit historischen Details, welche meiner Überzeugung entspricht, daß man immer wieder darauf hinweisen sollte, daß Mathematik nichts Fertiges, sondern etwas Gewordenes ist und selbst heute noch in ständiger Ausdehnung begriffen ist (sogar mehr denn je!). Außerdem glaube ich, daß nichts das Interesse des Schülers an einer Formel mehr stimuliert, als wenn er merkt, daß dahinter Menschen (manchmal sogar Menschenschicksale) stehen.

Wenn viele der angeführten Formeln auf AHS-Niveau nicht beweisbar sind, so sollte dies nicht unbedingt einen Einwand darstellen. Tatsächlich muß sogar auf der Hochschule vieles ohne Beweis gebracht werden, will man nicht darauf verzichten (so dürfte es schwerfallen, den kürzlich erfolgten Beweis der Vierfarbenvermutung, zu dem u.a. 1200 Computerstunden Rechenzeit notwendig waren, nachzuvollziehen!). Das Auswahlkriterium sollte also nicht sein, ob etwas auf AHS-Niveau beweisbar ist, sondern ob es interessant ist und plausibel gemacht werden kann.

Schließlich bin ich der Ansicht, daß für die Auswertung und den Vergleich der einzelnen Verfahren ein (wennmöglich programmierbarer) Taschenrechner unschätzbare Dienste leistet. Nur so macht es Spaß herauszufinden, daß z.B. (2) für die Berechnung von π sehr viel besser geeignet ist als (3), oder daß Newton bezüglich seiner Meinung über die Konvergenz der Leibnizreihe recht hatte. Umgekehrt werden duch die Vielseitigkeit der Beispiele die Anwendungsmöglichkeiten eines Taschenrechners voll ausgeschöpft. Wir geben dazu einige Beispiele.

Beispiel 1: Vergleich der Archimedes-Methode (1) mit der Huygens-Methode (5).

n	$n \sin \frac{180}{n}$	$n \tan \frac{180}{n}$	u_n	o_n
6	3,000	5,196	3,031089	3,175426
12	3,106	3,215	3,133975	3,143594
24	3,133	3,160	3,141105	3,141716
48	3,139	3,146	3,141562	3,141600
96	3,141	3,143	3,141591	3,141593

Aus obenstehender Tabelle (wo u_n und o_n die unteren bzw. oberen Schranken in (5) bedeuten) ist ersichtlich, daß bei der Huygens-Methode gegenüber der Archimedis-Methode ungefähr eine Verdoppelung der richtigen Ziffernanzahl eingetreten ist.

Beispiel 2: Auswertung des Brounckerschen Kettenbruches (7).

a) Algorithmus zur Berechnung der Näherung π_n von π nach Abbruch des Kettenbruchs bei ... $\frac{(2n-1)^2}{2}$

$$x_n := 2$$
$$x_{k-1} := 2 + \frac{(2k-1)^2}{x_k}, \quad 1 \le k \le n$$

$$\pi_n := \frac{4}{x_o - 1}$$

b) Programm zur Berechnung von π_n am HP-25 (n steht anfangs im x-Register):

1) STO 0 2) 2 3) STO 1 4) RCL 0 5) g x = 0 6) GTO 20
7) 2 8) x 9) 1 10) - 11) g x^2 12) RCL 1 13) ÷ 14) 2
15) + 16) STO 1 17) 1 18) STO - 0 19) GTO 04 20) 4 21) RCL 1
22) 1 23) - 24) ÷ 25) GTO 00

c) Ergebnisse: $\pi_o = 4$, $\pi_1 = 2,667$, $\pi_2 = 3.467, \ldots, \pi_{10} = 3.232, \ldots$ $\pi_{20} = 3.189, \ldots, \pi_{100} = 3.151, \ldots$ usw.

Beispiel 3: HP-25 Programm zur Simulation des Buffonschen Nadelexperiments.

1) RCL 1 2) g π 3) + 4) 5 5) f y^x 6) g FRAC 7) STO 1
8) 2 9) x 10) RCL 1 11) g π 12) + 13) 5 14) f y^x 15) g FRAC
16) STO 1 17) 1 18) 8 19) 0 20) x 21) f cos 22) + 23) 2
24) f x≥y 25) GTO 29 26) 1 27) STO+2 28) ↓ 29) ↓ 30) g x≥0

31) GTO 34 32) 1 33) STO+2 34) 1 35) STO+3 36)RCL 3
37) RCL 2 38) ÷ 39) RCL 3 4o) RCL O 41) ÷ 42) g FRAC
43) g x≠O 44) GTO 47 45) R↓ 46) GTO OO 47) R↓ 48)f PAUSE
49) GTO O1

Es wird der Näherungswert π_n von π nach je n Würfen durch das
Programm berechnet, Außerdem erfolgt nach jedem Wurf eine
kurze Anzeige des jeweiligen Näherungswertes (falls nicht
gewünscht, ist 48) durch 48) NOP zu ersetzen). Registerin-
halte am Anfang: r_o: = n, r_1: = s mit o≤s≤1 (für die Er-
zeugung der Zufaliszahlen), r_2: = 1 (Trefferzahl) r_3:= 1
(jeweilige Wurfanzahl),
Ergebnisse (für s = 0.5): π_{1o} = 2.000 , π_{2o} = 2.500 ,
π_{1oo} = 2.500 , π_{1ooo} = 3.049 .

Literaturverzeichnis

[1]Boyer C.B., A History of Mathematics,
         John Willey & Sons, New York, 1968
[2]Cantor M., Vorlesungen über Geschichte der Mathematik
         4.Band, Teubner Verlag, Stuttgart, 1965
[3]Gardner M., Mathematische Knobeleien,
         Vieweg Verlag, Braunschweig, 1973
[4]Haber H.,   Das Mathematische Kabinett, Folge 1,
         dtv-Taschenbuch 9o4, 1973
[5]Kracke H.,   Aus eins mach zehn und zehn ist keins,
         rororo-Sachbuch 668o-81-82, 197o
[6]Miller M.,   Gelöste und ungelöste mathematische Probleme
         Teubner Verlag, Leipzig, 1973
[7]Struik D.J., A Concise History of Mathematics
         Dover Publications, Inc., New York 1967
[8]Zeuthen H.G., Geschichte der Mathematik im 16. und 17.
         Jahrhundert,Teubner Verlag,Stuttgart 1966.

E. Wittmann

EIN GENETISCHER ZUGANG ZU LINEAREN CODES

Das Thema Codierungstheorie ist in der didaktischen Diskussion nicht mehr neu. Schon Mitte der sechziger Jahre
hatten *Fletcher* u. a. 1967 (S. 33 - 41) empfohlen, Fragen
der Codierungstheorie in die lineare Algebra der Mittel-
und Oberstufe einzubeziehen und dazu Unterrichtsvorschläge
entwickelt. Eines der Beispiele taucht in *Fletcher* 1972
(S. 30 - 32) wieder auf und ist dort eingebettet in einen
Zugang zur linearen Algebra von verschiedenen Anwendungsgebieten aus. Unabhängig von *Fletcher* hat *Laugwitz* 1974
ähnliche Überlegungen zu einer anwendungsbezogenen linearen
Algebra angestellt und dabei ebenfalls auf Fragen der Codierung hingewiesen. Von einem mehr mathematischen Blick-
winkel aus betrachten *Schulz* 1973 und *Steiner* 1976 das
Thema. *Schulz* sieht lineare Codes als weiteres Beispiel-
material für algebraische Strukturen (mit einem erwünschten
Verfremdungseffekt)[1]. *Steiner* nennt die linearen Codes als
eines von vielen Mathematisierungsbeispielen, die auf metrische Räume führen.
Zusammengenommen weisen die erwähnten Beiträge an der Codierungstheorie eine beachtliche inner- und außermathema-
tische Beziehungshaltigkeit auf, so daß es lohnend erscheint, die Codierungstheorie im Hinblick auf den Unterricht weiter zu untersuchen.

---

[1] Schulz läßt sich bei seinen Überlegungen, die er als Dar-
legung des Unterrichtsstoffes in kleinsten Schritten versteht, übrigens ganz vom Darstellungsstil der reinen Mathematik leiten und liefert so ein Musterbeispiel für ein
(nichtgenetisches) "Heruntertranformieren".

Im folgenden möchte ich vom Standpunkt des genetischen Prinzips aus eine didaktische Analyse linearer Codes[1], dem einfachsten Teilgebiet der Codierungstheorie, präsentieren. Insbesondere geht es mir darum, an diesem Gebiet aufzuzeigen, wie der "reine" und der "angewandte" Aspekt der Mathematik in eine fruchtbare Wechselwirkung gebracht werden können. Dies scheint mir für eine den Anwendungen der Mathematik gewidmete Tagung insofern hilfreich zu sein, als die Forderung nach Anwendungsbezug des Mathematikunterrichts nicht für sich, sondern nur innerhalb eines umfassenderen Konzepts angemessen erfüllt werden kann, in dem verschiedene Züge der Mathematik ausgewogen vertreten sind.

1. Das genetische Prinzip

Die genetische Sicht der Wissenschaften legt den Nachdruck auf den Prozeß der Wissensgewinnung und nicht auf das fertige Produkt. Nach den bewußten Erfahrungen vieler Wissenschaftler und Auffassungen vieler Psychologen (u. a. *Piaget*) wächst Wissen im einzelnen Individuum, in einer Gruppe von Individuen und in der Wissenschaft natürlicherweise bei der Auseinandersetzung mit Problemen.

Das genetische Prinzip fordert, den Wachstumsprozeß von Wissen zum Vorbild für Lernprozesse zu machen.[2] Für den Mathematikunterricht heißt das insbesondere:

(i)   Es ist auszugehen von Problemkontexten in und außerhalb der Mathematik.

(ii) Die Mathematik soll mit ihren Anwendungen aufs engste

---

[1] Die Theorie linearer Codes findet man z-B.in *Berlekamp*, Algebraic Coding Theory, London: McGraw-Hill 1968,ch. 1.

[2] vgl. hierzu *Wittmann* 1976 , Abschn. 10.1., wo das genetische Prinzip ausführlich diskutiert wird.

verflochten werden.

(iii)   Der Unterricht soll am Vorverständnis der Schüler an-
        setzen.

Was die Forderung (ii) anbelangt, benötigt man ein differen-
ziertes Bild von der Methodologie des mathematischen Arbei-
tens. Mir erscheint es hilfreich, drei Standpunkte des For-
schers bzw. Lerners zu unterscheiden, je nachdem wie die jeweils betrachtete Fragestellung bezüglich Mathematik und Anwendung gelagert ist.

(1)   Schaffung und Weiterentwicklung mathematischer Instru-
      mente bei der Auseinandersetzung mit neuartigen Proble-
      men in der Wirklichkeit oder der Mathematik.

(2)   Schematisierung[1] und begrifflich-strukturelle Analyse
      der gemäß (1) entwickelten Instrumente

(3)   Anwendung (in mehr oder weniger schematisierter Form)
      verfügbarer Instrumente auf weitere Probleme innerhalb
      und außerhalb der Mathematik.

2. Lineare Codes

Vor dem in 1. skizzierten Hintergrund sollen nun lineare Codes betrachten werden. In Form einer Aufgabensequenz wird ein
Unterrichtsgang für die Sekundarstufe II entwickelt, der
voraussetzt, daß die Grundbegriffe der linearen Algebra über
den gewöhnlichen Zahlkörpern bereits entwickelt sind.

2.1. Problemkontext

1. Aufgabe: *Ein Text in deutscher Sprache (Alphabet mit 26*

---

[1] Diesen Terminus hat *Steiner* 1972 eingeführt.

Buchstaben) soll so codiert werden, daß er mit einem Gerät, das Folgen zweier Signale (bezeichnet mit O und 1) senden kann, übertragen werden kann.

Lösung: Man benötigt wegen $2^4 < 26 < 2^5$ einen Fünfercode.

Beim Fernschreibcode ist folgende Zuordnung getroffen:

A	B	C	D	E	F	G	H	I	J	K	L	M	N	O	P	Q	R	S	T	U	V	W	X	Y	Z
1	1	0	1	1	1	0	0	0	1	1	0	0	0	0	0	1	0	1	0	1	0	1	1	1	1
1	0	1	0	0	0	1	0	1	1	1	1	0	0	0	1	1	1	0	0	1	1	1	0	0	0
0	0	1	0	0	1	0	1	1	0	1	0	1	1	0	1	1	0	1	0	1	1	0	1	1	0
0	1	1	1	0	1	1	0	0	1	1	0	1	1	1	0	0	1	0	0	0	1	0	1	0	0
0	1	0	0	0	0	1	1	0	0	0	1	1	0	1	1	1	0	0	1	0	1	1	1	1	1

Der Einfachheit halber können alle weiteren Zeichen (Satzzeichen, Zwischenraum) durch das noch nicht benützte Symbol 01000 ausgedrückt werden. Dabei bleiben Standardtexte verständlich.

2. Aufgabe: Schreiben Sie Computerprogramme zur Codierung eines Textes und zur Decodierung.

Diese Aufgabe kann bearbeitet werden, wenn ein Tischcomputer mit Stringoperationen verfügbar ist.

3. Aufgabe: Bei der Übertragung einer Nachricht in einem Kanal werden mit einer geringen Häufigkeit einzelne Zeichen falsch übertragen (O erscheint als 1; 1 als O). Wie kann der Code verändert werden, so daß Fehler erkannt werden?

Lösung: Man geht zu einem Sechsercode über, indem man jedes Codewort des Fünfercodes durch ein weiteres Zeichen so erweitert, daß die Anzahl der Zeichen 1 im sechsstelligen Codewort gerade ist ("parity-check"). Die Lösungsidee dürfte von den "Prüfbuchstaben" bei Versicherungsnummern und dgl. her verständlich sein.

4. Aufgabe: *Kann der Code so erweitert werden, daß Fehler nicht nur erkannt, sondern auch identifiziert werden können und damit korrigierbar sind?*

Triviale Lösung: Jedes Codewort des fehlererkennenden Codes wird doppelt gesendet (Wiederholungscode). Man braucht im Endeffekt einen Zwölfercode.
Gibt es eine optimalere Lösung?

Eine Fortsetzung der Idee der Fehlererkennung führt auf folgenden Versuch: Man fügt eine weitere Stelle so hinzu, daß die Anzahl der Zeichen 1 von der zweiten bis zur siebten Stelle gerade ist.

$$
\begin{array}{c}
\text{gerade Parität} \\
X_1 \quad X_2 \quad X_3 \quad X_4 \quad X_5 \quad X_6 \quad X_7 \\
\text{gerade Parität}
\end{array}
$$

Nach der Übertragung des Codewortes, bei der ein Fehler an einer Stelle auftreten kann oder nicht, kann man folgendes sagen:

Parität von $X_1 X_2 X_3 X_4 X_5 X_6$	Parität von $X_2 X_3 X_4 X_5 X_6 X_7$	Fehler?
gerade	gerade	kein Fehler
gerade	ungerade	ja, an 7.Stelle
ungerade	gerade	ja, an 1.Stelle
ungerade	ungerade	ja, an einer der Stellen 2 bis 6.

Man sieht, daß durch eine weitere Stelle der Ort eines möglichen Fehlers tatsächlich weiter eingegrenzt ist.
Von diesem Versuch aus ist folgende Lösung des Problems mit
einem Neunercode verständlich, die man durch Probieren finden kann.

X_1	X_2	X_3	X_4	X_5	X_6	X_7	X_8	X_9
x	x	x	x	x	x			
	x	x	x		x	x		
		x	x				x	
	x	x		x				x

Tab. 1

Die Stellen X_6, X_7, X_8 und X_9 werden so gewählt, daß sie
zusammen mit den in der gleichen Zeile angekreuzten Stellen
gerade Parität haben. Man prüft nun nach, daß an der Kombination der vier Paritäten nach der Übertragung klar abzule-
sen ist, ob ein Fehler vorliegt und wo er sich befindet.

5. Aufgabe: *Erweitern Sie den ursprünglichen Fünfercode
nach der gefundenen Vorschrift und prüfen Sie seine Funktion an Beispielen nach.*

2.2. Schematisierung

Nachdem nun die ursprüngliche Aufgabe gelöst ist, kann man
den Standpunkt wechseln und das Interesse auf die Lösung
richten, mit dem Ziel, die Struktur der Lösung deutlicher
herauszuarbeiten, besser zu verstehen und für weitere Probleme der betrachteten Art nutzbar zu machen.
Zu mathematisieren sind zunächst einmal die für die Lösung

entscheidenden Begriffe "gerade Parität" und "ungerade Parität". Für die Berechnung der Parität gibt eine Stelle mit
0 den Beitrag 0, eine Stelle mit 1 den Beitrag 1, zwei Stellen mit 1 den Beitrag 0 usw. Es liegt daher (einigermaßen)
nahe, 0 und 1 als Symbole für "gerade" und "ungerade Parität"
einzuführen und die Algebra der Paritäten folgendermaßen zu
definieren:

+	0	1
0	0	1
1	1	0

Die Tabelle schreibt sich dann in der Form

$$X_1 + X_2 + X_3 + X_4 + X_5 + X_6 = 0$$
$$X_2 + X_3 + X_4 + X_6 + X_7 = 0$$
$$X_3 + X_4 + X_8 = 0$$
$$X_2 + X_3 + X_5 + X_9 = 0$$

Diese Darstellung läßt ein lineares Gleichungssystem über
den Zahlen 0 und 1 erkennen und weckt Assoziationen mit
der bereits bekannten linearen Algebra über den reellen
Zahlen.

6. Aufgabe: *Formulieren Sie die Überlegungen zum fehler-
korrigierenden Code in der Sprache der linearen Algebra.*

Zur Lösung dieser Aufgabe ist folgendes herauszuarbeiten:

(1)   Mit den Paritäten 0 und 1 kann nach denselben algebra-
      ischen Gesetzen gerechnet werden wie mit den reellen

Zahlen (Körper mit nur zwei Elementen, isomorph zu $\mathbb{Z}_2$ (auch inhaltlich)).

(2) Über $\mathbb{Z}_2$ können endliche Vektorräume beliebiger Dimension konstruiert werden. Die ursprünglichen Codewörter können als Vektoren von $V(\mathbb{Z}_2, 5)$ aufgefaßt werden, die erweiterten als Vektoren von $V(\mathbb{Z}_2, 9)$.
Die Erweiterung ist eine Abbildung von $V(\mathbb{Z}_2, 5)$ in $V(\mathbb{Z}_2, 9)$. Sie wird konstruiert aus dem Gleichungssystem:

$$X_6 = X_1 + X_2 + X_3 + X_4 + X_5$$

$$X_7 = X_2 + X_3 + X_4 \qquad + X_6$$

$$X_8 = X_3 + X_4$$

$$X_9 = X_2 + X_3 + X_5$$

(3) Die Matrix

$$\begin{bmatrix} 1 & 0 & 0 & 0 \\ 1 & 1 & 0 & 1 \\ 1 & 1 & 1 & 1 \\ 1 & 1 & 1 & 0 \\ 1 & 0 & 0 & 1 \\ 1 & 1 & 0 & 0 \\ 0 & 1 & 0 & 0 \\ 0 & 0 & 1 & 0 \\ 0 & 0 & 0 & 1 \end{bmatrix}$$

definiert eine lineare Abbildung σ von $V(\mathbb{Z}_2, 9)$ in $V(\mathbb{Z}_2, 4)$, bei der die erweiterten Codewörter per constructionem auf den Nullvektor abgebildet werden.

(4) Ein Fehler an der i-ten Stelle führt das Codewort
$X_1 X_2 \ldots X_9$ über in das Wort $X_1 X_2 \ldots X_9 + 00..010..0$.
$\qquad\qquad\qquad\qquad\qquad\qquad\qquad\qquad\qquad\quad i$
Die Fehlervektoren $E_i = 0\ldots\underset{i}{0}10\ldots 0$ $(i = 1,\ldots 9)$ bil-

den eine Basis von $V(\mathbb{Z}_2,9)$. Wegen der Linearität von

σ gilt für ein Codewort X von $V(\mathbb{Z}_2,9)$ wegen (3)

(✖) $\sigma (X + E_i) = \sigma (X) + \sigma (E_i) = \sigma (E_i)$.

Die Vektoren $\sigma(E_1),\ldots,\ \sigma(E_9)$ heißen <u>Syndrome</u> der
Fehler E_i. (✖) sagt aus, daß das Syndrom eines feh-
lerhaft übertragenen Codewortes nur vom Fehler abhängt.

(5) $\sigma(E_i)$ berechnet sich als Zeilenvektor der i-ten Zeile der Matrix von σ . Da die Zeilen paarweise verschieden sind, sind die Syndrome den Fehlern eineindeutig
zugeordnet.

(6) Da alle Zeilen der Matrix vom Nullvektor in $V(\mathbb{Z}_2,4)$
verschieden sind, ist der erweiterte Code auch fehler-
erkennend.

Folgendes Lexikon faßt die mathematische Modellierung des
betrachteten Codierungsproblems zusammen:

Ursprüngliches Codewort	Vektor in $V(\mathbb{Z}_2,5)$
erweitertes Codewort	Vektor in $V(\mathbb{Z}_2,9)$
Übertragungsfehler	Basisvektor in $V(\mathbb{Z}_2,9)$
Syndrom eines Fehlers	Vektor in $V(\mathbb{Z}_2,4)$
Fehlerkontrolle	Lineare Abbildung $\sigma : V(\mathbb{Z}_2,9) \to V(\mathbb{Z}_2,4)$ (dargestellt durch Kontrollmatrix)

Der Code ist fehlerer- kennend und fehlerkorri- gierend	(i) σ bildet alle erwei- terten Codewörter aus $V(\mathbb{Z}_2, 9)$ auf den Null- vektor ab. (ii) σ bildet die Basis- vektoren von $V(\mathbb{Z}_2, 9)$ eineindeutig auf vom Nullvektor verschie- dene Vektoren ab.

7. Aufgabe: *Schreiben Sie ein Programm zur fehlerkorrigie-*
renden Decodierung des Neunercodes.

Die Schematisierung des Problems mit der Sprache der Mathematik führt nun wirklich weiter. Dadurch daß sie den Nerv
der Codeerweiterung bloßlegt, erlaubt sie es, die Lösung
systematisch zu rekonstruieren und das Moment des zufälli-
gen Erfolges in 2.1. zu beseitigen.
Folgende Fragen können nämlich beantwortet werden:
(a) Warum muß eine Erweiterung um <u>vier</u> Stellen vorgenommen
    werden?
(b) Wie muß die <u>Kontrollmatrix</u> konstruiert werden?

ad (a): Wir lassen die Anzahl *m* der zusätzlich erforderlichen Kontrollstellen und die Dimension *k* des Syndromraums
offen. Die Kontrollmatrix ist dann eine $(5 + m) \times k$-Matrix.
Aus dem Gleichungssystem

$$(X_1, \ldots, X_{5+m}) \, S = (0, \ldots, 0)$$

müssen die Stellen $X_6, \ldots, X_{5+m}$ für alle Wahlen von
$X_1, \ldots, X_5$ berechnet werden können. Man hat daher *k* inhomogene Gleichungen für *m* Unbekannte. Würde man $k > m$ wählen, würde man das Risiko der Unlösbarkeit eingehen. Somit
ist $k \leq m$ zu wählen. Damit man nun (ii) erfüllen kann,
braucht man genügend viele vom Nullvektor verschiedene Vek-

toren in $V(\mathbb{Z}_2, k)$. Die Anzahl letzterer ist aber $2^k - 1$, so
daß man auf die Forderung

$$5 + m \leq 2^k - 1$$

geführt wird. Am besten wählt man nun $m = k$ und erhält die
Ungleichung

$$5 + k \leq 2^k - 1,$$

deren minimale Lösung $k = 4$ ist. Die Frage (a) ist damit beantwortet.

Die Konstruktion der Matrix S ist so zu treffen, daß alle 9
Zeilenvektoren vom Nullvektor verschieden und untereinander
paarweise verschieden sind. Diese Forderung ist leicht zu
erfüllen. Gleichzeitig muß man aber darauf achten, daß
$X_6, \ldots, X_9$ aus dem System

$$(X_1, \ldots, X_9)\ S\ = (0, 0, 0, 0)$$

für jede Wahl von $X_1, \ldots, X_5$ berechnet werden können.
Diese Bedingung stellt man dadurch sicher, daß man die letz-
ten vier Zeilenvektoren linear unabhängig wählt, was kein
Problem ist. Bezeichnet man mit S^* die aus den letzten vier
Zeilen von S bestehende Matrix, dann hat das Gleichungssys-
tem

$$(X_6, X_7, X_8, X_9)\ S^* = (B_1, B_2, B_3, B_4)$$

Höchstrang und ist daher für jede Wahl von $B_1, \ldots B_4$ lösbar
(sogar eindeutig).

Es ist kein Problem, S^* und S zu konstruieren, sogar mit
einer ziemlich großen Willkür.

8. Aufgabe: *Bestimmen Sie weitere Kontrollmatrizen, die man*
zur Erweiterung des Fünfercodes zu einem Neunercode verwen-
den kann.

Beispiele:

$$S = \begin{bmatrix} 1 & 1 & 1 & 0 \\ 0 & 1 & 1 & 1 \\ 0 & 0 & 1 & 1 \\ 0 & 1 & 1 & 0 \\ 1 & 1 & 0 & 0 \\ 1 & 0 & 0 & 0 \\ 0 & 1 & 0 & 0 \\ 0 & 0 & 1 & 0 \\ 0 & 0 & 0 & 1 \end{bmatrix} \quad \text{oder} \quad \begin{bmatrix} 0 & 1 & 0 & 1 \\ 0 & 1 & 1 & 0 \\ 1 & 0 & 0 & 1 \\ 1 & 0 & 1 & 0 \\ 1 & 1 & 0 & 0 \\ 1 & 0 & 0 & 0 \\ 0 & 1 & 0 & 0 \\ 0 & 0 & 1 & 0 \\ 0 & 0 & 0 & 1 \end{bmatrix}$$

2.3. Transfer auf andere Anwendungsbeispiele

Problem: *Zu konstruieren ist eine fehlerkorrigierende Erweiterung eines Vierercodes.*

Lösung: Die Ungleichung

$$4 + k \leq 2^k - 1$$

hat als minimale Lösung $k = 3$.
Der erweiterte Code muß also siebenstellig sein. Für die Kontrollmatrix kann man z. B.

$$\begin{bmatrix} 1 & 1 & 1 \\ 1 & 0 & 1 \\ 0 & 1 & 1 \\ 1 & 1 & 0 \\ 1 & 0 & 0 \\ 0 & 1 & 0 \\ 0 & 0 & 1 \end{bmatrix}$$

wählen.

Die Überlegungen können auch ausgedehnt werden auf nicht-binäre Codes, unabhängig davon, inwieweit solche technisch realisierbar sind.

3. Schlußbemerkung

Bei einer Bewertung des in Teil 2 skizzierten Unterrichts-
ganges unter den Gesichtspunkten von Teil 1 sind besonders
folgende Punkte hervorzuheben:

(1) Die Entwicklung der Überlegungen an einem tragenden
    Leitproblem erlaubt es, Theorie und Beispiel in gegen-
    seitigem Bezug zu verfolgen und Übungsaufgaben organisch
    einzubeziehen. Mit den Schülern kann auf diese Weise ei-
    ne Art mathematische Untersuchung durchgeführt werden.

(2) Die im Modell entscheidenden Begriffe sind gleichzeitig
    die grundlegenden Begriffe der linearen Algebra:
    linearer Raum, lineare Abbildung, Basis, Dimension, Lös-
    barkeit linearer Gleichungssysteme. Die Behandlung linea-
    rer Codes läuft also nicht an der elementaren Theorie
    der linearen Algebra vorbei, sondern vertieft diese.

(3) Der Unterrichtsgang simuliert in einer übersichtlichen
    Weise das Wechselspiel zwischen wirklichkeitsgebundenen
    und "reinen" Phasen im Fortschreiten der Mathematik.

    Auf diesem konkreten Hintergrund kann man mit den Schü-
    lern anschließend in eine erkenntnistheoretische Dis-
    kussion über das "Wesen" der Mathematik eintreten. Ge-
    eignetes Material sind die Aufsätze von John von Neu-
    mann, Richard Courant und - auszugsweise - von Peter
    Hilton, die in *Otte* 1974 abgedruckt sind, sowie der zwei-
    te Dialog zwischen Archimedes und dem König Hiero in
    Renyi 1967. Am Beispiel der linearen Codes lassen sich
    einige grundlegende Ideen illustrieren. So diskutiert
    z. B. von Neumann die Frage, ob die Mathematik eine
    empirische Wissenschaft ist. Seine negative Antwort
    wird gestützt durch die offenkundige Tatsache, daß die

Vektorraumstruktur der Codewörter nicht aus einer realen Situation herausabstrahiert, sondern vielmehr in sie hineingelegt wurde (vgl. dazu auch *D.W. Müller* 1972). Was den reinen und angewandten Aspekt der Mathematik angeht, sind lineare Codes noch in einer weiteren Richtung instruktiv. Die hinter ihnen stehende mathematische Theorie, nämlich die lineare Algebra über endlichen Körpern, ist nämlich viele Jahrzehnte vorher ohne jeden Gedanken an mögliche Anwendungen in der Realität aus rein innermathematischen Intentionen entwickelt worden. G.H. Hardy (vgl. *Hardy* 1969) glaubte noch in der ersten Hälfte des Jahrhunderts in der Mathematik über endlichen Körpern ein mathematisches Gebiet vor sich zu haben, von dem er überzeugt war, daß es sich niemals würde anwenden lassen und das er deshalb besonders liebte. *Levinson* 1970 nennt daher die Codierungstheorie mit Recht ein Gegenbeispiel zu Hardys Meinung über Mathematik.

Den eigenartigen Lauf der Mathematik an Beispielen zu übersehen und zu verstehen, daß in der scheinbar abgewandten Denkweise der Mathematik ihre eigentliche Stärke und vor allem ihre prospektive Wirkung liegt, halte ich für einen wesentlichen Bestandteil der mathematischen Bildung, wie sie in der Sekundarstufe II angestrebt werden muß, wenn man dem groben Mißverständnis der Mathematik in weiten Bereichen der Öffentlichkeit entgegenwirken will.

Literatur

Fletcher, T.J. (Hrsg.)   Exemplarische Übungen zur modernen Mathematik. Freiburg 1967

Fletcher, T.J.   Linear Algebra Through its Applications. London 1972

Hardy, G.H.   A Mathematician's Apology.
                   Cambridge University Press 1969.

Laugwitz, D.   Motivation and Linear Algebra.
                   Educ. Studies in Math. 5 (1974) 243-254

Levinson, N.   Coding Theory: A Counterexample to
                   Hardy's Conception of Applied Mathema-
                   tics. Am. Math. Monthly 77 (1970),
                   249-258

Müller, D. W.   Thesen zur Didaktik der Mathematik.
                   Math.-Phys. Sem.ber. XXI (1974),164-169

Otte, M.   Mathematiker über Mathematik.
(Hrsg.)   Berlin-Heidelberg-New York 1974

Renyi, A.   Dialoge über Mathematik.   Basel 1967

Schulz, R.H.   Kodierung: Ein Weg zur Behandlung bi-
                   närer Strukturen im Unterricht.
                   Did. d. Math. 1 (1973), H.1., 70-80

Steiner, H.G.   Mengen im mathematischen Unterricht.
                   Einige kritische Abgrenzungen.
                   Pädag. Welt 26 (1972), H.12., 729-732

Steiner, H.G.   Mathematisierungen, die auf metrische
                   Raume führen. Math.-Phys.Sem.ber. XXIII
                   (1976), H.1. 17-58

Wittmann, E.   Grundfragen des Mathematikunterrichts.
                   Braunschweig 1976[4]

INHALTSVERZEICHNIS

AUTORENVERZEICHNIS

DÖRFLER,, Willibald, Prof., Dr.
Universität für Bildungswissenschaften, Mathematisches Institut, A 9010 Klagenfurt, Universitätsstraße 67

FISCHER, Roland, Prof., Dr.,
Universität für Bildungswissenschaften, Mathematisches Institut, A 9010 Klagenfurt, Universitätsstraße 67

BÜRGER, Heinrich, Mag., Dr.,
Bundesgymnasium Berndorf, A 2560 Berndorf, Kislingerplatz 4

BURKARD, Rainer, E., Prof., Dr.,
Universität Köln, Mathematisches Institut, D 5 Köln 41, Weyertal 86-90

DORNINGER, Dietmar, Prof., Dr.,
Technische Universität Wien, Institut für Algebra und Mathematische Struktur-theorie, A 1040 Wien, Argentinierstraße 8

EICKEL, Jürgen, Prof., Dr.,
Technische Universität München, Institut für Informatik, D 8 München, Arcisstraße 21

EMLER, Werner, Dr.,
Wiss. Begleitung, Kollegstufe NW, D Münster 44, Wilhelmstraße 34

ENGEL, Arthur, Prof., Dr.
Johann-Wolfgang-Goethe-Universität, Didaktik der Mathematik (Fachbereich 12: Mathematik) D 6 Frankfurt/M., Senckenberganlage 9/11

GROSSER, Siegfried, K., Prof. Mag., Dr.,
Universität Wien, Mathematisches Institut, A 1090 Wien, Strudlhofgasse 4

HEINTEL, Peter, Prof. Dr.,
Universität für Bildungswissenschaften, Institut für Philosophie und Gruppen-dynamik, A 9010 Klagenfurt, Universitätsstraße 67

HOHENSTETER, Adolf, Mag., Dr.,
Universität Graz, Physikalisches Institut, A 8010 Graz, Universitätsplatz 5

KRANZER, Walter, OStR., Dr.,
Bundesgymnasium Wien I, A 1010 Wien, Stubenbastei 6-8

KUROPATWA, Otto, Studiendirektor
Universität Würzburg, Lehrstuhl für Didaktik der Mathematik, D 8700 Würz-burg, Am Hubland

LESKY, Peter, Prof., Dr.,
Universität Stuttgart, Mathematisches Institut A, D 7000 Stuttgart, Pfaffen-waldring 57

MUTHSAM, Herbert, Dr.,
Universität Wien, Mathematisches Institut, A 1090 Wien, Strudlhofgasse 4

MALLE, Günther, Dr.,
Universität für Bildungswissenschaften, Mathematisches Institut,
9010 Klagenfurt, Universitätsstraße 67

RADE, Lennart, Prof., Dr.,
University of Technology, S - Gothenburg, Sweden

SCHAUER, Helmut, Dipl.-Ing., Dr.,
Technische Universität Wien, Institut für Informationssysteme, A 1040 Wien,
Argentinierstraße 8

SCHRAMMEL, Peter
Österreichische Philips Industrie GesmbH., A 1101 Wien, Triester Straße 64

SCHWEIGER, Fritz, Prof., Dr.,
Universität Salzburg, Institut für Mathematik, A 5020 Salzburg, Petersbrunn-
straße 19

SEYFFERTH, Siegfried, Prof., Dr.,
Gesamthochschule Kassel, Organisationseinheit Naturwissenschaft und Mathematik, D 3500 Kassel, Heinrich-Plett-Straße 40

STEINER, Hans-Georg, Prof., Dr.,
Universität Bielefeld, Institut für Didaktik der Mathematik, D 48 Bielefeld 15,
Heidsieker Heide 94

STETTER, Hans, Prof., Dr.,
Technische Universität Wien, Institut für Numerische Mathematik,
A 1040 Wien, Gushausstraße 27-29

TIMISCHL, Werner, Dipl.-Ing., Dr.
Technische Universität Wien, Institut für Algebra und Mathematische Struktur-
theorie, A 1040 Wien, Argentinierstraße 8

WACKER, Hansjörg, Prof., Dr.,
Universität Linz, Mathematisches Institut, A 4045 Linz-Auhof, Altenberger-
straße

WELLSTEIN, Harmut, Dr.,
Universität Würzburg, Seminar für Didaktik der Mathematik D 8700 Würzburg,
Am Hubland

WIESENBAUER, Johann, Dipl.-Ing., Dr.,
Technische Universiät Wien, Institut für Algebra und Mathematische Struktur-
theorie, A 1040 Wien, Argentinierstraße 8

WITTMANN, Erich, Prof., Dr.,
Pädagogische Hochschule Ruhr, Abteilung Dortmund, Fächergruppe V,
D 46 Dortmund, Postfach 380